21 世纪应用型机电规划教材

理论力学

主　编　刘新柱　王　冬
副主编　黄丙申　葛宜元　林吾民　张莹芳

北京航空航天大学出版社

内 容 简 介

本书是参照教育部高等学校教材指导委员会力学基础课程教学指导分委员会提出的理论力学课程教学基本要求进行编写的。重点介绍最具理论力学课程特点的基础内容，并从多种不同的角度讲解基本概念、基本公式和基本方法。全书共分3篇，分别讲述静力学、运动学、动力学的基本知识。

本书可作为高等院校机械、土建、水利、航空和力学等专业的理论力学或工程力学课程教材，也可作为有关技术人员的参考用书。

图书在版编目(CIP)数据

理论力学 / 刘新柱，王冬主编. --北京 ：北京航空航天大学出版社，2011.6

ISBN 978-7-5124-0418-2

Ⅰ. ①理… Ⅱ. ①刘… ②王… Ⅲ. ①理论力学一高等学校一教材 Ⅳ. ①O31

中国版本图书馆 CIP 数据核字(2011)第 069355 号

理论力学

主 编 刘新柱 王 冬

副主编 黄丙申 葛宜元 林吾民 张莹芳

责任编辑 刘 晨

*

北京航空航天大学出版社出版发行

北京市海淀区学院路37号(邮编100191) http://www.buaapress.com.cn

发行部电话：(010)82317024 传真：(010)82328026

读者信箱：emsbook@gmail.com 邮购电话：(010)82316936

涿州市新华印刷有限公司印装 各地书店经销

*

开本：787×960 1/16 印张：11.75 字数：263千字

2011年6月第1版 2011年6月第1次印刷 印数：4 000册

ISBN 978-7-5124-0418-2 定价：25.00元

本书编委

主　编： 刘新柱　王　冬（佳木斯大学）

副主编： 黄丙申　葛宜元　林吾民　张莹芳（佳木斯大学）

参　编： 陈　晶　王鸣东　金黎春　徐　亮　林九燕　沈佳琦
漏利君　於娇娇　赵洁露　王真真　於晓文　丁灵芝
郑学良　王飞凤　戎超娜　张　燕

主　审： 魏天路（佳木斯大学）

前　言

本书根据培养应用型人才的教学需要，结合目前学生状况，以及培养人才的规格，由北京航空航天大学出版社组织有多年办学经验的学校，以及具有丰富教学实践经验的教师编写。本书的指导思想是教材架构、教材内容、例题难度、习题难度等符合教学应用型学校使用，培养面向21世纪的工程师以及新技术开发人员。因此，本书形成了自己的特色，与现有的研究型、研究教学型院校使用的教材有一定的区别。

理论力学是高等院校理工科专业普遍开设的一门技术基础课程，讲授物体机械运动的一般规律及其工程应用。理论力学虽然讲授经典理论，但其概念、理论及方法不仅是许多后继专业课程的基础，甚至在解决现代科技问题中也能直接发挥作用。近年来，许多工程专业的研究生常常要求补充理论力学知识以增强解决实际问题能力的现象就是一个例证。本书结合工程实际的应用，注重与同类教材的区别，着重于学生的实际能力的培养，突出理论与实践相结合，培养学生综合运用所学知识分析与解决实际问题的能力以及创新精神。在编写中对与物理重复的部分以及课程自身重复部分进行了精简和重组，提高了起点；并以学习力学基本知识和能力培养为目标，吸取了现行教材之所长和编者多年的教学经验。在内容叙述方面，深入浅出，注重概念引入以及分析和解决问题的思路和方法。书中安排了较多的例题，精选各类思考题和习题，难度适中。习题均附有答案，既适合课堂教学又便于自学。

本书的编写安排如下：刘新柱编写第1、4、8、11章；王冬编写第2、3、7章；黄丙申编写第5、6、10章；葛宜元编写第9、14章；林吾民编写第12章；张莹芳编写第13章。

本书可作为高等院校机械、土建、水利、航空和力学等专业的理论力学或工程力学课程教材，也可作为有关技术人员的参考用书。

由于作者水平有限，书中难免有不妥之处，欢迎各位读者批评指正。

编者

2011年5月

目 录

第2篇 运动学

第 3 篇 动力学

绪论

0.1 理论力学的内容和研究对象

理论力学是研究物体机械运动一般规律的学科。

自然界中所有物质都处在不断的运动之中。运动是物质存在的形式和固有属性。物质运动的形态是多种多样的，例如，物体在空间的位移、变形、发热、电磁现象以及人类思维、生命的兴衰等现象都是物质运动的形态。在各种各样的运动形态中，机械运动是最简单、最普遍的一种。机械运动是指物体在空间的位置随时间而变化的运动形态。机器的运转、车辆的行驶、河水的流动、飞机火箭的运行、天体的运动等都属于机械运动。因此，研究理论力学不仅可以揭示自然界各种机械运动的规律，还是研究物质其他运动形态的基础。这就决定了理论力学在自然科学研究中所处的重要基础地位。

理论力学的研究体系是以伽利略和牛顿总结的物体机械运动的基本定律为基础的，在15～17世纪中逐步形成、完善和发展起来，属于古典力学的范畴。近代物理学的重大发展，指出了经典力学的局限性：不适用于速度接近光速的物质运动，也不适用于微观粒子的运动。因此，这门学科仅适用于研究速度远小于光速的宏观物体的机械运动。由于在一般工程实际中，绝大多数是宏观物体，其运动速度远小于光速，所以解决这类物体机械运动中的力学问题，仍必须采用古典力学的原理。也就是说，古典力学仍然是研究机械运动的既准确又方便的工具之一。

理论力学的特点是：要求建立运用理论知识对从实际问题，特别是工程问题中抽象出来的各种力学模型进行分析和计算。所谓力学模型就是对自然界和工程技术中复杂的实际研究对象的合理简化。作为一门力学课程，理论力学涉及力学的最普遍和最基本的概念、定律和定理，是各门力学分支的共同基础。同时，理论力学也是相关专业后续课程的基础。

理论力学的研究内容与力分不开。按照对问题的理解和认识特点，理论力学的内容一般分为静力学、运动学和动力学三个部分。静力学研究力的基本性质、力系的简化方法及力系平衡的理论;运动学从几何角度研究物体机械运动的规律,不考虑引起运动的原因;动力学研究物体机械运动与作用于物体上的力之间的关系。

0.2 理论力学的研究方法

理论力学课程研究物理现象,具有物理科学的特点;理论力学与数学中的矢量运算、微积分、线性代数和微分方程关系密切;同时理论力学是工程专业后续课程的基础。由于系统完整,逻辑严谨,演绎严密,理论力学在一定程度上具有数学课程的特点。同时,理论力学又不是抽象的纯理论学科,而是应用学科。事实上,对多数工科学生而言,理论力学是从纯数理学科过渡到专业课程过程中需要学习的、与工程技术有关的第一门力学课程。

理论力学的研究方法与任何一门学科的研究方法一样,都必须遵循认识过程的客观规律,符合自然辩证法的认识论。理论力学的形成与发展是在人类对自然的长期观察、实验以及生产活动中获得的经验与材料进行分析、综合、归纳、总结的过程中逐步形成和发展的。

观察和实验是理论力学发展的基础。理论力学的基本概念和基本定律的建立正是以对自然的直接观察和生产生活中获得的经验为出发点并系统组织实验,从观察和实验的复杂现象中,抓住主要的因素和特征,去掉次要的、局部的和偶然的因素,深入现象的本质,找到事物的内在联系,从感觉经验上升到理性认识。总结出普遍规律性的东西,并经过数学演绎和逻辑推理而形成理论。

在具体的学习过程中,要注意以下三方面:

(1) 正确理解有关力学概念的来源、含义、用途及有关理论公式推导的根据和关键,公式的物理意义及应用条件和范围;理论力学分析和解决问题的方法;各章节的主要内容和要点;各章节在内容和分析问题的方法上的区别和联系。

(2) 理论力学基本概念的理解和理论应用能力是通过大量习题的求解逐步加深和提高的。因此,在学习中必须要做一定量的习题。

(3) 温故而知新,及时复习并常做小结。

0.3 学习理论力学的目的

理论力学和其他学科一样,是随着人类社会的发展和生产发展的需要逐步形成和发展起来的。工程实践是理论力学形成的基础,而力学理论与工程实践经验的结合,又使各种工程逐渐由经验发展成为与之相关的科学,并进而指导和促进工程的发展与进步。以建筑结构的学科为例，人类社会的发展，必然形成对建筑结构不断的、新的需求，而要满足这些需求，就必须有新的材料、新的机械设备以及能源技术作为保证，这些都与力学息息相关，因而促进了理论力学的发展和其他力学学科的分支，诸如材料力学、结构力学、流体力学、连续介质力学、弹性力学、计算力学等的形成和发展。安全可靠、经济合理、造型精美，是人们对建造工程设施的追求，无论历史上还是现代的优秀建筑结构，无一不体现着力与美的和谐与统一。其中安全性的保证，就取决于对结构正确的受力分析和计算，对材料力学性能的正确认识和使用。因此，要成为一名合格的工程技术人员，在学习专业知识的过程中，必须学习力学知识，它是学习其他专业课程必备的基础。理论力学作为一门理论性较强的技术基础课，又是基础的基础。学习理论力学课程主要有以下目的：

(1) 日常生活和工程实际中的机械运动现象十分普遍，学习理论力学，掌握机械运动规律，对提高工程技术人员的科学素质是必不可少的：一方面可以为解决较复杂的工程实际问题打下一定的基础；另一方面也可以直接应用理论力学的理论解决一些较简单的工程问题。

(2) 作为一门理论性较强的技术基础课，在工程类专业的课程中，它是材料力学、弹性力学、结构力学、振动理论、土力学及地基基础、钢结构、建筑结构抗震等一系列课程的基础，是学好这些课程的基本保证。

(3) 理论力学的研究方法与其他学科的研究方法有许多相通之处，充分理解理论力学的研究方法，不仅可以深入掌握这门学科，而且有助于后续其他学科内容的学习。同时，因为理论力学具有研究内容涉及面广、系统性和逻辑性强、既抽象又联系实际等特点，所以通过本书的学习，对培养辩证唯物主义的世界观，培养逻辑思维能力、抽象化能力、正确分析和解决问题的能力都有十分重要的作用。

第1篇 静力学

静力学研究作用于物体上力系的平衡规律以及力的性质及其合成法则。

力系是指作用于物体上的一组力。平衡是物体机械运动的一种特殊情况。因为物体机械运动的传递和变换是通过物体之间的相互作用力来实现的,所以作为理论力学的首篇,静力学首先建立理论力学中最重要的概念——力,并研究力的性质,在此基础上进一步研究物体和物体系统平衡时作用力之间的平衡条件。

在静力学中,主要研究以下三个问题:

1. 物体的受力分析

分析某个物体共受几个力,以及每个力的作用大小、方向和作用位置。

2. 力系的等效替换和简化

将作用在物体上的一个力系用另一个与它等效的力系来代替,这两个力系互为等效力系。如果用一个简单力系等效地替换一个复杂力系,则称为力系的简化。

研究力系等效替换并不限于分析静力学的问题,静力学中关于力的概念、有关的分析理论和分析方法,在运动学和动力学的研究中还将用到,所以它也是研究运动学和动力学内容的基础。同时,静力学的内容也是后续的材料力学、结构力学等课程的重要基础。由于建筑结构及其相关设施多数首先是作为静止物体受平衡力系作用来处理的,所以静力学的理论与方法本身在工程技术中也有着广泛的应用。

3. 建立各种力系的平衡条件

这种平衡条件物体处于平衡状态时,作用在物体上的各个力所满足的条件。

工程上常见的力系,按其作用线位置在空间的分布可以分为平面力系和空间力系;按其作用线的相互关系,分为共线力系、平行力系、汇交力系和任意力系。不同力系的平衡条件各有其不同的特点。满足平衡条件的力系称为平衡力系。

本篇内容在理论力学课程中占有十分重要的地位，是设计结构、构件和机械零件时静力计算的基础。对机械、建筑等工程类专业来说，静力学是学习理论力学的重点，所以学习一开始就应给予足够的重视。

第1章 静力学的基础

1.1 静力学基本概念

在学习过程和工程实际中,常常要接触到一些十分重要的概念。本节首先介绍几个最常用又十分重要的静力学基本概念,包括它们的名称定义、主要特征、表达方式、计算方法和单位等。而涉及这些概念的基本性质,将在后面的有关章节中详细讨论。

1.1.1 力的概念

力是力学中一个极为重要的基本概念。它产生于生产实践,并经过人们对感性认识加以概括和改造,提高到理性认识而形成的科学概念。

力是物体间的相互机械作用,其效应是使被作用物体的运动状态发生变化,同时使物体产生变形。力使物体运动状态发生改变的效应称为力的外效应或运动效应;力使物体产生变形的效应称为力的内效应或变形效应。因为静力学只限于研究刚体,不考虑物体的变形,所以只涉及力的外效应,力的内效应将在后续的材料力学等学科中研究。

在自然界里可以看到由各种不同的物理原因所产生的力,如任何物体间的万有引力、带电体间的引力与斥力、由物体间的摩擦与碰撞而引起的力、蒸汽的压力等。但在理论力学里,只研究力所产生的效应,而不研究它的物理来源,因为种种事实都证明,力的物理来源完全不决定力的效应。

力对物体作用的效应取决于力的大小、方向和作用点,通常称为力的三要素。需要特别指出的是:力的方向包括方位和指向两个要素。由于力的大小和方向具有矢量的特征,力的合成又服从矢量合成规则,所以力是一种矢量。力矢量在印刷时常用黑体字母表示,如图 1.1 所示,而力的大小则用普通字母表示。在书写中,由于不方便写黑体字,常在字母的上方加一个箭头，以表示该字母是一个矢量，例如 $\vec{F}$。表示力矢量与仅表示力的大小是不同的，这点需要特别注意。

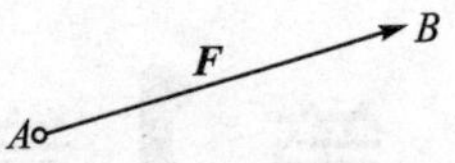

图 1.1

力的单位在国际单位制(SI)中是一个有专门名称的导出单位，用 N(牛顿)或 kN(千牛)表示，1 kN=1 000 N。

同时作用于物体上的若干个力称为力系。若两个力系分别作用于同一物体而作用效果相同，则称这两个力系为等效力系或互等力系。如果一个力与一个力系等效，则称该力为此力系的合力，而此力系中的各力称为合力的分力。求力系的合力称为力的合成；将一个力分解成两个或两个以上的分力，称为力的分解。若一个力系对物体作用后，并不改变物体原有的运动状态，则该力系称为平衡力系。平衡力系的外效应为零。

1.1.2　刚体的概念

任何物体受力后或多或少都会发生变形。在许多工程问题中，物体的变形往往是非常微小的，甚至必须用极精密的仪器来测量才能发现。例如，钢杆在受拉时的伸长，一般不超过原长度的几千分之一；又如在高速切削机床中，主轴以及其他各传动轴的最大挠度不超过轴座间距的 0.000 2，如此微小的变形，在许多力学问题的研究中不起主要作用，完全可以忽略。因此，提出了所谓刚体这个理想模型，刚体是指在力作用下不变形(即任意两点间的距离保持不变)的物体。显然，现实中并无刚体存在。这里所说的刚体，只是实际物体在一定条件下抽象的力学模型。

对静力学研究的问题，忽略变形不会对研究的结果产生显著的影响，却能使问题的研究大大简化。在这种情况下，把实际的物体抽象为刚体，是合理的，也是必要的。如桥梁问题，在计算承载时可视为刚体，在计算振动或温度的影响时就要视为变形体。由此可见，一个物体能否简化为刚体，应看在所研究的问题中，物体的变形(即使是很微小)是否起主要作用，而不应把刚体的概念绝对化。

理论力学中，主要研究力的外效应，此时微小变形在整体上对结果的影响可以忽略，所以将研究的物体都抽象为刚体，故又称刚体静力学，它是研究变形静力学的基础。

1.2　静力学公理

理论力学的研究方法，其特点之一就是把在观察和实验等实践过程中经反复验证的正确结果，提炼成具有普遍意义的公理。所谓公理就是指符合客观实际，不能用更简单的原理去代替，也无需证明而为大家所公认的普遍规律。在力的概念逐步形成的同时，人们对力的基本性质的认识也逐步深入，静力学的公理就是力的这些简单的和显而易见的基本性质的概括和总结，它们是以大量的客观事实作为依据的，其正确性已为实践所证实，它们构成了静力学全部理论的基础。静力学的所有定理都是借助数学工具，从这些公理中推导出来的。学习中不要求去重复理解这些公理的形成过程，但是理解、掌握和熟练应用这些公理，对于学好理论力学却是十分重要的。

1.2.1 公理一(二力平衡公理)

刚体受两个力的作用而处于平衡，其充分必要条件是：此二力大小相等，方向相反，且作用在同一直线上。

满足此条件且作用于同一物体上的两个力，是一个最简单的平衡力系。二力平衡条件对于刚体是必要和充分条件，而对于非刚体，该条件只是平衡的必要条件而非充分条件。

在工程过程中，常遇到只有两点受力而处于平衡的构件，称为二力构件或二力杆。根据公理一，作用于二力构件的两力的作用线必通过作用点的连线。如图 1.2(a)、(b)所示(不计自重)，不论构件的几何形状如何，只要符合二力平衡条件，就可按二力构件来处理。掌握了二力构件的这种受力特征，对物体进行受力分析是很有用的。

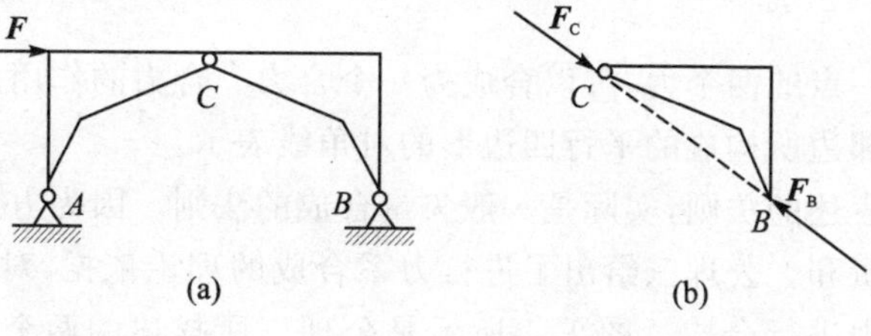

图 1.2

1.2.2 公理二(加减平衡力系公理)

在已知力系上加上或减去任意的平衡力系，并不改变原力系对刚体的作用。就是说，如果两个力系只相差一个或几个平衡力系，则它们对刚体的作用是相同的，因此可以等效替换。这个公理是研究力系等效变换的重要依据。

根据上述公理可以导出如下推理：

推理　力的可传性

作用于刚体的力，可以沿其作用线移至刚体内任意一点，而不改变它对于刚体的作用。

证明如下：

设某一刚体按图 1.3(a)、(b)、(c)三种情况分别受力($\boldsymbol{F}_1$)，($\boldsymbol{F}_1$、$\boldsymbol{F}_2$、$\boldsymbol{F}_3$)和($\boldsymbol{F}_3$)，且 $\boldsymbol{F}_1=$

$\boldsymbol{F}_3=-\boldsymbol{F}_2$。其中 $\boldsymbol{F}_1$ 和 $\boldsymbol{F}_3$ 即为作用线重合、矢量相等的二力。下面我们证明它们对刚体的作用必等效。

根据二力平衡公理，显然，($\boldsymbol{F}_2$、$\boldsymbol{F}_3$)和($\boldsymbol{F}_1$、$\boldsymbol{F}_2$)均为平衡力系。故图(a)和图(c)的受力可视为图(b)的受力分别减去平衡力系($\boldsymbol{F}_2$、$\boldsymbol{F}_3$)和($\boldsymbol{F}_1$、$\boldsymbol{F}_2$)的结果，根据加减平衡力系公理可知，力 $\boldsymbol{F}_1$ 和 $\boldsymbol{F}_3$ 分别与力系($\boldsymbol{F}_1$、$\boldsymbol{F}_2$、$\boldsymbol{F}_3$)等效，所以，$\boldsymbol{F}_1$ 和 $\boldsymbol{F}_3$ 这两个矢量相等、作用线重合的力对刚体的作用完全等效。

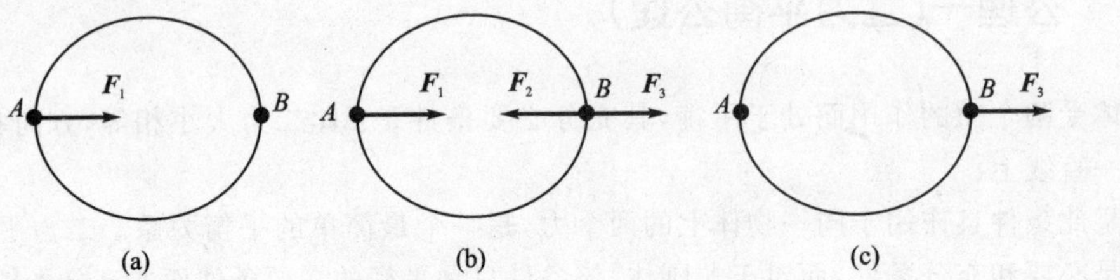

图 1.3

正是力的可传性，使力的三要素中力的作用点可由力的作用线而代之。

1.2.3　公理三(力的平行四边形公理)

作用于物体上同一点的两个力，可以合成为一个合力。合力的作用点仍在该点，其大小和方向由以这两个力为邻边所构成的平行四边形的对角线表示。

平行四边形公理表述的法则，实际是一般矢量合成的法则。因为力是矢量，所以求合力也就是求力系矢量的矢量和。公理三给出了进行力系合成的理论依据，对多个力相交于一点的力系也可以用这一法则进行合成。图 1.4 所示是公理三所描述的两个共点力合成的几何关系。由图可以看出，求两个共点力的合力时，只要作出力的平行四边形的一半就可以了。具体做法如图 1.4(c)所示：从任选 a 点画 ac 表示力矢 $\boldsymbol{F}_1$，再从其末端 c 点起画 cd 表示力矢 $\boldsymbol{F}_2$，则 ad 即表示合力矢 $\boldsymbol{F}_R$。至于先画 $\boldsymbol{F}_1$ 还是先画 $\boldsymbol{F}_2$，这种作图的先后顺序不影响合成的最终结果，如图 1.4(d)是先画 $\boldsymbol{F}_2$，再画 $\boldsymbol{F}_1$，所得最终合力与图 1.4(c)完全相同。三角形 acd 或 abd 称为力三角形，这种求两个共点力合力的方法称为力的三角形法则。为了使图形清晰可见，分析时常把力三角形画在力所作用的物体之外。这样，按力三角形法则只是求出合力的大小和方向，其作用线实际应通过这两个力的作用点。

其数学表达如下：

$$\boldsymbol{F}_R=\boldsymbol{F}_1+\boldsymbol{F}_2$$

平行四边形公理还表明：作用于同一点上的二个力 $\boldsymbol{F}_1$ 和 $\boldsymbol{F}_2$ 对物体的作用可由其合力 $\boldsymbol{F}_R$ 等效替代。反之，根据此公理也可以将一个力分解为作用于同一点的两个分力。由于同一对角线可以画出无穷多个不同的平行四边形，所以若不附加任何条件，这种分解的结果是不定

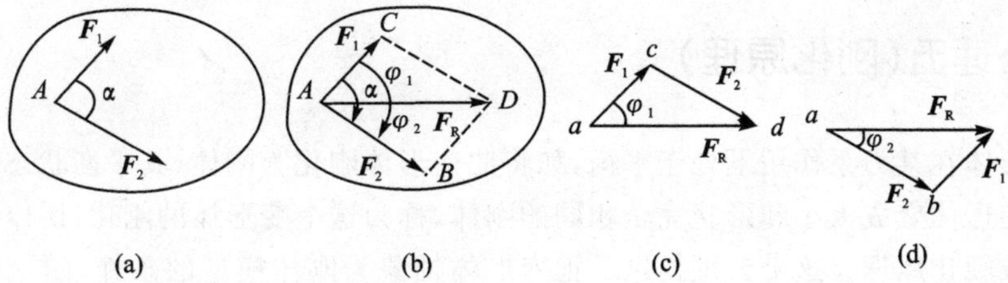

图 1.4

的。要使分解的力大小或方向确定，必须附加足够的条件。对于具体问题，通常遇到的是将一个力分解为方向已知的两个分力，特别是分解为方向互相垂直的两个力，这种分解称为正交分解，所得的两个分力称为正交分力。

推论　三力平衡汇交定理

作用于刚体上的三个力使刚体处于平衡时，若其中二力的作用线相交，则第三力的作用线也必交于同一点，且与此二力必共面。

证明如下：

设力系($\boldsymbol{F}_1$、$\boldsymbol{F}_2$、$\boldsymbol{F}_3$)三力为平衡力系，且 $\boldsymbol{F}_1$ 和 $\boldsymbol{F}_2$ 的作用线相交于 O 点，如图 1.5 所示。根据力的平行四边形公理，$\boldsymbol{F}_1$ 和 $\boldsymbol{F}_2$ 存在一合力 $\boldsymbol{F}$，则 $\boldsymbol{F}$ 和 $\boldsymbol{F}_3$ 必为一平衡力系。根据二力平衡公理，$\boldsymbol{F}$ 和 $\boldsymbol{F}_3$ 必共线。又因 $\boldsymbol{F}$ 与 $\boldsymbol{F}_1$ 和 $\boldsymbol{F}_2$ 共面，且相交于点 O，故 $\boldsymbol{F}_3$ 也与 $\boldsymbol{F}_1$、$\boldsymbol{F}_2$ 共面，并交于点 O，证明完毕。

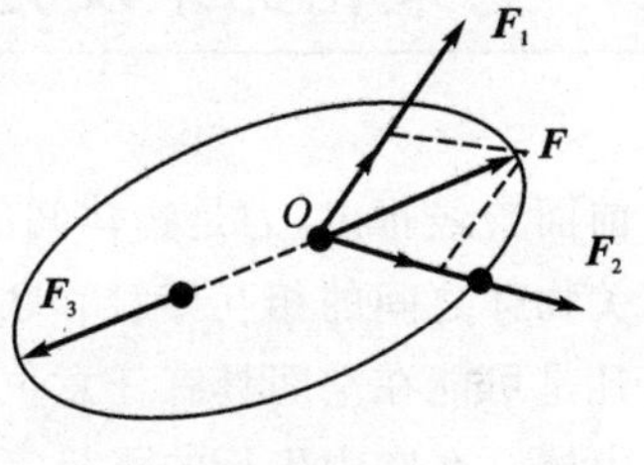

图 1.5

1.2.4　公理四(作用和反作用公理)

两物体间相互作用的力总是同时存在，且大小相等，方向相反，沿同一直线，分别作用在这两个物体上。

这个公理概括了自然界中物体间相互作用力的关系，表明一切力总是成对出现在两个相互作用的物体之间。根据这个公理，已知作用力则可得知反作用力。这个公理是分析物体及物体系统受力时必须遵循的原则。

必须注意，作用力与反作用力虽然等值反向共线，但却是分别作用在两个物体上的，因此不是一对平衡力，不要与公理一混淆。此公理的理解不困难，但在具体问题的分析中，要能正确判断哪两个力之间是作用力与反作用力的关系。

1.2.5　公理五(刚化原理)

已知变形体在某力系作用下处于平衡,如将此变形体刚化为刚体,其平衡状态保持不变。

将一个变形体变成大小和形状完全相同的刚体,称为这个变形体的刚化,所以上述公理称为刚化原理或硬化原理。这个公理提供了把变形体抽象为刚体模型的条件,如一根绳索在等值、反向、共线的两个拉力作用下处于平衡,如将此绳索刚化为刚体,则平衡状态保持不变。而绳索在两个等值、反向、共线的压力作用下则不能平衡,这时绳索就不能刚化成刚体。但是刚体在上述两种力系的作用下都是平衡的。

因此,刚体的平衡条件是变形体平衡的必要条件,而非充分条件。

刚化原理建立了刚体静力学与变形体静力学之间的关系,同时也说明了刚体平衡规律的普遍意义,在刚体静力学的基础上,考虑变形体的特性可进一步研究变形体的平衡问题。

1.3　约束和约束反力

前面曾经指出,力是物体间的机械作用,因此,当人们用力学定律解决实际问题时必须了解有关物体之间的相互接触和联系方式,从而分析它们的受力情形。

凡是可能在空间具有任意位移的物体,称为自由体。相反,凡位移受到限制的物体,称为非自由体。在空中飞行的飞机等是自由体,着陆时沿跑道滑行的飞机则是非自由体。工程结构的构件或机械的零件都是非自由体。

非自由体之所以不可能在空间具有任意的运动,是由于它们总是以某种形式与周围其他物体相联系,使其某些位移受到周围这些物体的限制。着陆的飞机只能沿跑道滑行才能安全停下来。对飞机而言,跑道对飞机的滑行起到了限制作用;车床主轴与轴承相联系,对主轴而言,轴承的限制使其只能转动。在力学中,将限制物体某些位移的其他物体称为约束。对飞机而言,跑道是约束;对车床主轴而言,轴承是约束。

对常见的约束,一般分为几何约束和运动约束。对于运动约束的研究及应用,将在运动学及动力学中涉及。在静力学中,仅涉及几何约束的问题。仅限制物体几何位置的约束称为几何约束。由上述各例可知,几何约束对物体所加的限制是通过相互接触而实现的。力是物体间相互的机械作用,当物体的某些位移(线位移或角位移)被约束阻止,则约束必承受此物体对它的作用(力或力偶)。根据作用与反作用定律,此约束必然也给予物体以反作用(反作用力或反作用力偶)。由此可见,几何约束的效果可以用力来代替。也就是说,几何约束给予被约束物体的反作用力,称为约束反力,简称约反力。停在机坪上的飞机,对飞机而言,机坪是约束,它阻止飞机向下的运动,因而,机坪给飞机的约束反力向上。一般地,约束反力的方向与该约束所能够阻碍的位移方向相反。这是确定约束反力的一般原则，而约束反力的大小则由物体的平衡方程求出。求约束反力大小的问题将在后续章节介绍。

上面说明了分析约束反力的一般原则和方法。约束反力的方向与约束的性质有关。在解决实际问题时，如果对每个具体的约束都要用上述的一般原则去分析，是不方便的。在工程实际中，约束的具体形式多种多样。为便于以后分析，下面将工程中常见的约束按其性质归纳为几种基本类型，并分析约束反力的方向特征。

(1) 柔性约束。柔性约束指不可伸长的绳索、传动带、链条等，如图 1.6(a)、(c)所示。这类约束的特点是能承受拉力，对压缩和弯曲的抵抗能力很差。这一约束特征决定了柔性约束的约束反力，只能是沿柔性体的轴线而背离被约束物体的拉力，如图 1.6(b)，(d)所示。

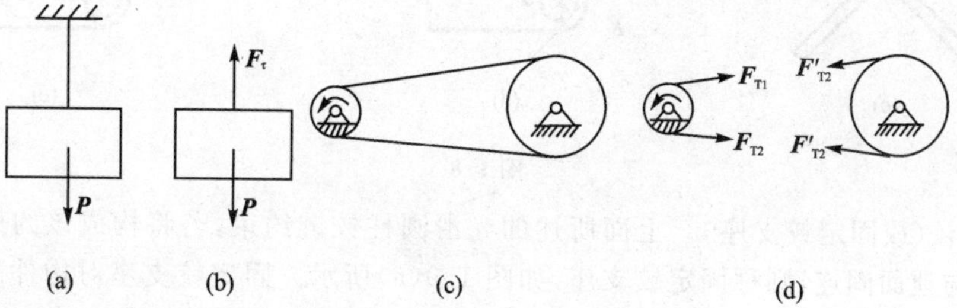

图 1.6

(2) 光滑接触面约束。光滑接触面约束指物体间的接触面比较光滑，以至于可以忽略摩擦的影响。这类约束的特征是阻止沿接触面的公法线进入约束，或沿接触处公法线脱离接触，而不限制沿接触面在接触处的切线方向的滑动。因此，光滑面约束的约束反力，作用点在接触处，作用线沿接触点处的公法线并指向被约束物体，如图 1.7 所示。如齿轮的齿面接触，加了润滑油的机床导轨对机床工作台的接触等都属于此类型约束。

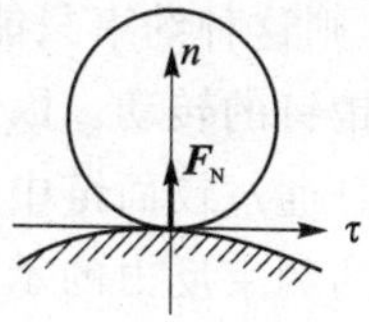

图 1.7

(3) 光滑铰链约束。这类约束在工程实际中有多种具体形式，其中主要的几种如下：

① 光滑圆柱铰链约束。这种约束是以圆柱形销钉将两个钻有直径大小与销钉相同的孔的构件连接在一起而构成，如图 1.8(a)、(b)所示。若不计摩擦，则此二构件均视为受到光滑圆柱铰链约束。图 1.8(c)是这类约束的简化符号。这种约束的特点是：只能限制两构件沿任何径向的相对位移，但不能限制绕铰链(销钉)中心(即孔的中心)轴线的相对转动。如果不计销钉的长度与构件的厚度，则构件与销钉的接触是光滑圆弧面上的点接触。图 1.8(d)示出了构件与销钉的接触情况。光滑圆柱铰链对构件的约束反力应沿光滑圆弧面在接触点 K 处沿公法线指向构件，即约束反力的作用线通过铰链中心。由于接触点 K 的位置不能预知，因此，约束反力 F_N 的具体方向亦不能预定。即光滑圆柱铰链的约束反力是压力，该力在垂直于圆柱销轴线的平面内，通过圆柱销中心，方位不定。通常，为了计算方便，将约束反力用垂直于销

钉轴线的两个正交分力 $\boldsymbol{F}_x$、$\boldsymbol{F}y$ 代替，如图 1.8(e)所示。当用圆柱销连接两个构件时，连接处称为铰接点或中间铰，简称节点。

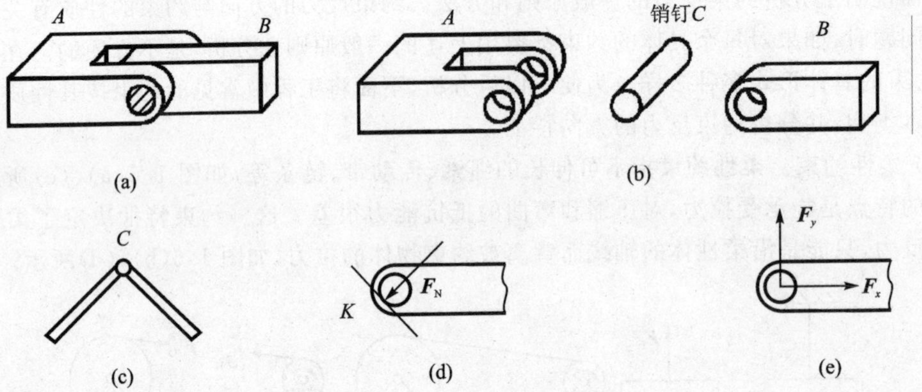

图 1.8

② 固定铰(或固定铰支座)。上面所述的光滑圆柱铰链约束，若将构成该约束的构件 A（或构件 B)与地面固连，则称固定铰支座，如图 1.9(a)所示。固定铰支座对构件的约束反力的方向特征与上面的光滑圆柱铰链约束相同。这种约束的简图如图 1.9(b)所示，其约束反力的示意简图如图 1.9(c)所示。

③ 辊轴支座(或可动铰链支座)。这是一种复合约束。在上述光滑圆柱铰链约束中，若将构件 A 与构件 B 的底部放上可滚动的一排辊轴，如图 1.10(a)所示。如不计辊轴与支承面的摩擦，则这种约束只能限制构件进入支承面方向的运动，而不能阻止沿支承面切线方向的移动和绕销钉的转动。因此，这种约束的性质与光滑接触面约束相同，其约束反力的方向应垂直于支承且通过铰面链中心，图 1.10(b)给出了这种约束的简化简图，图 1.10(c)给出了这种约束对应的约束反力的示意图。

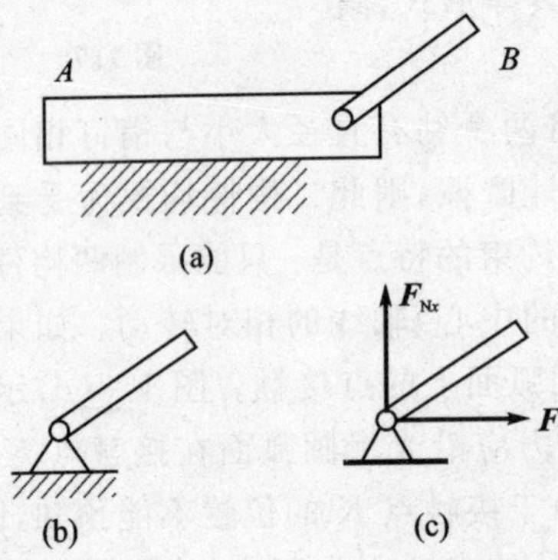

图 1.9

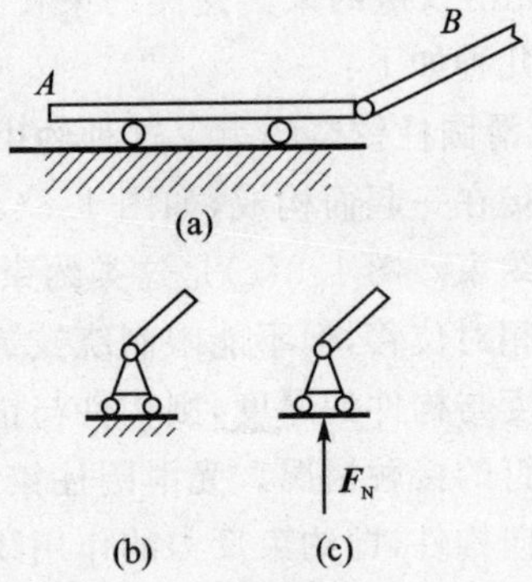

图 1.10

④ 向心轴承(或径向轴承)。向心轴承是机器中常见的一种约束。由于轴颈长度远小于轴长,故可略去不计。通常,轴承润滑状况良好或采用滚动轴承,可略去轴承的摩擦,如图 1.11(a)所示。因此,该约束可归入光滑圆柱铰链约束,图 1.11(b)表示该约束的简化简图,该约束的约束反力可用 $\boldsymbol{F}_x$、$\boldsymbol{F}_y$ 两正交分力表示,如图 1.11(c)所示。

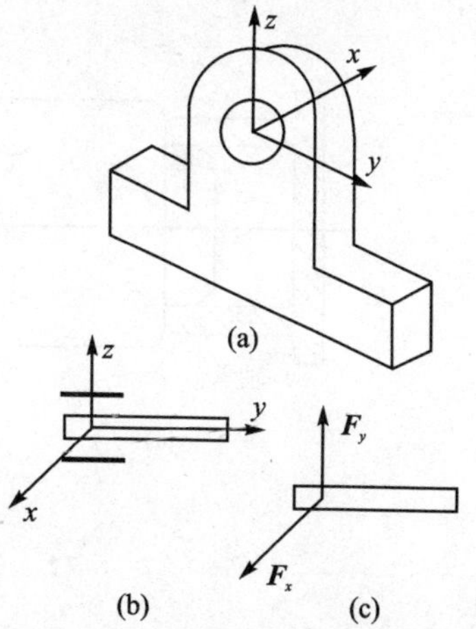

图 1.11

⑤ 球形铰链。物体的一端为球形,能在固定的球窝中转动[图 1.12(a)],这种空间类型的约束称为球形铰链约束,简称球铰。其简图如图 1.12(b)所示。如果接触是光滑的,球铰只能阻碍物体离开球心朝任何方向移动,但不能阻碍物体绕球心转动。所以,球铰的约束反力通过球心,但方向不能预先确定,通常用三个互相垂直的分力来表示,如图 1.12(c)所示。球形铰链属于空间约束的类型,机床上的照明灯座就是这种约束。

⑥ 止推轴承。止推轴承是机器中常见的一种约束。图 1.13(a)给出了该约束的简图。忽略轴颈长度,则止推轴承相当于一个向心轴承与一个光滑面约束的组合,如图 1.13(b)所示。因此,止推轴承约束的作用与球形铰链约束相当,如图 1.13(c)所示。该约束的约束反力与球形铰链约束相同。

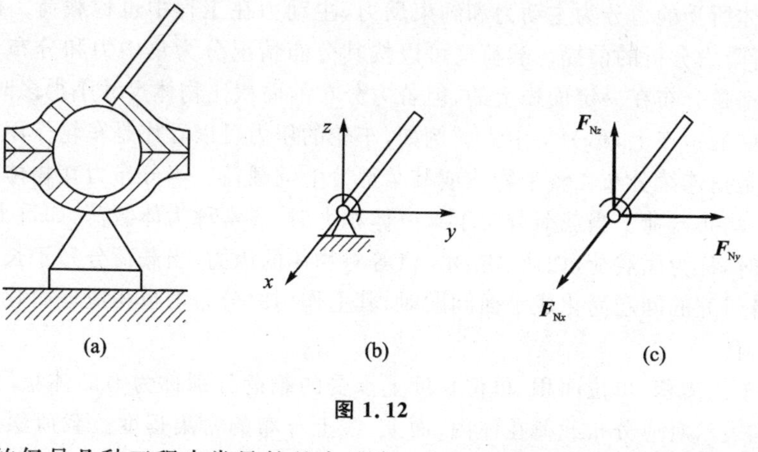

图 1.12

以上介绍的仅是几种工程中常见的基本约束。工程实际中的约束类型远不止这些,有的约束比较复杂,分析时需要加以简化或抽象化,从而确定出对物体的约束性质和类型。应该指出,对实际约束进行抽象,并非本课程单独所能达到的,常常需要一定的工程实际和专业的综合知识,读者应在后续课程的学习中注意积累这方面的知识。

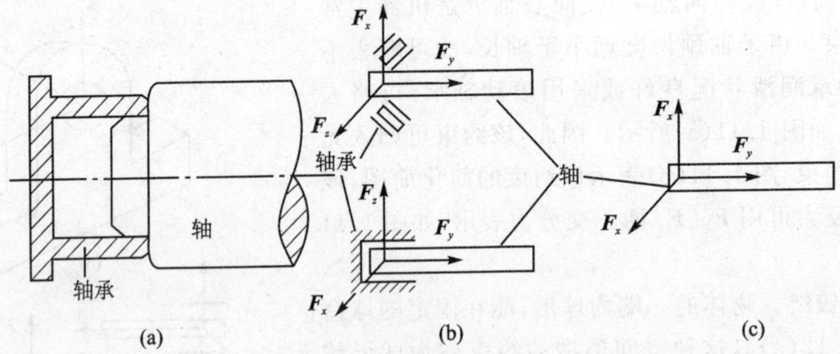

图 1.13

1.4 物体的受力分析和受力图

在求解力学问题时，首先必须分析所研究的物体(称为研究对象)受哪些力作用，这就是通常所说的物体的受力分析。为了清楚地表示研究对象的受力情况，需将研究对象从与其周围物体的联系中分离出来，并单独画出，即解除它所受的约束而代之以相立的约束反力。解除约束后的物体，称为分离体，画出分离体及其所受的全部主动力和约束反力的简图，称为受力图。受力图形象地表达了研究对象的受力情况。

前面将物体所受的力分为主动力和约束反力，主动力在工程中也称载荷。确定物体所受的载荷，是进行受力分析的前提。载荷又可以按其分布情况分为集中力和分布力。作用在物体上的力一般都是分布在一定面积上的，但若力分布的面积比物体尺寸小得多时，可以认为此力是作用在物体的一点上，称为集中力。例如，车轮的压力可以看作是车轮作用在地面上的集中力。分布力是指连续分布在整个物体或其某部分上的载荷。当分布力在物体或结构上均匀分布时，就称为均布载荷。当载荷分布于某一体积上时，通常称为体载荷，如重力；当载荷分布于某一面积上时，称为面载荷，如风、雪、水、汽等对物体的压力；当载荷分布于长条状的体积或面积上时，或者研究的问题简化成平面问题时，其上作用的分布力也相应地简化为作用于某一直线上的线载荷。

物体上每单位体积、单位面积、单位长度上承受的载荷分别称为力的体集度、面集度和线集度，它们分别表示对应分布载荷在体内、面上、线上分布的密集程度。载荷集度要乘以相应的体积、面积和长度后，才是作用在整个体积、面积和长度上的力。

在国际单位制中，线集度的单位是 N/m，这是在分布力中用得最多的。面集度和体集度的单位分别是 N/m^2 和 N/m^3。

取分离体，画受力图，是力学所特有的研究方法。恰当地选取研究对象，正确地画出受力图，是分析和解决力学问题的前提和关键。若受力分析错误，则据此所作进一步的分析计算就很难正确。

下面举例说明受力图的画法。

例 1.1 水平梁 AB，A 端为固定铰支座，B 端为辊轴支座，受集中力 $\boldsymbol{F}$ 作用，如图 1.14(a)所示，梁重不计，画出梁 AB 的受力图。

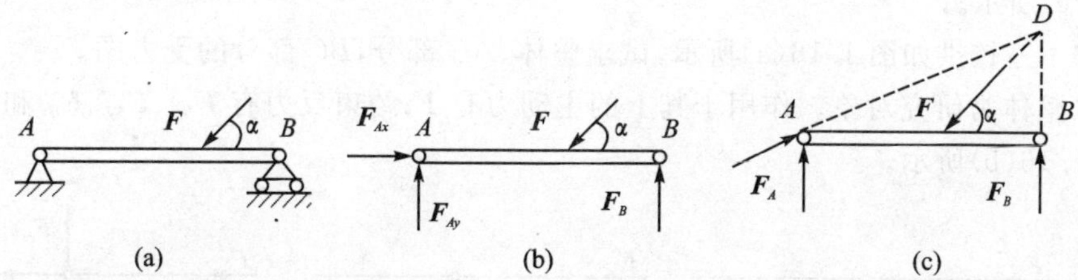

图 1.14

解：取梁 AB 为研究对象。

梁 AB 上的主动力为 $\boldsymbol{F}$。

梁 AB 周围的约束反力(按约束的性质)：B 处为辊轴支座，其约束反力 $\boldsymbol{F}_B$ 垂直于支承面上，大小未知；A 处为固定铰支座，其约束反力用通过 A 点并相互垂直、大小未知的正交分力 $\boldsymbol{F}_{Ax}$，$\boldsymbol{F}_{Ay}$ 表示。受力图如图 1.14(b)所示。

梁 AB 的受力图还可以依据三力平衡汇交定理画成图 1.14(c)的形式。即先判定出 $\boldsymbol{F}_B$ 的方向，并找出 $\boldsymbol{F}$ 与 $\boldsymbol{F}_B$ 的交点 D，再依据 $\boldsymbol{F}_A$ 必沿 AD 的连线确定出的 $\boldsymbol{F}_A$ 方位。画受力图时确定出未知力方向的好处是在求解过程中可减少未知量的个数。本例中，图 1.14(b)中为三个未知量，而图 1.14(c)中为两个未知量。

例 1.2 重力为 P 的圆球放在板 AC 与墙壁 AB 之间，如图 1.15(a)所示。设板 AC 重力不计，试作出板与球的受力图。

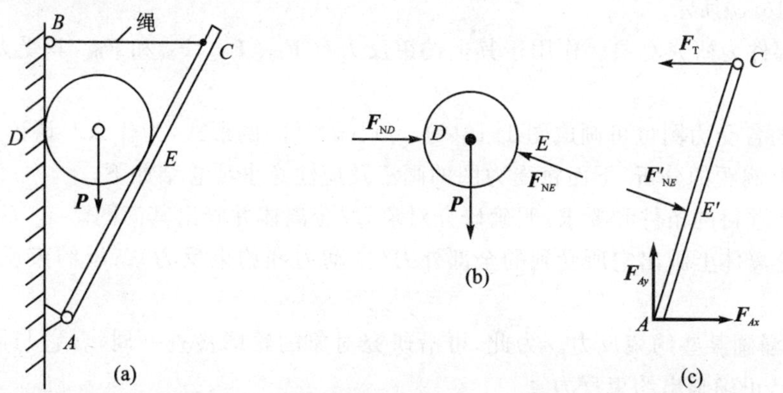

图 1.15

解：先取球为研究对象，作出简图。球上主动力 $\boldsymbol{P}$，约束反力有 $\boldsymbol{F}_{\mathrm{ND}}$ 和 $\boldsymbol{F}_{\mathrm{NE}}$，均属光滑面约束的法向反力。受力图如图 1.15(b)所示。

再取板作研究对象。由于板的自重不计，故只有 A、C、E 处的约束反力。其中 A 处为固定铰支座，其反力可用一对正交分力 $\boldsymbol{F}_{Ax}$、$\boldsymbol{F}_{By}$ 表示；C 处为柔索约束，其反力为拉力 $\boldsymbol{F}_{\mathrm{T}}$；$E$ 处的反力为法向反力 $\boldsymbol{F}'_{\mathrm{NE}}$，要注意该反力与在球处所受反力 $\boldsymbol{F}_{\mathrm{NE}}$ 为作用与反作用的关系。受力图如图 1.15(c)所示。

例 1.3 三铰拱如图 1.16(a)所示，试求整体、AC 部分，BC 部分的受力图。

解：以整体为研究对象。作用于其上的主动力有 $\boldsymbol{F}$；约束反力有 $\boldsymbol{F}_{Ax}$、$\boldsymbol{F}_{Ay}$、$\boldsymbol{F}_{Bx}$ 和 $\boldsymbol{F}_{By}$，其受力图如图 1.16(b)所示。

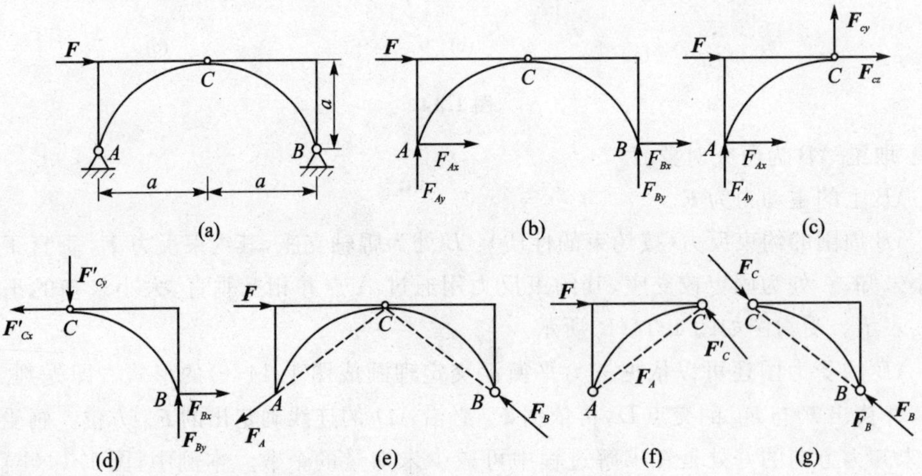

图 1.16

以 AC 部件为研究对象。作用于其上的主动力有 $\boldsymbol{F}$；约束反力有 $\boldsymbol{F}_{Ax}$、$\boldsymbol{F}_{Ay}$、$\boldsymbol{F}_{Cx}$ 和 $\boldsymbol{F}_{Cy}$，其受力图如图 1.16(c)所示。

以 BC 部件为研究对象。作用于其上约束反力有 $\boldsymbol{F}'_{Cx}$、$\boldsymbol{F}'_{Cy}$、$\boldsymbol{F}_{Bx}$ 和 $\boldsymbol{F}_{By}$，其受力图如图 1.17(d)所示。

该问题的各受力图也可画成图 1.16(e)、(f)、(g)、(h)的形式，为什么？请读者自已解释。

根据以上例题的分析，下面将受力图的画法及应注意事项总结如下；

(1) 根据题目的条件和要求，明确研究对象，取分离体并画出其简图。

(2) 在分离体上画出它所受到的全部外力(主动力和约束反力)。画约束反力时，应注意以下几点；

① 不要漏画某些约束反力。为此，可沿研究对象的轮廓检查一周，看它与周围物体接触之处是否都已正确画出约束反力。

② 不要画错约束反力的方向。约束反力的方向应根据约束性质和约束类型来判断。要善于判别二力杆。在分析两物体间相互作用的力时,应注意遵循作用与反作用公理,作用力方向一经确定或假定、反作用力方向就应与之相反,不能再行假设。有时需根据三力平衡汇交定理确定铰链等约束反力的方向。

③ 不要多画约束反力。每画一个力都要有根据,都应能明确指出它是哪个物体施加的。若取整个系统作为研究对象,则物体系统中各构件间的内力不要画,只需画出全部外力。

(3) 最后应全面检查有没有遗漏力,有没有重复的力和实际不存在(无施力物体)而臆想加上去的力。

受力图的画法,必须通过实践反复练习,才能掌握和巩固。画受力图应做到正确无误和熟练自如。

习 题

1.1 画出题1.1图所示各物体的受力图,设所有接触处均为光滑接触,除注明者外,各物体自重不计。

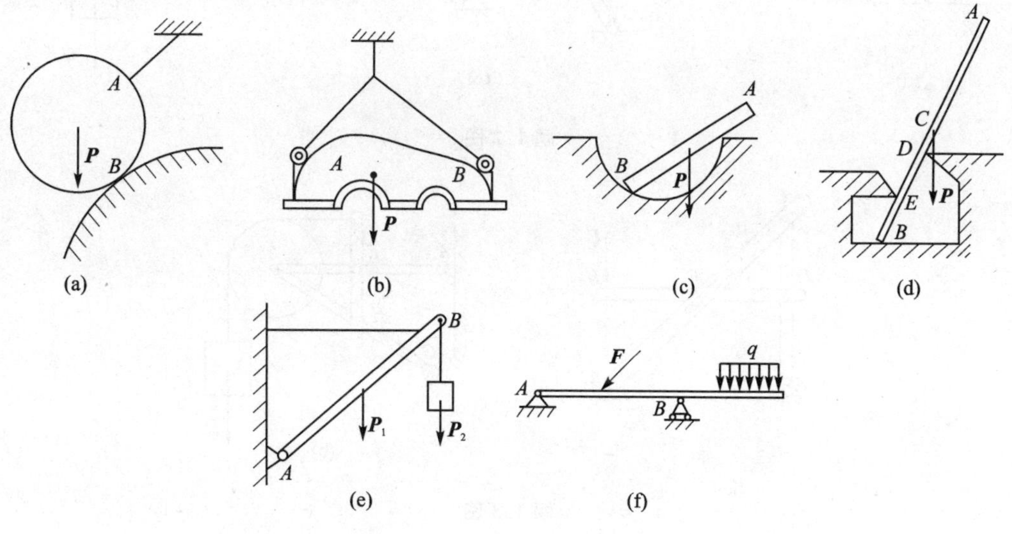

题1.1图

1.2 画出题1.2图中各个构件及全系统的受力图。凡未特别注明者,物体的自重均不计,且所有接触面都是光滑的。

1.3 画出题1.3图中下列物体计整个系统的受力图(各构件的自重不计,摩擦不计)。

(1) 图(a)中的杆 DH、BC、AC 及整个系统；

(2) 图(b)中的杆 DH、AB、CB 及整个系统。

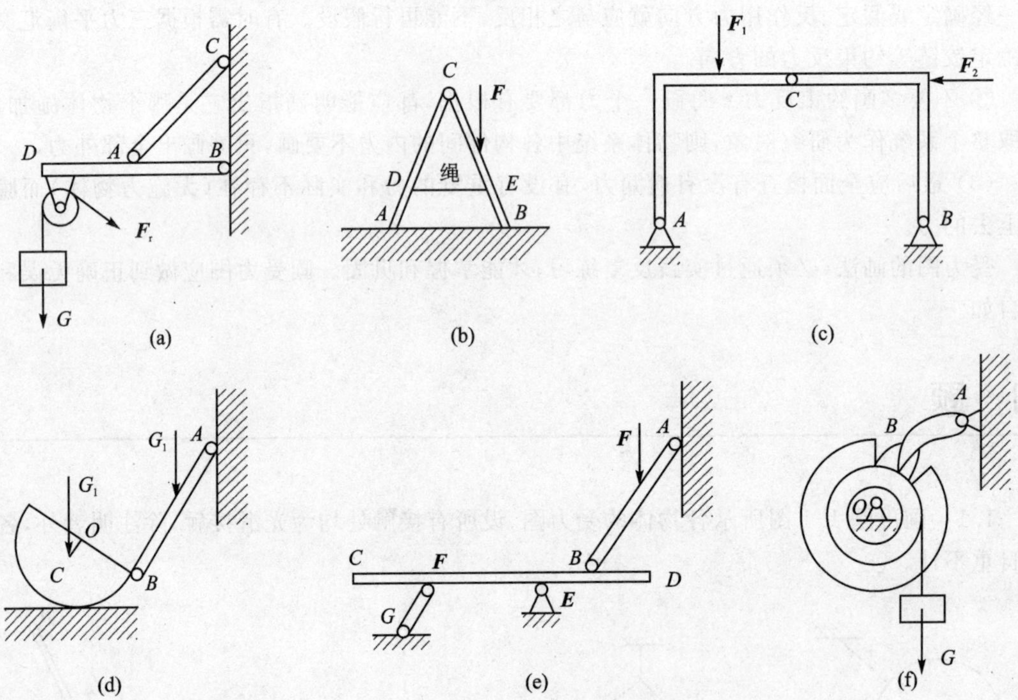

题 1.2 图

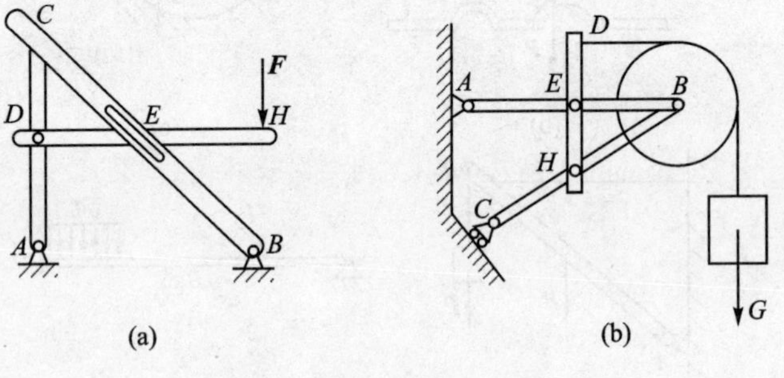

题 1.3 图

第 2 章

平面基本力系

平面汇交力系与平面力偶系是两种简单力系，是最基本的力系，是研究复杂力系的基础。本章将分别用几何法与解析法研究平面汇交力系的合成与平衡问题，同时介绍平面力偶的基本特性及平面力偶系合成与平衡问题。

2.1 平面汇交力系的合成与平衡

平面汇交力系是指各力的作用线都在同一平面内且汇交于一点的力系。

2.1.1 几何法

1. 平面汇交力系的合成——力多边形法则

力系简化的几何法是以第 1 章介绍的公理为依据，主要应用几何作图，简单的可结合三角关系计算的方法，研究力系中各分力与合力的几何关系，得出力系简化的几何条件。由于空间力系作图不方便，所以这种方法主要适用于平面汇交力系。对于平面汇交力系，并不要求力系中各分力的作用点位于同一点，因为根据力的可传性原理，只要它们的作用线汇交于同一点即可。

先分析用几何法简化两个汇交力 $\boldsymbol{F}_1$ 和 $\boldsymbol{F}_2$。直接应用力的平行四边形法则，结果得合力 $\boldsymbol{F}_R$，几何关系如图 2.1 所示。

这一矢量关系的数学表达式为

$$\boldsymbol{F}_{\mathrm{R}}=\boldsymbol{F}_1+\boldsymbol{F}_2 。\tag{2-1}$$

图 2.2(a)所示为作用于任一刚体上的力 $\boldsymbol{F}_1$、$\boldsymbol{F}_2$、$\boldsymbol{F}_3$ 和 $\boldsymbol{F}_4$，它们的作用线汇交于 A 点，形

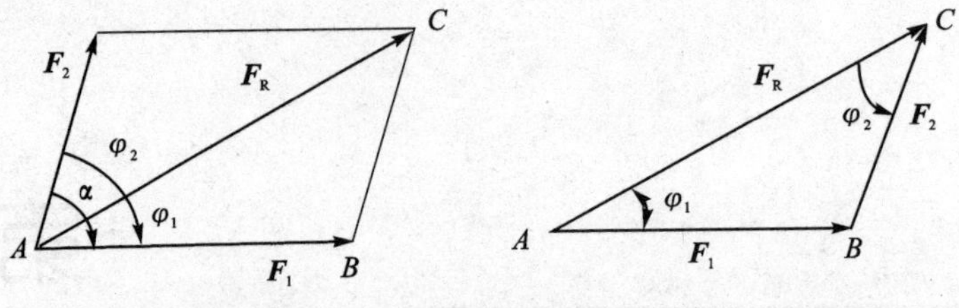

图 2.1

成一平面汇交力系。根据力的可传性原理，将各力沿其作用线移动至汇交点 A 形成作用点相同的力系，称为共点力系，如图 2.2(b)所示，这是汇交力系的一种特例。对此力系进行简化，求其合力，可以连续应用力的三角形法则，先将 $\boldsymbol{F}_1$、$\boldsymbol{F}_2$ 合成得 $\boldsymbol{F}_{R1}$，再把 $\boldsymbol{F}_{R1}$ 与 $\boldsymbol{F}_3$ 合成得 $\boldsymbol{F}_{R2}$，依此类推，最终得到的力 $\boldsymbol{F}_R$ 就是原汇交力系 $\boldsymbol{F}_1$、$\boldsymbol{F}_2$、$\boldsymbol{F}_3$ 和 $\boldsymbol{F}_4$ 的合力，图 2.2(c)所示是此力系简化的几何表达。矢量关系的数学表达式为

$$\boldsymbol{F}_R = \boldsymbol{F}_1 + \boldsymbol{F}_2 + \boldsymbol{F}_3 + \boldsymbol{F}_4 \tag{2-2}$$

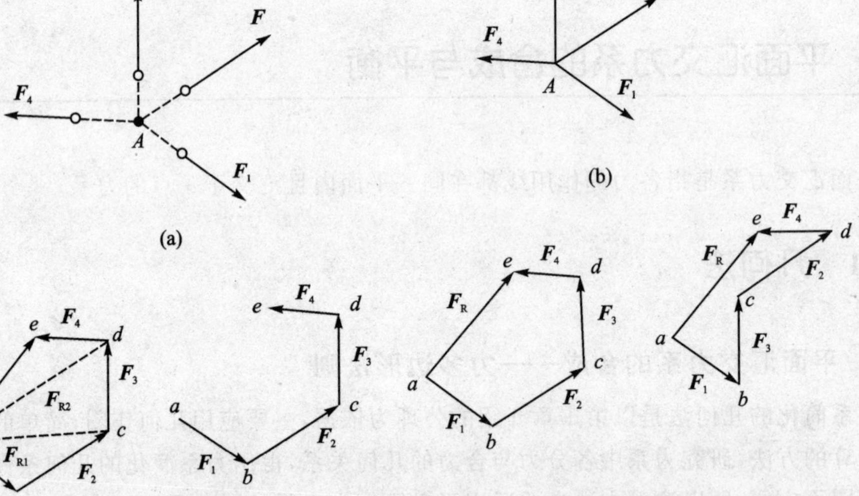

图 2.2

实际作图时，不必画出虚线所示的中间合成力，只要根据一定的比例尺将表达各力矢的有向线段首尾相连，形成一个不封闭的多边形，如图 2.2(d)所示，再用有向线段由最先画的分力矢的起点连至最后画的分力矢的终点，将不封闭的多边形封闭起来，这一有向线段表达的就是此力系的合力矢 $\boldsymbol{F}_R$，如图 2.2(e)所示。各分力矢和合力矢构成的多边形 *adcde* 称为力多边形，合力矢是力多边形的封闭边。按与各分力同样的比例，封闭边的长度表示合力的大小，合

力的方位与封闭边的方位一致，指向由力多边形的起点至终点，合力的作用线通过汇交点。这种求合力矢的几何作图法称为力多边形法则。由图 2.2(f)可见，改变各分力矢相连的先后顺序，会影响力多边形的形状，但不会影响合成的最终结果。

推广到由 n 个力组成的平面汇交力系，可得结论：平面汇交力系合成的最终结果是一个合力，合力的大小和方向等于力系中各力的矢量和，可由力多边形的封闭边确定，合力的作用线通过力系的汇交点。

矢量关系式为

$$\boldsymbol{F}_{\mathrm{R}} = \sum_{i=1}^{n} \boldsymbol{F}_i \tag{2-3}$$

2. 平面汇交力系平衡的几何条件

由于平面汇交力系可用其合力来代替，显然，平面汇交力系平衡的必要和充分条件是：该力系的合力等于零，即

$$\boldsymbol{F}_{\mathrm{R}} = \sum_{i=1}^{n} \boldsymbol{F}_i = 0 \tag{2-4}$$

在平衡情形下，力多边形中最后一力的终点与第一力的起点重合，此时的力多边形称为封闭的力多边形。于是，平面汇交力系平衡的必要和充分条件是：该力系的力多边形自行封闭，这是平衡的几何条件。

2.1.2　解析法

1. 平面汇交力系的合成——投影法

解析法是用力矢量在选定坐标轴上的投影来表示合力与各分力之间的关系。设由 n 个力组成的平面汇交力系作用于一个刚体上，建立直角坐标系 Oxy，如图 2.3 所示。设任意力 $\boldsymbol{F}_i$ 在各坐标轴上的投影分别为 F_{ix}、F_{iy}，Ox 和 Oy 轴的单位矢量分别为 $\boldsymbol{i}$、$\boldsymbol{j}$，则 $\boldsymbol{F}_i$ 可表示为：$\boldsymbol{F}_i = F_{ix}\boldsymbol{i} + F_{iy}\boldsymbol{j}\quad (i=1,2,\cdots,n)$，于是汇交力系的合力为

$$\boldsymbol{F}_{\mathrm{R}} = \sum \boldsymbol{F} = \left(\sum \boldsymbol{F}_{ix}\right)\boldsymbol{i} + \left(\sum \boldsymbol{F}_{iy}\right)\boldsymbol{j} \tag{2-5}$$

由此得合力 $\boldsymbol{F}_{\mathrm{R}}$ 在 x、y 轴上的投影为：

$$\boldsymbol{F}_x = \sum \boldsymbol{F}_{ix}, \boldsymbol{F}_y = \sum \boldsymbol{F}_{iy} \tag{2-6}$$

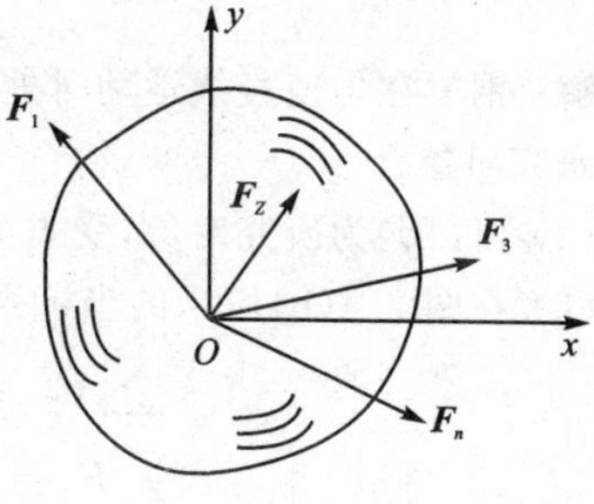

图 2.3

此式表示合力在任一轴上的投影等于各分力在同一轴上投影的代数和。这一结论称为合力投影定理。由此可见，已知汇交力系各力在 x、y 轴

上的投影后。即可求出合力的大小为

$$F_{\mathrm{R}}=\sqrt{\left(\sum F_{ix}\right)^{2}+\left(\sum F_{iy}\right)^{2}} \tag{2-7}$$

合力的方向余弦为

$$\cos\alpha=\frac{F_{\mathrm{R}x}}{F_{\mathrm{R}}},\cos\beta=\frac{F_{\mathrm{R}y}}{F_{\mathrm{R}}} \tag{2-8}$$

式中　α、β——分别为合力 $\boldsymbol{F}_{\mathrm{R}}$ 与坐标轴正向之间的夹角。

2. 平面汇交力系平衡的解析条件

由于平面汇交力系平衡的必要和充分条件是该力系的合力 $\boldsymbol{F}_{\mathrm{R}}$ 等于零，于是可得

$$\sum F_x=0,\qquad \sum F_y=0 \tag{2-9}$$

由此可知，平面汇交力系解析法平衡的必要与充分条件是：力系中所有力在两个任选的坐标轴上投影的代数和分别等于零。式(2-9)称为平面汇交力系的平衡方程，这是两个独立的方程，可以求解两个未知量。

例 2.1　水平钢梁被匀速地吊起如图 2.4(a)所示。已知梁重 $\boldsymbol{P}$(牛顿)，绳索 AB、AC 对称地和铅直线成夹角 α，不计吊钩及绳索重量，求绳索 AB 段和 AC 段的拉力。

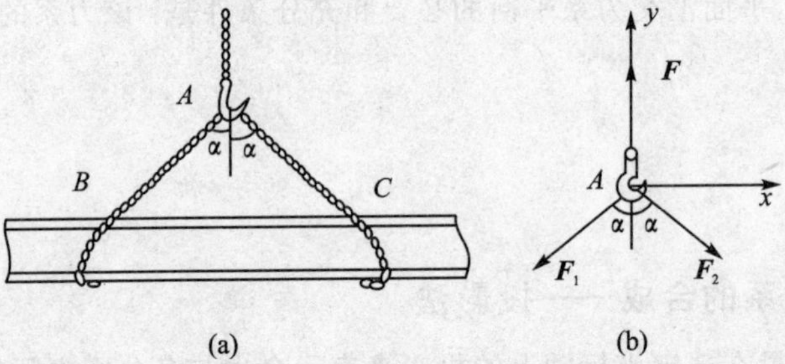

图 2.4

解：钢梁在匀速直线运动时处于平衡状态。为了求出绳索的拉力，可取它们所作用的吊钩为研究对象。

(1) 以吊钩为研究对象，受力分析如图 2.4(b)所示。

(2) 在图 2.4(b)所示的坐标系内列平衡方程：

$$\sum F_x=0\qquad -F_1\sin\alpha+F_2\sin\alpha=0$$

$$\sum F_y=0\qquad F-F_1\cos\alpha-F_2\cos\alpha=0$$

联立以上二式可解得

$$F_1=F_2=\frac{F}{2\cos\alpha}=\frac{P}{2\cos\alpha}$$

2.2　平面力对点之矩的概念及计算

力对刚体的作用效应使刚体的运动状态发生改变(包括移动与转动)，其中力对刚体的移动效应可用力矢来度量；而力对刚体的转动效应可用力对点之矩(简称力矩)来度量，即力矩是度量力对刚体转动效应的物理量。

2.2.1　力对点之矩——力矩

力对点之矩是一个代数量，它的绝对值等于力的大小与力臂的乘积。它的正负可按下述方法确定：力使物体绕矩心逆时针转向时为正，反之为负。如图 2.5 所示，力 $\boldsymbol{F}$ 与点 O 位于同一平面内，称点 O 为力矩中心，简称矩心，点 O 到力的作用线的垂直距离 h 为力臂。力 $\boldsymbol{F}$ 对于点 O 的矩以 $M_O(F)$ 表示，即

$$M_O(F) = \pm Fh = \pm 2\Delta OAB \tag{2-10}$$

式中　ΔOAB——以 O 为顶点的三角形 OAB 的面积。力矩的单位是 N・m 或 kN・m。

由上所述，可知力矩的性质如下：

(1) 力 $\boldsymbol{F}$ 对于 O 点之矩不仅取决于力 $\boldsymbol{F}$ 的大小，同时还与矩心 O 的位置有关，矩心位置不同，力矩随之而异。

(2) 力 $\boldsymbol{F}$ 对于任一点之矩不因该力的作用点沿其作用线移动而改变。

(3) 力的大小等于零或力的作用线通过矩心时，力矩等于零。

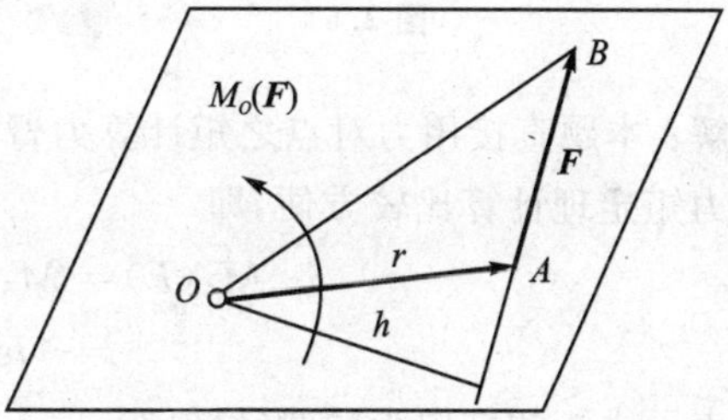

图 2.5

(4) 互成平衡的两个力对于同一点之矩的代数和等于零。

2.2.2　合力矩定理

定理　平面汇交力系的合力对于平面内任一点之矩等于所有各分力对于该点之矩的代数和。

证明　设作用于 A 点的力 $\boldsymbol{F}_1$ 和 $\boldsymbol{F}_2$ 的合力为 $\boldsymbol{F}_R$(图 2.6)。取任意点 O 为矩心，过 O 点作 x 轴垂直于 OA，并过点 B、C、D 分别作 x 轴的垂线，交轴于 b、c、d 三点，则 Ob、Oc、Od 分别为力 $\boldsymbol{F}_1$、$\boldsymbol{F}_2$ 和 $\boldsymbol{F}_R$ 在 x 轴上的投影。由合力投影定理可知：$Od = Ob + Oc$。

因为力矩可用两倍三角形面积表示，即

$$M_O(F_1) = 2\Delta OAB = OA \cdot Ob$$

$$M_O(F_2) = 2\Delta OAC = OA \cdot Oc$$
$$M_O(F_R) = 2\Delta OAD = OA \cdot Od$$

所以：$M_O(F_R)=M_O(F_1)+M_O(F_2)$

用类似的方法可以证明上述结论对于平面汇交力系同样成立。对于有合力的更普遍的力系，这一定理也是成立的，将在后面有关章节中分别论证。

例 2.2　力 $\boldsymbol{F}$ 作用于支架上 C 点，如图 2.7 所示。已知 $F=1200$ N，$a=140$ mm，$b=120$ mm。试求力 $\boldsymbol{F}$ 对其作用面内点 A 之矩。

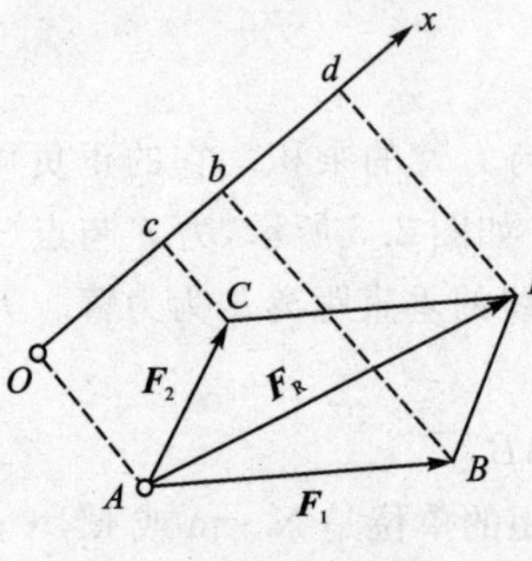

图 2.6

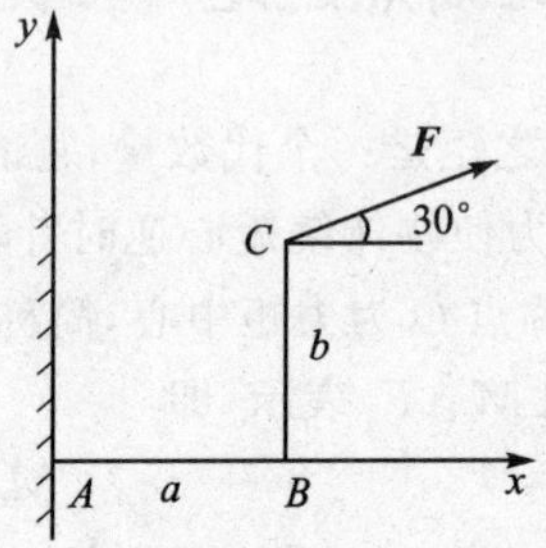

图 2.7

解：本题直接用力对点之矩计算力臂不易求得，若把力分解为水平和铅直两个分力，并利用合力矩定理计算比较方便，即

$$M_A(F)=M_A(F_x)+M_A(F_y)$$
$$=-bx+ay=-40.7\ \text{N}\cdot\text{m}$$

负号表示力矩的转向为顺时针转向。

2.3　平面力偶理论

2.3.1　力偶与力偶矩

大小相等，方向相反，作用线相互平行且不在同一直线上的两个力组成的力系称为力偶。如图 2.8(a)所示，力偶中两个力作用线之间的距离 d 称为力偶臂，力偶所在的平面称为力偶作用面，力偶常用符号$(\boldsymbol{F},\boldsymbol{F}')$表示。

由于力偶不能合成为一个力，故力偶也不能用一个力来平衡，构成力偶的两个力自身也不能相互平衡。因此，力偶和力一样是静力学的基本要素。

力偶对物体的作用效果，实际是组成力偶的两个力作用效果的叠加。由于这两个力大小

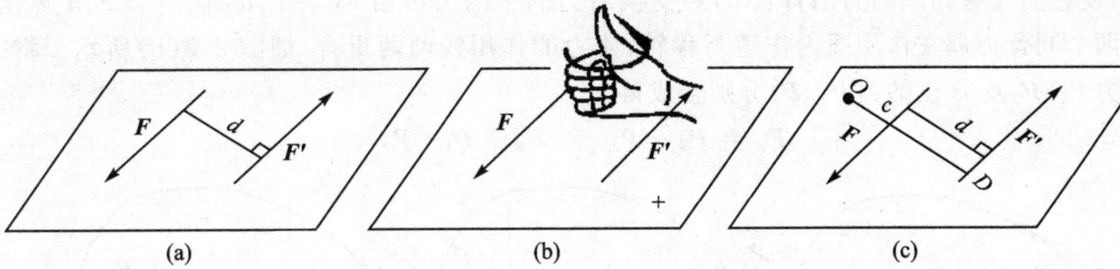

图 2.8

相等，方向相反，所以它们在任意轴或任意方向的投影之和恒等于零，其作用效果是力使物体平移的运动效应相互抵销，但使物体转动的效应却一致。因而，力偶对物体作用的外效应是仅使物体发生转动。力偶使物体转动的效应用力偶矩度量。

力偶矩表示为 $M(F,F')$，也可以简写为 M，它等于力偶中力的大小与力偶臂长的乘积，即

$$M(F,F') = M = \pm Fd \tag{2-11}$$

式中的正负号表示力偶在其作用面内的转向，规定与力矩的相同，即逆时针转向时为正，反之为负。也可以用右手螺旋法则来确定，如图 2.8(b)所示。力偶矩的单位与力矩的单位相同，即 N·m 或 kN·m。

2.3.2　力偶的性质

性质 1　力偶对其作用面内任一点的矩与矩心 O 的位置无关，恒等于力偶矩，如图 2.8(c)所示，即：$M_O(F)+M_O(F')=M=\pm Fd$。

性质 2　作用在同一平面内的两个力偶，若其力偶矩大小相等，转向相同，则这两个力偶彼此等效。

由上述定理可以得出下列两个推论：

(1) 力偶可以在其作用面内任意转移，而不影响它对于刚体的效应。

(2) 只要力偶矩大小和转向不变，可以任意改变力偶中两个力的大小和相应地改变力偶臂的长短，而不改变它对于刚体的效应。

2.3.3　力偶系的简化及平衡条件

1. 平面力偶系的简化

设在刚体的同一平面内作用有两个力偶 M_1 和 M_2，$M_1=F_1d_1$，$M_2=-F_2d_2$，如图 2.9(a)所示。根据上述力偶的性质，在保持原力偶矩不变的条件下，同时改变这两个力偶矩的力和力

偶臂，使它们具有相同的力偶臂长 d，经变换后力偶中的力可由 $M_1 = P_1 d$，$M_2 = -P_2 d$ 算出。将这两个同臂力偶在作用面内作适当移转，使力的作用线两两重合，如图 2.9(b)所示。将 A 点的力 $\boldsymbol{P}_1$、$\boldsymbol{P}_2$ 及 B 点的力 $\boldsymbol{P}'_1$、$\boldsymbol{P}'_2$ 分别合成得

$$\boldsymbol{F}_R = \boldsymbol{P}_1 - \boldsymbol{P}_2 \qquad \boldsymbol{F}'_R = \boldsymbol{P}'_1 - \boldsymbol{P}'_2$$

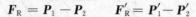

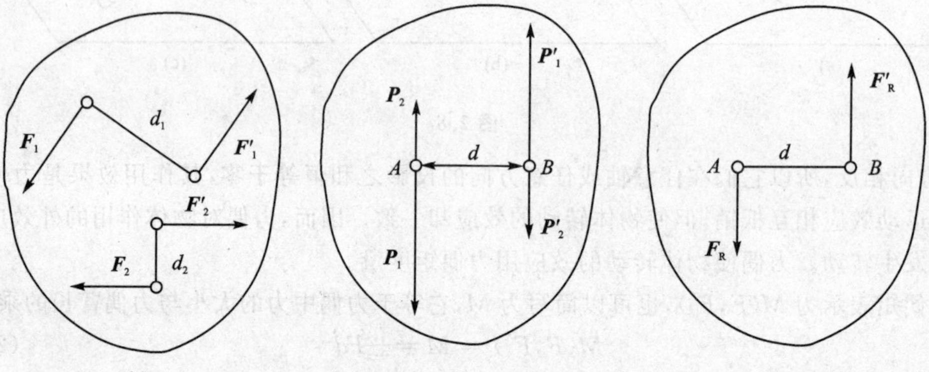

图 2.9

由 $\boldsymbol{F}_R$ 和 $\boldsymbol{F}'_R$ 组成的力偶($\boldsymbol{F}_R$，$\boldsymbol{F}'_R$)就是原来两个力偶的合力偶，如图 2.9(c)所示，该合力偶的力偶矩为

$$M = F_R d = (P_1 - P_2)d = M_1 + M_2 \tag{2-12}$$

此关系推广到由任意 n 个力偶组成的平面力偶系，有

$$M = M_1 + M_2 + \cdots + M_n = \sum_{i=1}^{n} M_i \tag{2-13}$$

可见，平面力偶系合成的最终结果是一个合力偶，合力偶的力偶矩等于力偶系中各力偶矩的代数和。

2. 平面力偶系的平衡

由合成结果可知，力偶系平衡时，其合力偶的矩等于零。因此，平面力偶系平衡的必要和充分条件是：所有合力偶矩的代数和等于零。即

$$\sum_{i=1}^{n} M_i = 0 \tag{2-14}$$

例 2.3　图 2.10(a)所示为一简支梁，在梁的 C 处作用一力偶，梁的跨度 $l=5$ m，求 A、B 两处的支座反力。

解：取 AB 梁为研究对象，因梁处于平衡状态，作用在梁上的主动力只有力偶，根据力偶只能与力偶平衡的性质，A、B 处的支座反力必须组成一个力偶才能满足平衡条件，同时根据可动铰支座约束反力的性质判知，支座 B 处的约束反力 F_B 必沿铅直方向，由此可知，A 处的

约束反力 $\boldsymbol{F}_A$ 必与 $\boldsymbol{F}_B$ 等值、反向、相互平行，受力分析如图 2.10(b)所示。

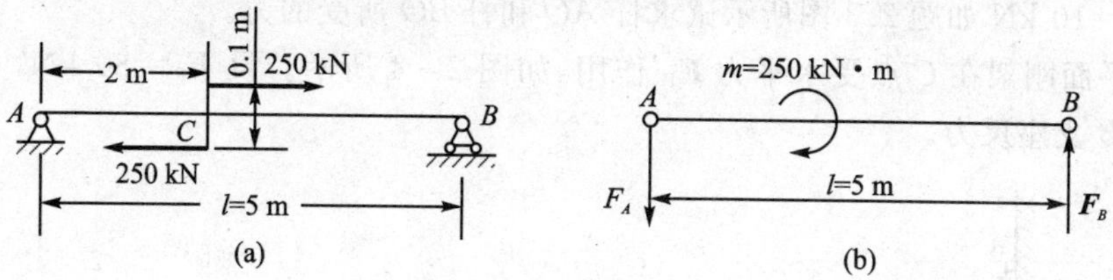

图 2.10

列力偶平衡方程：

$$\sum M = 0 \qquad -M + F_B \times 5 = 0$$

因 $M=25\ \text{kN}\cdot\text{m}$，所以求得

$$F_B = \frac{M}{5} = \frac{25\ \text{kN}}{5} = 5\ \text{kN}$$

$$F_A = F_B = 5\ \text{kN}$$

习 题

2.1 铆接薄板在孔心 A、B 和 C 处受三力作用，如题 2.1 图所示。$F_1=100$ N，沿铅直方向；$F_3=50$ N，沿水平方向，并通过点 A；$F_2=50$ N，力的作用线也通过点 A，尺寸如图所示，求此力系的合力。

2.2 如题 2.2 图所示结构中，各杆的自重不计，AB 和 CD 两杆铅垂，力 $\boldsymbol{P}$ 和 $\boldsymbol{Q}$ 的作用线水平。已知 $P=2$ kN，$Q=1$ kN，求杆 CE 所受的力。

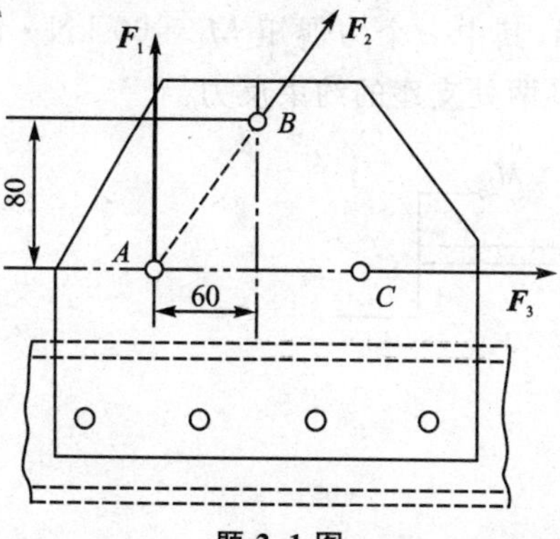

题 2.1 图

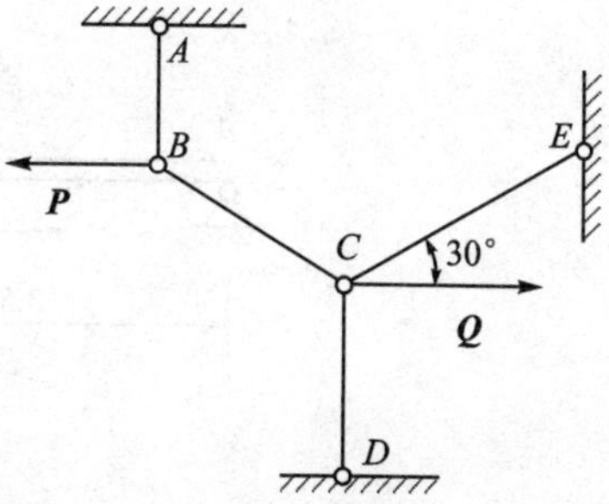

题 2.2 图

2.3　杆 AO 和杆 BO 相互以铰 O 相连接，两杆的另一端均用铰连接在墙上。铰 O 处挂一个重物 $Q=10$ kN 如题 2.3 图所示试求杆 AO 和杆 BO 所受的力。

2.4　平面刚架在 C 点受水平力 $\boldsymbol{F}_P$ 作用，如图 2－4 所示。设 $F_P=80$ kN，不计刚架自重，试求 A、B 支座反力。

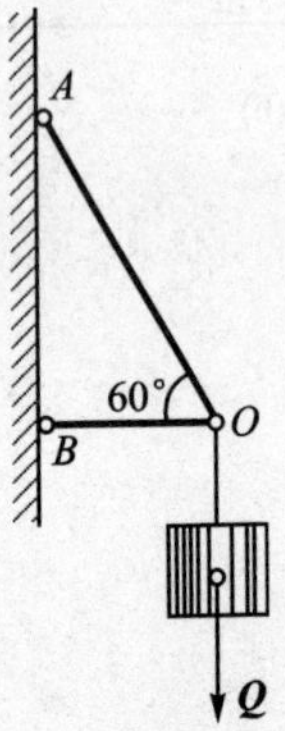

题 2.3 图

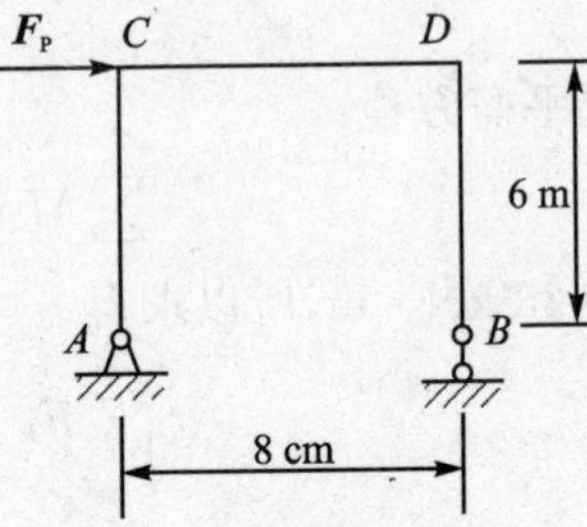

题 2.4 图

2.5　如题 2.5 图所示组合梁自重不计，受力如图所示，求 C、B 处的约束反力。

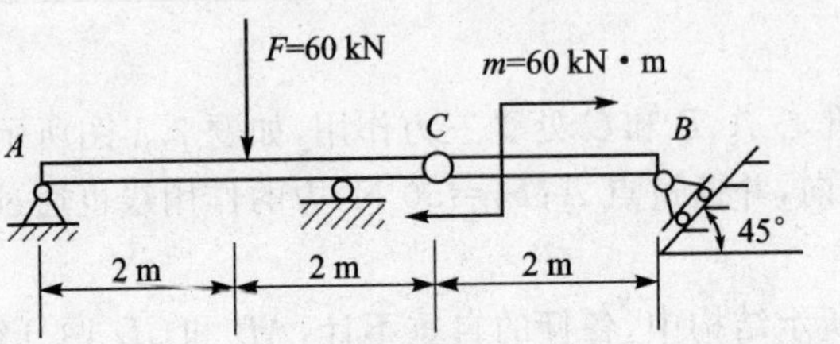

题 2.5 图

2.6　如题 2.6 图所示，水平梁上作用着两个力偶，其中一个力偶矩 $M_1=60$ kN·m，另一个力偶矩 $M_2=40$ kN·m，已知 $AB=3.5$ m，求 A、B 两处支座的约束反力。

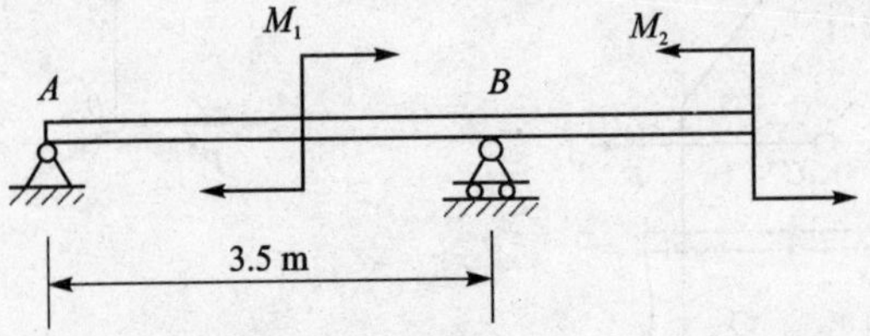

题 2.6 图

2.7　试计算题 2.7 图中各杆件上的力 $\boldsymbol{F}$ 对点 O 的矩。

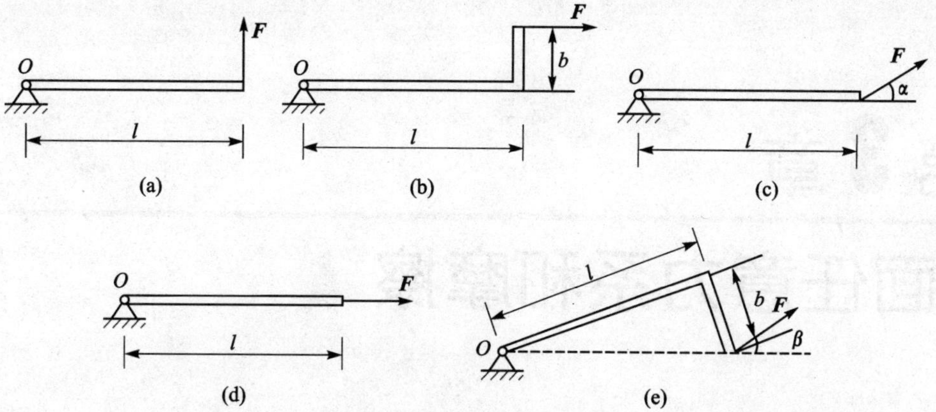

题 2.7 图

第3章

平面任意力系和摩擦

工程中经常遇到平面任意力系的问题，即作用在物体上的力的作用线都分布在同一平面内，并呈任意分布。本章将在前面的基础上，讨论平面任意力系的简化和平衡问题，得出平面任意力系的平衡方程，并应用这些平衡方程求解一些实际问题，以及摩擦的概念和摩擦存在时物体的平衡问题。

3.1 平面力系向一点简化

3.1.1 力的平移定理

力系向一点简化是一种较为简便并具有普遍性的力系简化方法。此方法的理论基础是力的平移定理。

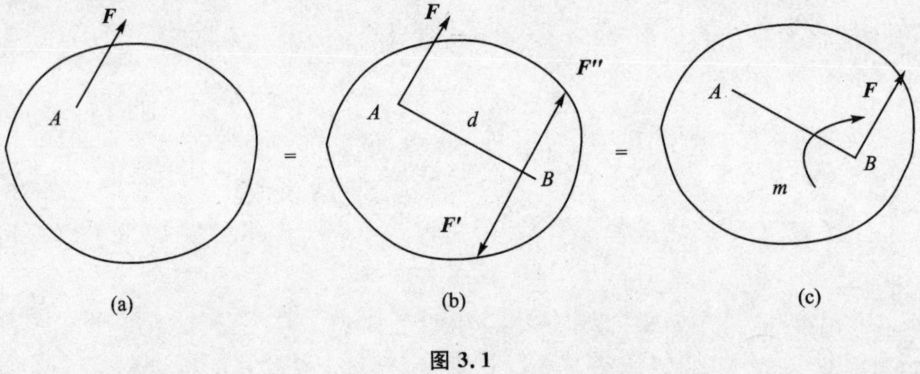

图 3.1

定理 作用在刚体上的力可以等效地平行移到这刚体上的其他任意点，但必须同时附加一个力偶，此附加力偶的力偶矩等于原力对新作用点之矩。这就是力的平移定理。

证明 设一任意刚体上的点 A 处作用一力 $\boldsymbol{F}$ 如图 3.1(a)所示，根据加减平衡力系公理，在刚体上的另外任意点 B 处加上一对平衡力 $\boldsymbol{F}$ 和 $\boldsymbol{F}'$如图 3.1(b)所示，令 $F'=-F''=F$。显然，$\boldsymbol{F}$ 与 $\boldsymbol{F}''$构成一个力偶，其力偶矩为 $M=(F,F'')=-F\cdot d$。可见，原作用于点 A 的力 $\boldsymbol{F}$ 与作用于点 B 的力 $\boldsymbol{F}'$和力偶 M 的共同作用等效，如图 3.1(c)所示，力偶 M 称为附加力偶。而力 $\boldsymbol{F}$ 对点 B 的矩为 $M_B(F)=-F\cdot d$，比较可见，附加力偶的力偶矩等于原来力 $\boldsymbol{F}$ 对新作用点 B 之矩，于是定理得证。

力的平移定理说明，一个力可以用一个作用于另一点的同样大小和方向的力及一个力偶等效替代。那么反过来，一个力和一个力偶，也可以由一个力等效替代，证明过程略。

3.1.2 力系向任意一点简化、主矢和主矩

设有一由 n 个力 $\boldsymbol{F}_1$、$\boldsymbol{F}_2$、$\boldsymbol{F}_3$、…、$\boldsymbol{F}_n$ 组成的平面力系作用于刚体上，如图 3.2(a)所示，将该力系向平面内任一点简化。这个任选的点称为简化中心。为了简化力系，利用力的平移定理将力系中各力向简化中心 O 等效平移，得到作用在简化中心的一个平面汇交力系 $\boldsymbol{F}'_1$、$\boldsymbol{F}'_2$、$\boldsymbol{F}'_3$、…、$\boldsymbol{F}'_n$和一个平面力偶系 $M_1=M_O(\boldsymbol{F}_1)$、$M_2=M_O(\boldsymbol{F}_2)$、…$M_n=M_O(\boldsymbol{F}_n)$，如图 3.2(b)所示。利用已讨论过的结果，可得作用于 O 点的力 $\boldsymbol{F}'_R$和一个力偶 M_O，如图 3.2(c)所示，称 $\boldsymbol{F}'_R$为原力系的主矢，M_O 为原力系对简化中心 O 的主矩。也就是说，平面力系向平面内任一点简化，其结果为作用于该点的一个主矢和一个主矩。即

$$\begin{cases} \boldsymbol{F}'_R = \sum \boldsymbol{F}' = \sum \boldsymbol{F}_i \\ M_O = \sum M_O(\boldsymbol{F}_i) \end{cases} \tag{3-1}$$

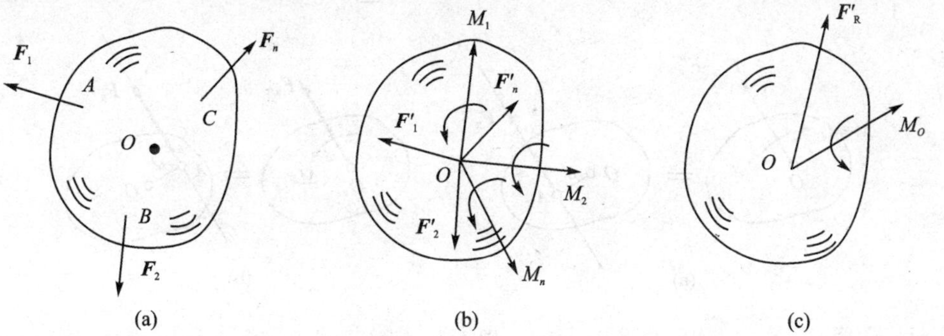

图 3.2

在解析法中，主矢的大小和方向为：

$$\begin{cases} F'_{R}=\sum F_{ix},F'_{Ry}=\sum F_{iy} \\ F'_{R}=\sqrt{\left(\sum F_{ix}\right)^{2}+\left(\sum F_{iy}\right)^{2}} \\ \cos\alpha=F'_{Rx}/F'_{R},\cos\beta=F'_{Ry}/F'_{R} \end{cases} \tag{3-2}$$

式中，α，β 分别为主矢 $\boldsymbol{F}'_{R}$ 与两个坐标轴 x，y 正向之间的夹角。

特别注意：在应用力的平移定理时，力的大小、方向没变，而附加的力偶矩是按力对点的矩计算的，因此，主矢与简化中心的选取无关，主矩与简化中心的选取有关。由于上述简化中心的选取是任意的，随着简化中心选取的不同，会有不同的主矩，因而就有不同的最终结果。

3.2　力系简化结果的分析·合力矩定理

平面任意力系向作用面内一点简化的结果，可能有四种情况，下面分别讨论。

(1) 若 $\boldsymbol{F}'_{R}=0$，$M_O=0$，原力系处于平衡，这种情况将在下节详细讨论。

(2) 若 $\boldsymbol{F}'_{R}=0$，$M_O\neq0$，则力系可合成为一力偶，其矩 $M_O=\sum M_O(\boldsymbol{F}_i)$，此时，不论力系向哪一点简化，力系的合成结果都是矩相同的一个力偶。即此时力系的主矩与简化中心的位置无关。

(3) 若 $\boldsymbol{F}'_{R}\neq0$，$M_O=0$，则原力系简化为作用在简化中心 O 的一个力。此时，附加力偶系平衡，汇交力系的合力也就是平面力系的合力。

(4) 若 $\boldsymbol{F}'_{R}\neq0$，$M_O\neq0$，则由力线平移定理，可将简化所得的作用于 O 点的力 $\boldsymbol{F}_{RO}$ 和矩为 M_O 的力偶进一步合成为一力 $\boldsymbol{F}_{R}$（图 3.3），合力 $\boldsymbol{F}_{R}$ 的大小及方向与力 $\boldsymbol{F}_{RO}$ 相同，即

$$\boldsymbol{F}_R=\boldsymbol{F}_{RO}=\boldsymbol{F}'_{R}=\sum\boldsymbol{F}$$

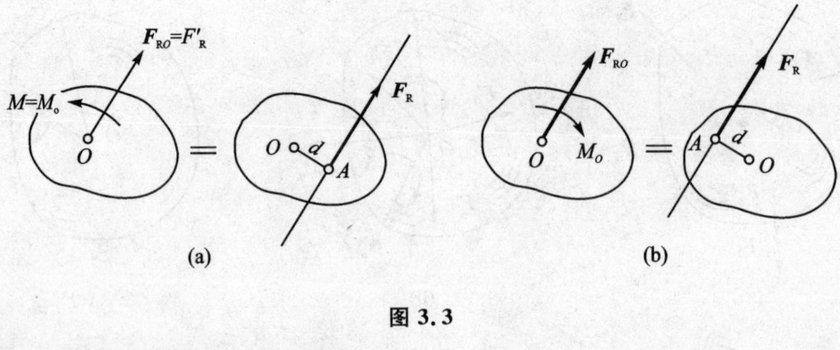

图 3.3

由简化中心至合力作用线的垂直距离为

$$d=\frac{|M|}{F_{R}}=\frac{|M_O|}{F'_{R}}$$

当 $M_O>0$ 时，合力 $\boldsymbol{F}_R$ 在 $\boldsymbol{F}_{RO}$ 的右边[顺着 $\boldsymbol{F}_{RO}$ 的方向，图 3.3(a)]；而当 $M_O<0$ 时，合力 $\boldsymbol{F}_R$ 在 $\boldsymbol{F}_{RO}$ 的左边[图 3.3(b)]。

在这种情况下，根据图 3.3 与式(3-1)，合力 $\boldsymbol{F}_R$ 对于 O 点之矩为

$$M_O(F_R)=\pm F_R d=M$$

但是

$$M=M_O=\sum M_O(F)$$

于是得

$$M_O(F_R)=\sum M_O(F) \tag{3-3}$$

这就表明：若平面任意力系可合成为一合力时，则其合力对于作用面内任一点之矩等于力系内各力对于同一点之矩的代数和。这就是平面任意力系情况下的合力矩定理。

例 3.1　简支梁受三角形载荷作用，最大载荷集度为 q_0(单位：N/m)如图 3.5 所示，求其合力的大小和作用线的位置。

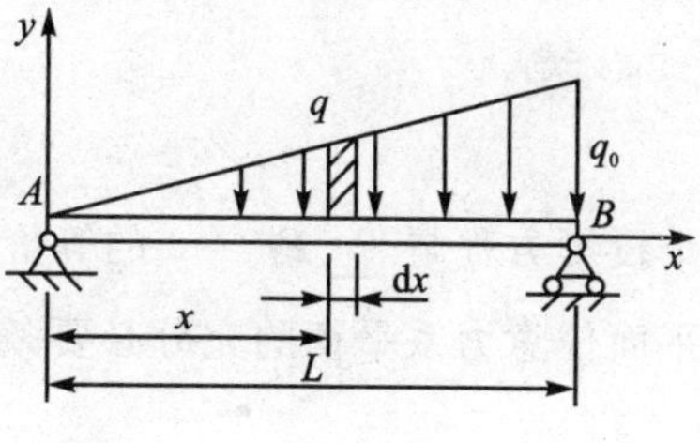

图 3.4

解：设梁距 A 端 x 处的载荷集度为 q，其值为 $q=\dfrac{x}{l}q_0$，则微段 dx 上所受的力

$$dF=q\,dx=\frac{x}{l}q_0\,dx$$

则简支梁所受三角形载荷的合力为

$$F=\int_0^l \frac{x}{l}q_0\,dx=\frac{1}{2}q_0 l \tag{1}$$

设合力作用线距 A 端为 d，由合力矩定理得

$$Fd=\int_0^l \frac{x}{l}q_0 x\,dx \tag{2}$$

将式(1)代入式(2)得合力作用线距 A 端的距离为

$$d=\frac{2}{3}l$$

3.3　平面任意力系的平衡条件及平衡方程

3.3.1　平面任意力系平衡的充分必要条件

由上一章平面任意力系简化理论可知：当力系的主矢和对任一确定点的主矩全为零时，则合力为零，即力系为平衡力系；相反，当二者至少有一个不为零时，则力系的最简结果或是一

力偶,或是一不为零的合力,即力系均为非平衡力系。前者说明,主矢和主矩全为零是力系平衡的充分条件,后者则说明主矢和主矩为零均是力系平衡的必要条件。即平面任意力系平衡的充分必要条件是:力系的主矢和对任一确定点的主矩同时为零。写成数学表达式则为

$$\begin{cases}\sum \boldsymbol{F}_i = 0 \\ \sum M_O(\boldsymbol{F}_i) = 0\end{cases} \tag{3-4}$$

3.3.2 平面任意力系平衡方程的基本形式

平面任意力系平衡的充分必要条件式(3-4)中第一方程为矢量方程式。在实际问题的应用中,常用两个与之等价的投影代数方程来取代之,即

$$\begin{cases}\sum \boldsymbol{F}_{ix} = 0 \\ \sum \boldsymbol{F}_{iy} = 0\end{cases}$$

这两个投影方程与 $\sum \boldsymbol{F}_i = 0$ 的等价性是显而易见的。于是就得到了完全由代数方程给出的一组平面任意力系平衡的充分必要条件如下:

$$\begin{cases}\sum \boldsymbol{F}_{ix} = 0 \\ \sum \boldsymbol{F}_{iy} = 0 \\ \sum M_A(\boldsymbol{F}) = 0\end{cases} \tag{3-5}$$

按此公式,平面任意力系平衡的条件也可以表述为:力系中所有各力在两个任选正交轴上投影的代数和分别等于零,各力对任意点之矩的代数和也同时等于零。上式也称为平面任意力系的平衡方程。

3.3.3 平面任意力系平衡方程的其他两种形式

平面任意力系平衡方程除了基本形式外,还可以写成以下两种等价形式。

(1) 两个力矩方程和一个投影方程:

$$\begin{cases}\sum \boldsymbol{F}_{ix} = 0 \\ \sum M_A(\boldsymbol{F}) = 0 \\ \sum M_B(\boldsymbol{F}) = 0\end{cases} \tag{3-6}$$

其中 x 轴与 AB 的连线互不垂直。

(2) 三矩式:

$$\begin{cases} \sum M_A(\boldsymbol{F}) = 0 \\ \sum M_B(\boldsymbol{F}) = 0 \\ \sum M_C(\boldsymbol{F}) = 0 \end{cases} \tag{3-7}$$

其中 A、B、C 三点不共线。

上述三组方程都可用来解决平面任意力系的平衡问题，究竟选用那一组方程，需要根据具体条件决定。对于受平面任意力系作用的单个刚体的平衡问题，只能写出三个独立的平衡方程，求解三个未知量。

例 3.2 起重机自重 $P=10$ kN，以可绕铅直轴 AB 转动，起重机的挂钩上挂有重 $Q=40$ kN 的重物；起重机尺寸如图 3.5(a)所示，求在止推轴承 A 和轴承 B 处的约束反力，两轴承的厚度不计。

解： 首先取起重机研究对象，对其进行受力分析，建立坐标系如图 3.5(b)所示。因主动力 $\boldsymbol{P}$ 和 $\boldsymbol{Q}$ 均作用在铅垂面内，故轴承 B 的约束反力 $\boldsymbol{F_B}$ 沿水平方向，假定指向右边。止推轴承 A 处的约束反力用水平力 $\boldsymbol{F}_{Ax}$ 和垂直力 $\boldsymbol{F}_{Ay}$ 表示，受力分析如图 3.4(b)所示。

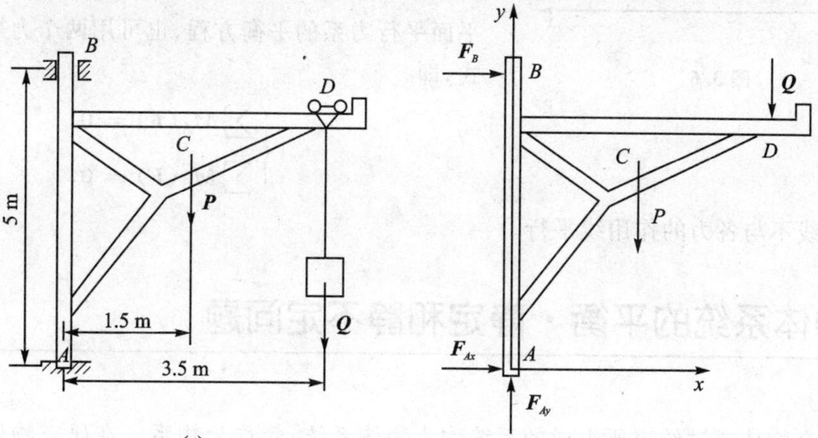

图 3.5

其次，列平衡方程

$$\begin{cases} \sum F_x = 0 & F_{Ax} + F_B = 0 \\ \sum F_y = 0 & F_{Ay} - P - Q = 0 \\ \sum M_A(F) = 0 & -5F_B - 1.5P - 3.5Q = 0 \end{cases}$$

最后，带入数据求解得：

$$F_B = -(1.5P + 3.5Q)/5 = -13 \text{ kN}$$

$$F_{Ax} = -N_B = 31\ \text{kN}$$
$$F_{Ay} = \boldsymbol{P} + \boldsymbol{Q} = 50\ \text{kN}$$

凡为负值的量,表明它的实际指向与假定方向相反。

3.3.4 平面平行力系

平面平行力系是平面任意力系的一种特殊情形。

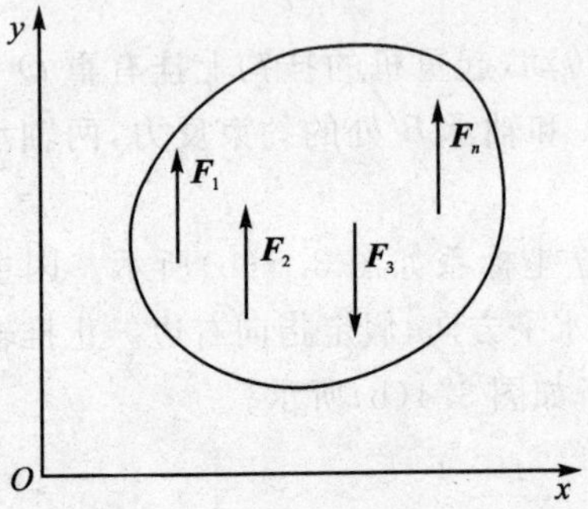

图 3.6

如图 3.6 所示,设物体受平面平行力系 $\boldsymbol{F}_1$、$\boldsymbol{F}_2$、…、$\boldsymbol{F}_n$ 的作用。如选取 x 轴与各力垂直,则不论力系是否平衡,每一个力在 x 轴上的投影恒等于零,于是,平面平行力系的独立平衡方程的数目只有两个,即

$$\begin{cases} \sum \boldsymbol{F}_y = 0 \\ \sum M_O(\boldsymbol{F}) = 0 \end{cases} \tag{3-8}$$

平面平行力系的平衡方程,也可用两个力矩方程的形式,即

$$\begin{cases} \sum M_A(\boldsymbol{F}) = 0 \\ \sum M_B(\boldsymbol{F}) = 0 \end{cases} \tag{3-9}$$

其中 AB 连线不与各力的作用线平行。

3.4 物体系统的平衡·静定和静不定问题

由若干个物体通过约束所组成的系统称为物体系统,简称为物系。在研究物体系统的平衡问题时,不仅要知道外界物体对于这个系统的作用,同时还应分析系统内各物体之间的相互作用。外界物体作用于系统的力称为该系统的外力,系统内部各物体间相互作用的力称为该系统的内力。根据作用与反作用定律可知,内力总是成对出现的,因此当取整个系统为分离体时,可不考虑内力;当求系统的内力时,就必须取系统中与需求内力有关的某些物体为分离体。

应当指出,当整个系统平衡时,组成该系统的每一个物体也都平衡。因此在研究这类平衡问题时,既可以取系统中的某个物体为分离体,也可以取几个物体的组合、甚至可以取整个系统为分离体,这要根据问题的具体情况以便于求解为原则来适当地选取。对于 n 个物体组成的系统，在平面任意力系作用下，可以也只能列出 $3n$ 个独立平衡方程。若系统中的物体有受平面汇交力系或平面平行力系作用时，则独立平衡方程的总数目应相应地减少。

在刚体静力学中，当研究单个物体或物体系统的平衡问题时，由于对应于每一种力系的独立平衡方程的数目是一定的，若所研究的问题的未知量的数目等于或少于独立平衡方程的数目时，则所有未知量都能由平衡方程求出，这样的问题称为静定问题。若未知量的数目多于独立平衡方程的数日，则未知量不能全部由平衡方程求出，这样的问题称为静不定问题或超静定问题，而总未知量数与总独立平衡方程数两者之差称为静不定的次数。

下面举一些静定和静不定的问题的例子。

吊车起吊重物，重物若用二根绳子挂在吊勾上，如图 3.7(a)所示。若重物的重力 $\boldsymbol{P}$ 已知，求绳子的拉力。以重物为研究对象，则二根绳子的拉力是未知力。由图可见，重物所受的力在吊勾处形成一平面汇交力系，平面汇交力系有两个独立的平衡方程，可以求解两个未知数，所以这是个静定问题。有时为了安全起见，用三根绳子悬挂重物，如图 3.7(b)所示，这时重物受的仍然是平面汇交力系，但未知的绳子拉力有三个，所以变成静不定问题。图 3.8(a)所示一悬臂梁，其固定端一般有三个未知的约束反力，因受平面任意力系作用的刚体可列出三个独立的平衡方程，独立的平衡方程数与未知力的个数相等，所以这是个静定问题。工程实际中，为防止梁产生过大的弯曲变形，常在 B 端增加一个辊轴支座如图 3.8(b)所示，支座增加，相应的约束反力也增加，但独立的平衡方程没有增加，因此问题变为静不定问题。

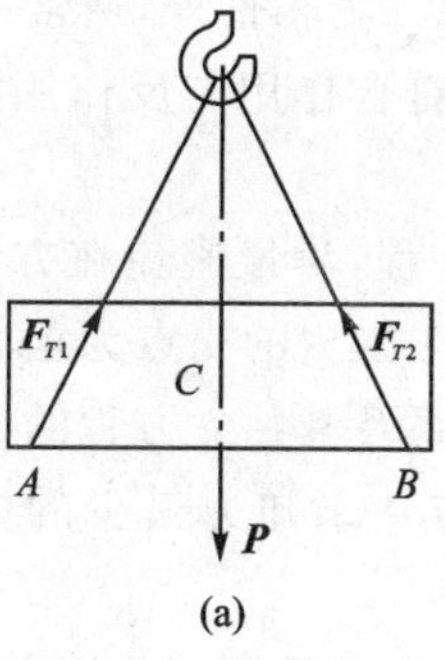

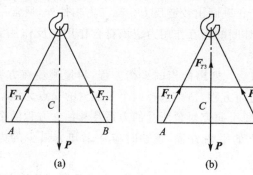

图 3.7

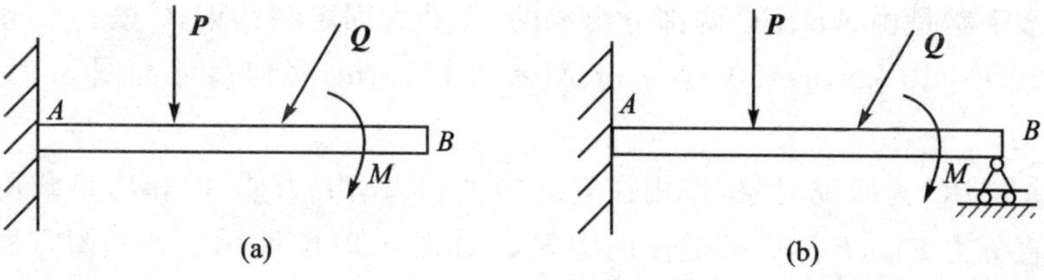

图 3.8

静不定问题仅用刚体平衡方程是不能完全求解的，还需考虑作用于物体上的力与物体变形的关系，再列出某些补充方程来解决。静不定问题已超出理论力学研究的范围，将留待材料力学、结构力学等课程中研究。

在求解静定的物体系统的平衡问题时，可以选每个物体为研究对象，列出全部平衡方程，然后求解；也可以先取整个系统为研究对象，列出平衡方程，这样的方程不包含内力，式中未知量较少，解出部分未知量后，再从系统中选取某些物体作为研究对象，列出另外的平衡方程，直至求出所有的未知量为止。在选择研究对象和列平衡方程时，应使每一个平衡方程的未知量个数尽可能少，最好是只含有一个未知量，以避免求解联立方程。此外，在求解过程中应注意以下几点：

(1) 首先判断物体系统是否属于静定问题

(2) 恰当地选择研究对象。在一般情况下首先以系统的整体为研究对象。这样则不出现未知的内力，易于解出未知量。当不能求出未知量时，应立即选取单个物体或部分物体的组合为研究对象，一般应先选受力简单而作用有已知力的物体为研究对象，求出部分未知量后再研究其他物体。

(3) 受力分析。首先从二力构件入手可使受力图比较简单有利于解题，解除约束时要严格地按照约束的性质画出相应的约束力。切忌凭主观想象画力，对于一个销钉连接三个或三个以上物体时，要明确所选对象中是否包括该销钉，解除了哪些约束，然后正确画出相应的约束力。画受力图时关键在于正确画出铰链反力。除二力构件外，通常用二分力表示铰链反力；不画研究对象的内力；两物体间的相互作用力应该符合作用与反作用定律即作用力与反作用力必定等值反向和共线。

(4) 列平衡方程求未知量。列出恰当的平衡方程，尽量避免在方程中出现不需要求的未知量。为此可恰当地运用力矩方程，适当选择两个未知力的交点为矩心，所选的坐标轴应与较多的未知力垂直，判断清楚每个研究对象所受的力系及其独立方程的个数，物体系独立平衡方程的总数。避免列出不独立的平衡方程，解题时应从未知力最少的方程入手尽量避免联立求解。

(5) 校核。求出全部所需的未知量后可再列一个不重复的平衡方程将计算结果代入若满足方程则计算无误。

例3.3 水平梁是由AB、BC两部分组成的，A处为固定端约束，C处为铰链连接，B端为滚动支座，已知：$F=10\ \text{kN}$，$q=20\ \text{kN}\cdot\text{m}$，$M=10\ \text{kN}\cdot\text{m}$，几何尺寸如图3.9(a)所示，试求$A$、$C$处的约束力。

解：(1) 选梁BC为研究对象，作用在它上的主动力有：力偶M和均布载荷q；约束力为B处的两个垂直分力$\boldsymbol{F}_{Bx}$、$\boldsymbol{F}_{By}$，C处的法向力$\boldsymbol{F}_{\text{NC}}$，如图3.9(b)所示。列平衡方程，

$$\sum_{i=1}^{n} M_B(\boldsymbol{F}_i)=0 \qquad 6F_{\text{NC}}+M-3q\times\left(3\times\frac{3}{2}\right)=0 \tag{3-10}$$

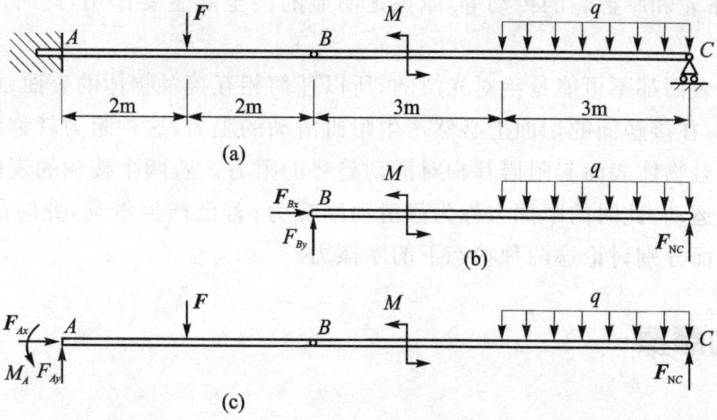

图 3.9

解得
$$F_{NC}=43.33\ \text{kN}$$

(2) 选整体为研究对象，作用在它上的主动力有：集中力 F 力偶 M 和均布载荷 q；约束力为固定端 A 两个垂直分力 $\boldsymbol{F}_{Ax}$、$\boldsymbol{F}_{Ay}$ 和力偶矩 M_A，以及 C 处的法向力 $\boldsymbol{F}_{NC}$，如图 3.9(c)所示。列平衡方程

$$\sum_{i=1}^{n} M_A(\boldsymbol{F}_i)=0 \qquad M_A-2F+10F_{NC}+M-3q\times\left(7+\frac{3}{2}\right)=0 \tag{3-11}$$

$$\sum_{i=1}^{n} F_x=0 \qquad F_{Ax}=0 \tag{3-12}$$

$$\sum_{i=1}^{n} F_y=0 \qquad F_{Ay}-F-3q+F_{NC}=0 \tag{3-13}$$

由式(3-11)、式(3-12)、式(3-13)解得 A、C 端的约束力为

$$F_{Ax}=0 \qquad F_{By}=26.67\ \text{kN} \qquad M_A=86.7\ \text{kN}\cdot\text{m}$$

方向如图所示。

3.5 摩　擦

以前的研究中，把物体相互间的接触面都看成是理想光滑的，因此支承面的约束力是沿支承面的法线方向；这就是说，当物体沿支承面运动时不会受到阻碍。事实上，一切物体的表面部具有不同程度的粗糙性，当物体沿支承面运动时，由于接触面间的凹凸不平，就产生了对运动的阻力，这种阻力称为摩擦力。如果这种阻力不大，在工程实际问题中不起主要作用，就可以在初步计算时略去摩擦的作用，而使问题大为简化。但是，对于另外一些实际问题，如汽车

在公路上行驶，带轮和摩擦轮的传动等，摩擦是明显的甚至起主要作用，此时摩擦不能被忽略而必须加以考虑。

任何物体的表面都不可能是绝对光滑的，所以任何相互接触物体的表面，如果存在相对滑动或滑动的趋势，在接触面的切面上必然产生阻碍滑动的阻力，这种阻力就称为摩擦力。摩擦力是两个相互接触物体表面起阻碍其相对滑动趋势的阻力。若两个接触的表面有相对滑动的趋势而尚未产生运动，此时的摩擦力称为静滑动摩擦力；若已产生滑动，此时的摩擦力称为动滑动摩擦力。下面分别讨论这两种状态下的摩擦力。

3.5.1　滑动摩擦

1. 静滑动摩擦、静滑动摩擦力定理

将重 $\boldsymbol{P}$ 的物体放在粗糙的水平面上，并施加一水平力 $\boldsymbol{F}$，如图 3.10 所示。根据观察可知，当 $\boldsymbol{F}$ 的大小不超过某一数值时，物体虽有向右滑动的趋势，但仍保持相对静止。这个现象表明，物体除受法向反力 $\boldsymbol{F}_N$ 之外，还有一水平向左的反力 $\boldsymbol{F}_s$，如图 3.10(b)所示。$\boldsymbol{F}_s$ 即为静滑动摩擦力。当力 $\boldsymbol{F}$ 从零开始逐渐增加，使物体处于将动未动的临界状态时所对应的静滑动摩擦力称为最大静滑动摩擦力，简称为最大静摩擦力，记作 $\boldsymbol{F}_{max}$。此后如果 $\boldsymbol{F}$ 继续增大，物体与水平面之间产生相对滑动，静滑动摩擦力也就变成动滑动摩擦力。这是静摩擦力与一般约束反力不同的地方。

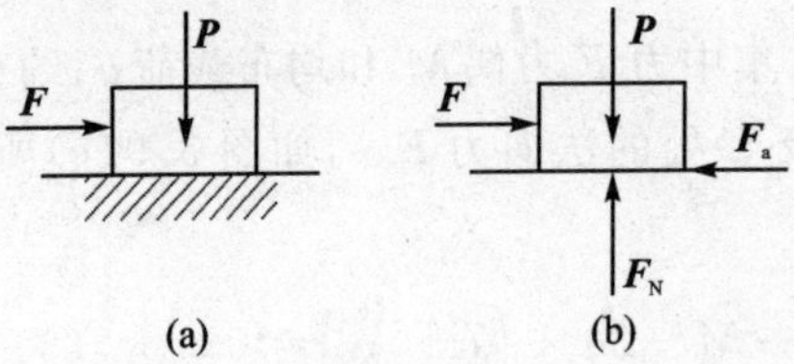

图 3.10

概括静滑动摩擦力性质如下：

(1) 当物体与约束面之间有正压力并有相对滑动趋势时，沿接触面切面方向产生静滑动摩擦力，摩擦力的方向与物体滑动趋势的方向相反。

(2) 静摩擦力的大小由平衡条件确定，其数值在零与最大值之间，即：

$$0 < \boldsymbol{F} < \boldsymbol{F}_{max}$$

当物体处于由静止到运动的临界状态时，静摩擦力达到最大值。

使物体保持静止的最大摩擦力 F_{max} 的大小与正压力 $\boldsymbol{F}_N$ 成正比，引入比例系数 f，有

$$F_{max} = f\boldsymbol{F}_N \tag{3-14}$$

式中　$\boldsymbol{F}_N$——正压力，即接触面的法向约束反力；

f——静摩擦因数，它与材料的性质和接触面情况有关，一般通过实验测定，是个无量纲量。

式(3-14)称为静滑动摩擦定律，又称库仑摩擦定律。

2. 动滑动摩擦力、动滑动摩擦定理

若力 $\boldsymbol{F}$ 继续增大，临界状态将被打破，物体开始运动。对应物体运动时的摩擦力称为动滑动摩擦力，简称动摩擦力，记为 $\boldsymbol{F}_d$。通常 $\boldsymbol{F}_{max} > \boldsymbol{F}_d$。

物体相对滑动时产生的动摩擦力 $\boldsymbol{F}_d$ 的大小与正压力 $\boldsymbol{F}_N$ 成正比，即

$$\boldsymbol{F}_d = \mu \boldsymbol{F}_N \tag{3-15}$$

式中　μ——无量纲量，仅与材料属性及接触面情况有关。

式(3-15)称为动滑动摩擦定律。

表 3.1 列出了几种材料的摩擦因数。

表 3.1　几种材料的摩擦因数

材料名称	静滑动摩擦因数/μ		动滑动摩擦因数/μ'	
	无润滑	有润滑	无润滑	有润滑
钢-钢	0.15	0.10～0.20	0.15	0.05～0.10
钢-铸铁	0.30		0.18	0.05～0.15
钢-青铜	0.15	0.10～0.15	0.15	0.10～0.15
铸铁-皮革	0.30～0.50	0.15	0.60	0.15
木材-木材	0.40～0.60	0.10	0.20～0.50	0.07～0.15
青铜-青铜		0.10	0.20	0.07～0.17

3.5.2　摩擦角与自锁现象

1. 摩擦角

正压力 $\boldsymbol{F}_N$ 与静摩擦力 $\boldsymbol{F}_s$ 的合力 $\boldsymbol{F}_R$ 称为全约束反力，设全约束反力与接触面法线的夹角为 α，如图 3.11 所示，则

$$\tan\alpha = \frac{F_s}{F_N}$$

当物体处于临界状态时，摩擦力达到最大值，即 $\boldsymbol{F}_{max}$，这时 α 也达到其最大值，用 φ_f 表示，即 $\varphi_f = \alpha_{max}$。有

$$\tan\varphi = \frac{F_{max}}{F_N} = \frac{F_N f}{F_N} = f$$

式中　φ_f——摩擦角。

由于物体可以在切平面上沿任意方向滑动，而每一个方向的滑动都可以找到一条与摩擦角对应的全约束反力的作用线，所有方向的全约束反力作用线在空间形成一个锥形，称为摩擦

锥，如图 3.12 所示。

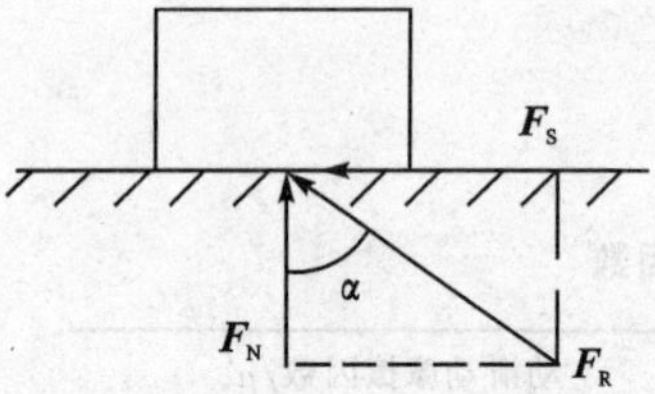

图 3.11

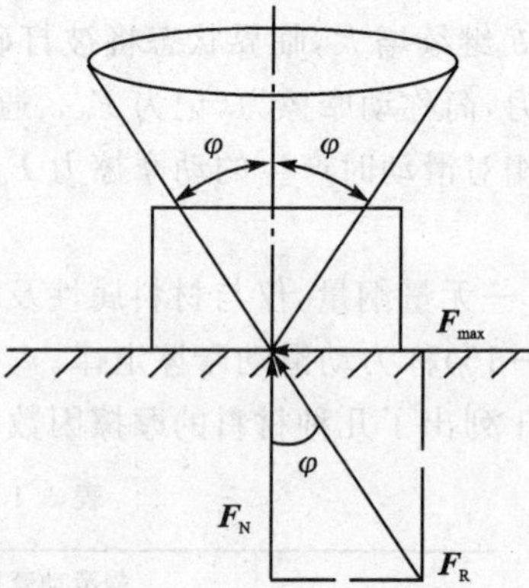

图 3.12

2. 自锁

主动力 $\boldsymbol{P}$ 与 $\boldsymbol{T}$ 的合力 $\boldsymbol{Q}$ 称为全主动力。设全主动力 $\boldsymbol{Q}$ 与法线之间的夹角为 φ，则由上述讨论可知，随着 $\boldsymbol{P}$ 增大，φ 角减小；随着 $\boldsymbol{T}$ 增大，φ 角增大，如图 3.13 所示。

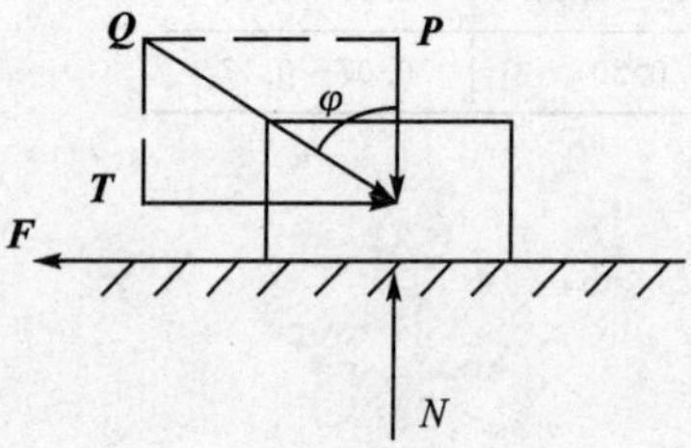

图 3.13

由于摩擦力的特性全约束反力的作用线不可能在摩擦锥之外，而全主动力的作用线与接触面法线之间的夹角则可任意。接触面法线之间的夹角则可任意。当 $\varphi \leqslant \varphi_f$ 时，物体不会移动，因为全约束反力与全主动力总能构成二力平衡力系；当 $\varphi > \varphi_f$ 时，全约束反力与全主动力不能构成平衡力系，物体将发生滑动。即当主动力的作用线在摩擦锥之内（$\varphi \leqslant \varphi_f$）时，不论全主动力 $\boldsymbol{Q}$ 有多大，物体都能保持静止不动，这种现象称为自锁现象。自锁现象所对应的条件 $\varphi \leqslant \varphi_f$ 称为自锁条件。

工程中常利用和避免自锁现象。如螺纹千斤顶的螺纹杆应保证能自锁，而车床的丝杆则要避免自锁。

3. 考虑摩擦时的平衡问题

考虑摩擦的平衡问题与不考虑摩擦的平衡问题在解法上无本质区别，但是考虑摩擦的平衡问题，在受力分析时，必须考虑摩擦力。摩擦力总是沿着接触面的切面并与物体相对滑动的趋势相反。求解时还必须判断物体是处于何种状态。若物体处于非临界平衡态，则摩擦力的大小是未知量，要应用平衡方程确定；若物体处于临界平衡态，则此时的摩擦力 $\boldsymbol{F} = \boldsymbol{F}_{max} / f\boldsymbol{F}_N$，相当于多了一个补充方程，或者可以认为摩擦力是已知量。要注意的是，由于静摩擦力 $\boldsymbol{F}$ 的

值可以在 $0 \sim \boldsymbol{F}_{max}$ 之间变化，所以在考虑摩擦的平衡问题中，主动力的值也允许在一定范围变化。

例 3.4 重 $\boldsymbol{P}$ 的物体放在倾角为 θ 斜面上，物体与斜面间的摩擦角为 α_m，且 $\theta > \alpha_m$。如在物体上作用一力 $\boldsymbol{F}_Q$，此力与斜面平行，如图 3.14(a)所示。求能使物体保持平衡时力 $\boldsymbol{F}_Q$ 的值。

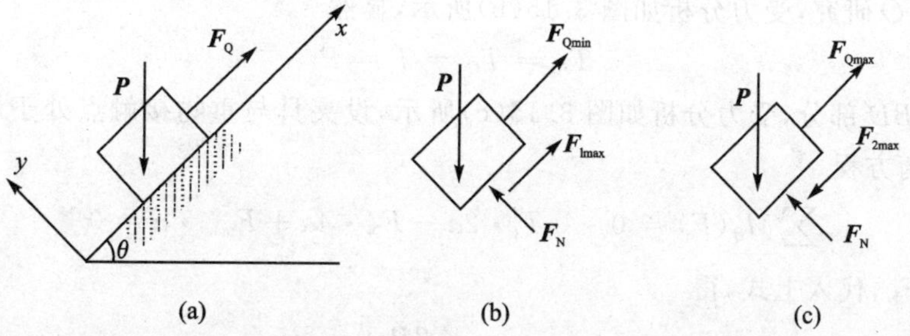

图 3.14

解：由于 $\theta > \alpha_m$，物体在自重作用下不能在斜面上保持平衡。当作用力 F_Q 并逐渐增大使其刚好拉住物块时，物块处于平衡的临界状态，此时 $F_Q = F_{Qmin}$，受力如图 3.14(b)所示。继续增大 F_Q 的值，可能使物块向上滑动，当物块处在向上滑动的临界状态时，$F_Q = F_{Qmax}$。受力如图 3.14(c)所示。根据物体不下滑与不上滑两个临界状态，可确定出平衡时 F_Q 的取值范围应为

$$F_{Qmax} > F_Q > F_{Qmin}$$

为求出两个临界状态时的 F_Q 值，取物块为研究对象。首先考虑物体不下滑的临界状态，受力如图 3.14(b)所示，列方程如下：

$$\sum F_x = 0 \qquad F_{Qmin} + F_{1max} - P\sin\theta = 0$$

$$\sum F_y = 0 \qquad F_N - P\cos\theta = 0$$

另有

$$F_{1max} = F_N \tan\alpha_m$$

得出

$$F_{Qmin} = P(\sin\theta - \tan\alpha_m \cos\theta)$$

再考虑物体不上滑的临界状态，受力如图 3.14(c)示，列方程如下：

$$\sum F_x = 0 \qquad F_{Qmax} + F_{2max} - P\sin\theta = 0$$

$$\sum F_y = 0 \qquad F_N - P\cos\theta = 0$$

另有

$$F_{2max} = F_N \tan\alpha_m$$

得出

$$F_{Qmax} = P(\sin\theta + \tan\alpha_m \cos\theta)$$

于是，物体平衡时力 F_Q 大小为

$$P(\sin\theta + \tan\alpha_m \cos\theta) \geqslant F_Q \geqslant P(\sin\theta - \tan\alpha_m \cos\theta)$$

例 3.5 如图 3.15(a)所示，钳形夹具夹住一重物 M，M 重 $\boldsymbol{P}$，已知 $DE=2a$，$AB=BC=2a$，$H=4a$，$\angle OAB=\angle OCB=90°$，$\angle AOC=120°$，夹具自重不计，求保持重物不至落下的最小摩擦因数 f。

解： 取整体为研究对象，受力分析如图 3.15(a)所示，显然：

$$T = P$$

再取节点 O 研究，受力分析如图 3.15(b)所示，显然

$$T_A = T_C = T = P$$

再研究 CBD 部分，受力分析如图 3.15(c)所示，设夹具与重物接触点处于即将滑动的临界状态，列平衡方程

$$\sum M_B(F) = 0 \qquad T'_C \cdot 2a - F_{\mathrm{N}} \cdot 4a + F_{\max} \cdot a = 0$$

因为 $F_{\max}=fF_{\mathrm{N}}$，代入上式，得

$$F_{\mathrm{N}} = \frac{2P}{4-f}$$

$$F_{\max} = F_{\mathrm{N}} f = \frac{2P}{4-f} f$$

下面研究重物 M 受力分析如图 3.15(d)所示，设重物处于即将下滑的临界平衡状态，列平衡方程：

$$\sum F_y = 0 \qquad 2F'_{\max} - P = 0$$

得

$$F'_{\max} = \frac{P}{2}$$

由

$$F'_{\max} = F_{\max}$$

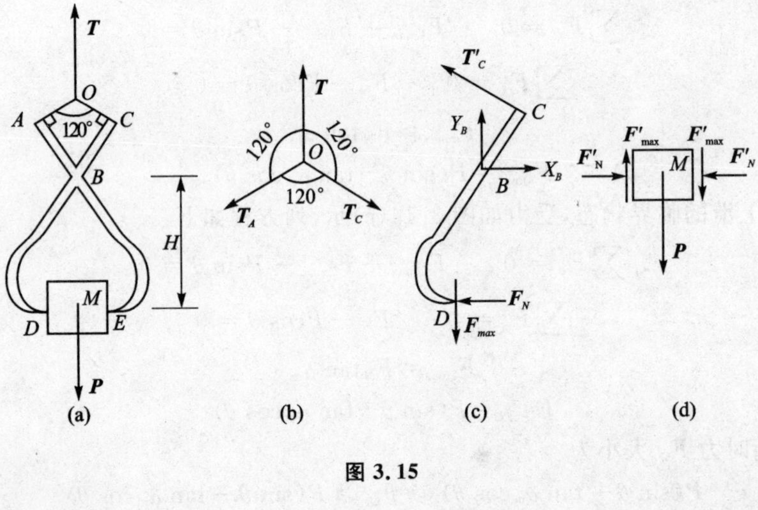

图 3.15

得

$$\frac{2P}{4-f}f=\frac{P}{2}$$

$$f=0.8$$

习 题

3.1 三铰拱钢架受集中载荷 **F** 作用，不计架自重，求题 3.1 图所示两种情况下支座 A、B 的约束力。

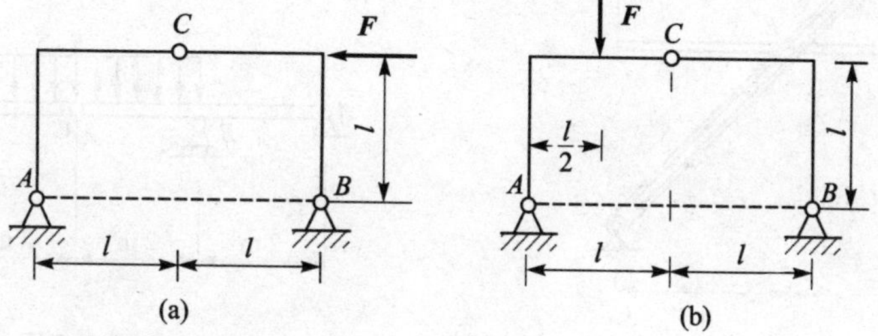

题 3.1 图

3.2 如题 3.2 图所示，光滑三角铰支架中，已知 $AB=AC=2$ m，$BC=1$ m，在 C 上悬挂一重为 10 kN 的重物。不计杆重，求两杆所受的力。

3.3 行走式起重机如题 3.3 图所示，设机身的重量为 $P_1=500$ kN，其作用线距右轨的距离为 $e=1$ m，起吊的最大重量为 $P_2=400$ kN，其作用线距右轨的最远距离为 $l=10$ m，两个轮距为 $b=3$ m，试求使起重机满载和空载不至于翻倒时，起重机平衡重 P 的值，平衡重 P 的作用线距左轨的距离为 $a=4$ m。

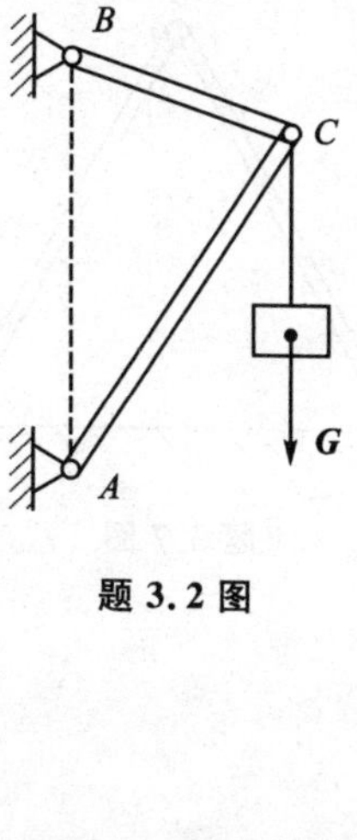

题 3.2 图

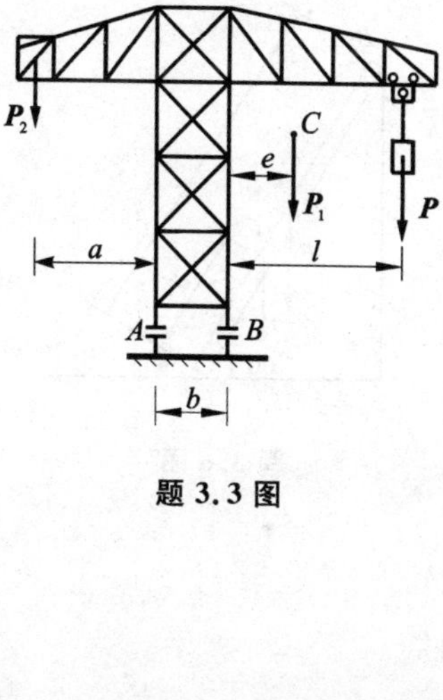

题 3.3 图

3.4　构架由杆 AB、AC 和 DF 组成，如题 3.4 图所示。在 DF 杆上的销子 E 可在杆 AC 的光滑槽内滑动，不计各杆的自重，在水平杆 DF 的一端作用铅直力 $\boldsymbol{F}$，试求铅直杆 AB 上的铰链 A、D 和 B 所受的力。

3.5　由 AC 和 CD 构成的组合梁通过铰链 C 连接。它的支承和受力如图所示。已知均布载荷强度 $q=10\ \text{kN/m}$，力偶矩 $M=40\ \text{kN}\cdot\text{m}$，不计梁重。求支座 A、B、D 的约束反力和铰链 C 处所受的力。

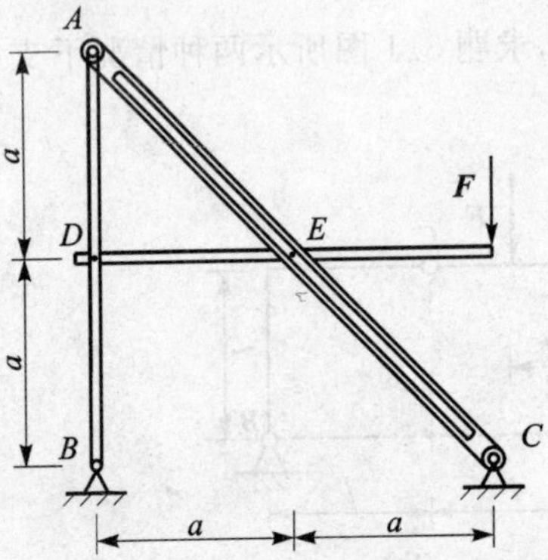

题 3.4 图

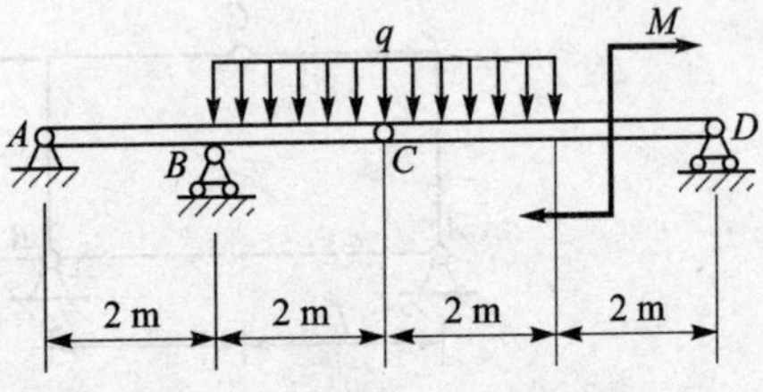

题 3.5 图

3.6　梯子 AB 靠在墙上，其重量为 $P=200$ N，如题 3.6 图所示，梯长为 l，并与水平面交角为 60°，已知接触面间的摩擦因数均为 $f=0.25$，今有一重为 $Q=650$ N 的人沿梯子上爬，问人所能达到的最高点 C 到 A 点的距离 S 应为多少？

3.7　两根相同的均质杆 AB 和 BC，端点 B 用铰链连接，C 端放在粗糙水平面上，如图所示，当 ABC 成等边三角形时，系统在铅直面内处于临界平衡态。求杆端与水平面的摩擦因数。

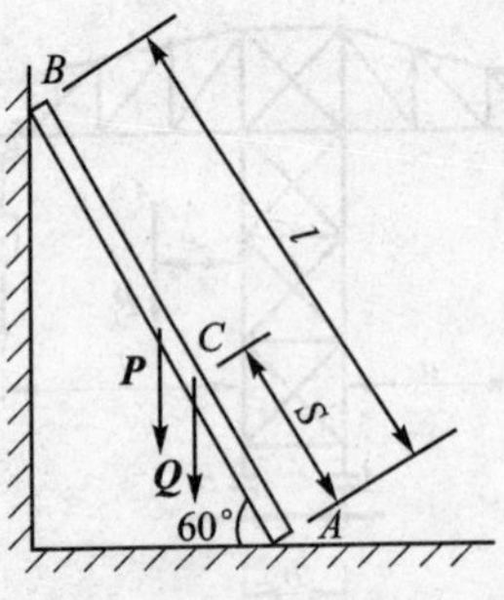

题 3.6 图

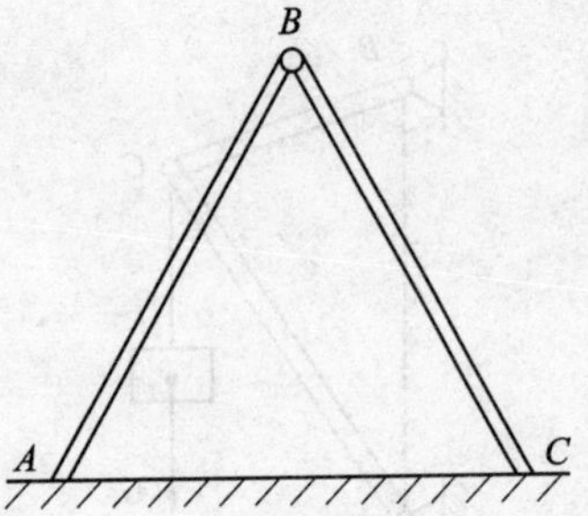

题 3.7 图

第 4 章

空间力系和重心

本章主要研究空间力系的平衡问题，并介绍重心的概念及求重心位置的方法。

当力系中各力的作用线不在同一平面，而呈空间分布时，称为空间力系。前几章中所介绍的各种力系实际上都是空间力系的特例。工程中常见物体受力时，力的作用线并不都在同一平面内，而是空间分布的，例如，车床主轴、起重设备和飞机的起落架等结构。设计这些结构时，需要空间力系的平衡条件进行计算。

与平面力系一样，空间力系可以分为空间汇交力系、空间力偶系和空间任意力系来研究。

4.1 空间汇交力系

4.1.1 力在直角坐标轴上的投影及其分解

1. 直接投影法

若已知力 $\boldsymbol{F}$ 与正交坐标系 $Oxyz$ 三轴间的夹角分别为 α、β、γ，如图 4.1 所示，则力在三个轴上的投影等于力 $\boldsymbol{F}$ 的大小乘以与各轴夹角的余弦，即

$$\left.\begin{aligned} F_x &= F\cos\alpha \\ F_y &= F\cos\beta \\ F_z &= F\cos\gamma \end{aligned}\right\} \qquad (4-1)$$

2. 二次投影法

当力 $\boldsymbol{F}$ 与 x、y 坐标轴间的夹角不易确定时，可先将力 $\boldsymbol{F}$ 投影到坐标平面 xOy 上，得一力 $\boldsymbol{F}_{xy}$，进一步再将 $\boldsymbol{F}_{xy}$ 向 x、y 轴上投影。如图 4.2 所示。若 γ 为力 $\boldsymbol{F}$ 与 z 轴间的夹角，φ 为 $\boldsymbol{F}_{xy}$

与 x 轴间的夹角，则力 $\boldsymbol{F}$ 在三个坐标轴上的投影为分别：

$$\left.\begin{aligned} F_x &= F_{xy}\cos\varphi = F\sin\gamma\cos\varphi \\ F_y &= F_{xy}\sin\varphi = F\sin\gamma\sin\varphi \\ F_z &= F\cos\gamma \end{aligned}\right\} \tag{4-2}$$

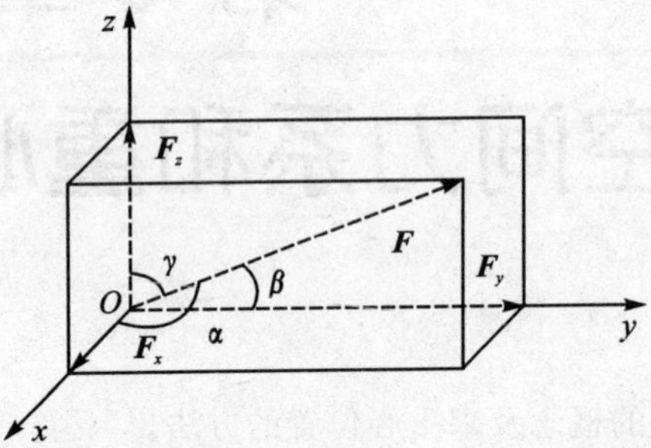

图 4.1

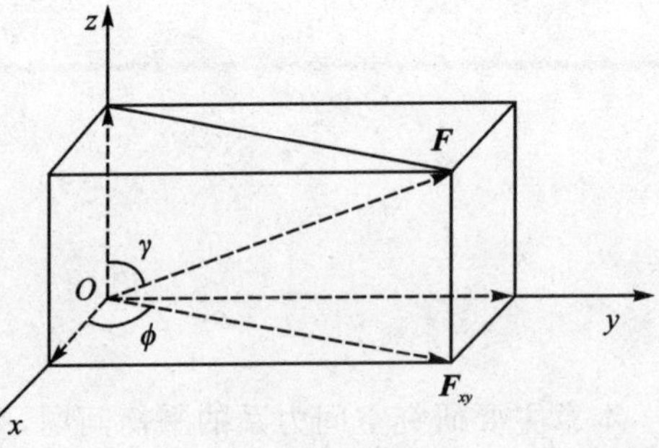

图 4.2

具体计算时，可根据问题的实际情况选择一种适当的投影方法。

当力 $\boldsymbol{F}$ 沿直角坐标轴分解时，分力 $\boldsymbol{F}_x$、$\boldsymbol{F}_y$、$\boldsymbol{F}_z$ 为矢量，它们应由力的平行四边形法则或平行六面体法则的逆运算而求得。若用 $\boldsymbol{i},\boldsymbol{j},\boldsymbol{k}$ 分别表示沿 x,y,z 方向的单位矢量，则

$$\boldsymbol{F} = \boldsymbol{F}_x + \boldsymbol{F}_y + \boldsymbol{F}_z = F_x\boldsymbol{i} + F_y\boldsymbol{j} + F_z\boldsymbol{k} \tag{4-3}$$

由此，力 $\boldsymbol{F}$ 在坐标轴上的投影和力沿坐标轴的正交分矢量间的关系可表示为：

$$\boldsymbol{F}_x = F_x\boldsymbol{i} \qquad \boldsymbol{F}_y = F_y\boldsymbol{j} \qquad \boldsymbol{F}_z = F_z\boldsymbol{k} \tag{4-4}$$

如果已知力 $\boldsymbol{F}$ 在正交轴系 $Oxyz$ 的三个投影，则力 $\boldsymbol{F}$ 的大小和方向余弦为：

$$\left.\begin{aligned} F &= \sqrt{F_x^2 + F_y^2 + F_z^2} \\ \cos(F,i) &= \frac{F_x}{F} \\ \cos(F,j) &= \frac{F_y}{F} \\ \cos(F,k) &= \frac{F_y}{F} \end{aligned}\right\} \tag{4-5}$$

例 4.1 棱长为 a 的正立方体上作用有力 $\boldsymbol{F}_1$、$\boldsymbol{F}_2$，如图 4.3(a)所示，试计算各力在三个坐标轴上的投影。

解： 求 $\boldsymbol{F}_1$ 的投影可应用二次投影法。如图 4.3(b)所示，先将 $\boldsymbol{F}_1$ 投影到 Oxy 平面内得

$$F_{1xy} = F_1\cos\alpha = \sqrt{6}F_1/3$$

然后将 $\boldsymbol{F}_{1xy}$ 投影于 x、y 轴，得

$$F_{x1} = -F_{1xy}\sin 45° = -\sqrt{3}F_1/3$$

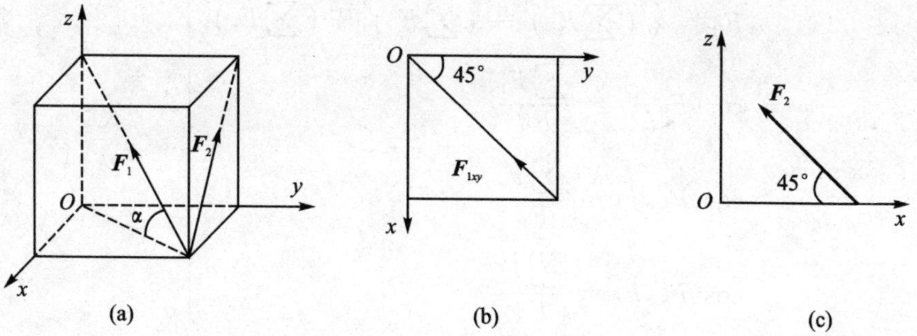

图 4.3

$$F_{y1}=-F_{1xy}\cos 45^\circ=-\sqrt{3}F_1/3$$

$\boldsymbol{F}_1$ 在 z 轴上的投影为：

$$F_{z1}=F_1\sin a=\sqrt{3}F_1/3$$

同理，求得 $\boldsymbol{F}_2$ 的投影为[图 4.3(c)]

$$F_{x2}=-F_2\cos 45^\circ=-\frac{\sqrt{2}}{2}F_2$$

$$F_{y2}=0$$

$$F_{z2}=F_2\sin 45^\circ=\frac{\sqrt{2}}{2}F_2$$

4.1.2　空间汇交力系的合成

推广平面汇交力系合成法则得：空间汇交力系的合力等于各分力的矢量和，合力的作用线通过汇交点。合力矢为：

$$\boldsymbol{F}_R=\boldsymbol{F}_1+\boldsymbol{F}_2+\cdots+\boldsymbol{F}_n=\sum_{i=1}^{n}\boldsymbol{F}_i \tag{4-6}$$

由式(4-3)可得：

$$\boldsymbol{F}_R=\sum F_{xi}\boldsymbol{i}+\sum F_{yi}\boldsymbol{j}+\sum F_{zi}\boldsymbol{k} \tag{4-7}$$

其中，$\sum F_{xi}$、$\sum F_{yi}$、$\sum F_{zi}$ 为 F_R 沿 x,y,z 轴的投影。由此可得合力的大小和方向余弦为

$$
\left.\begin{aligned}
F_R &= \sqrt{\left(\sum F_x\right)^2 + \left(\sum F_y\right)^2 + \left(\sum F_z\right)^2} \\
\cos(F_R, i) &= \frac{\sum F_x}{F_R} \\
\cos(F_R, j) &= \frac{\sum F_y}{F_R} \\
\cos(F_R, k) &= \frac{\sum F_z}{F_R}
\end{aligned}\right\} \tag{4-8}
$$

4.1.2 空间汇交力系的平衡

空间汇交力系平衡的必要充分条件是此力系的合力为零。由(4-8)得

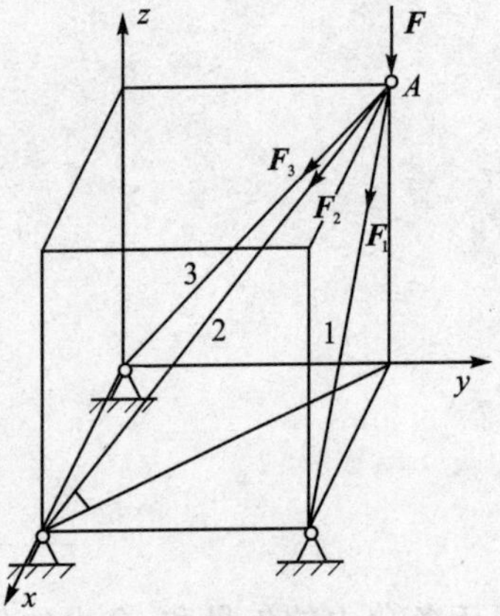

图 4.4

$$
\begin{aligned}
F_R &= \sqrt{F_{Rx}^2 + F_{Ry}^2} \\
&= \sqrt{\left(\sum F_{xi}\right)^2 + \left(\sum F_{yi}\right)^2 + (F_{zi})^2} = 0
\end{aligned} \tag{4-9}
$$

从而得空间汇交力系平衡的方程：

$$
\left\{\begin{aligned}
\sum F_{xi} &= 0 \\
\sum F_{yi} &= 0 \\
\sum F_{zi} &= 0
\end{aligned}\right. \tag{4-10}
$$

例 4.2 沿正方体三个侧面的对角线有三个杆铰接于 A 点，并在此作用有沿竖直方向的力 $\boldsymbol{F}$，如图 4.4 所示，三个杆的自重不计，试求三个杆的内力。

解： 受力如图 4.6 所示，假设三个杆受拉力，在 A 点与已知力 $\boldsymbol{F}$ 构成空间汇交力系。列平衡方程，

$$\sum F_{xi} = 0 \qquad F_1 \cos 45^\circ + F_2 \cos\alpha \cos 45^\circ = 0 \tag{a}$$

$$\sum F_{yi} = 0 \qquad -F_2 \cos\alpha \cos 45^\circ - F_3 \cos\alpha \cos 45^\circ = 0 \tag{b}$$

$$\sum F_{zi} = 0 \qquad -F_1 \cos 45^\circ - F_3 \cos 45^\circ - F_2 \sin\alpha - F = 0 \tag{c}$$

其中，$\cos\alpha = \dfrac{\sqrt{2}}{\sqrt{3}}$，$\sin\alpha = \dfrac{1}{\sqrt{3}}$

由以上式(a)、式(b)、式(c)解得

$$F_1 = F_3 = -\sqrt{2}F(\text{压力}) \qquad F_2 = \sqrt{3}F(\text{拉力})$$

4.2 力 矩

研究空间力系问题，需要引入两个新的概念，即空间力对点之矩和空间力对轴之矩，本节先介绍这两个概念。

4.2.1 空间力对点之矩

平面问题力对点之矩用代数量就可以完全表示力对物体的转动效应，但空间问题由于各力矢量不在同一平面内，矩心和力的作用线构成的平面也不在同一平面内，再用代数量无法表示各力对物体的转动效应，因此采用力对点的矩的矢量表示。

如图4.5所示，由坐标原点O向力$\boldsymbol{F}$的作用点A作矢径$\boldsymbol{r}$，则定义力$\boldsymbol{F}$对坐标原点O之矩的矢量表示为$\boldsymbol{r}$与$\boldsymbol{F}$的矢量积，即

$$\boldsymbol{M}_O(\boldsymbol{F}) = \boldsymbol{r} \times \boldsymbol{F} \tag{4-11}$$

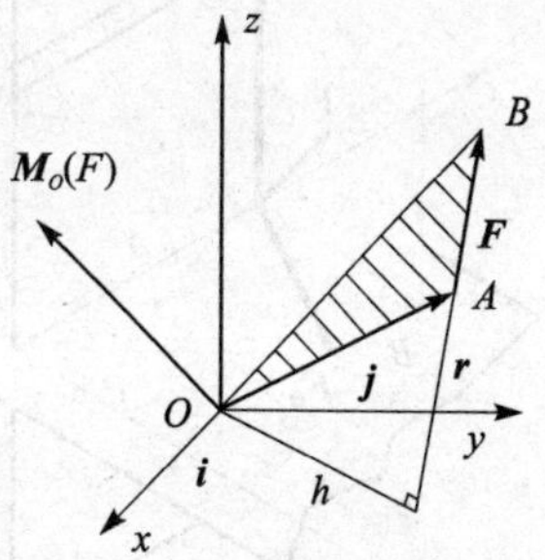

图4.5

矢量$\boldsymbol{M}_O(\boldsymbol{F})$的方向由右手螺旋法则来确定；由矢量积的定义得矢量$\boldsymbol{M}_O(\boldsymbol{F})$大小，即

$$|\boldsymbol{r} \times \boldsymbol{F}| = rF\sin\alpha = Fh$$

其中，h为O点到力的作用线的垂直距离，即力臂。

若将图4.5所示的矢径$\boldsymbol{r}$和力$\boldsymbol{F}$表示成解析式，为

$$\begin{cases} \boldsymbol{r} = x\boldsymbol{i} + y\boldsymbol{j} + z\boldsymbol{k} \\ \boldsymbol{F} = F_x\boldsymbol{i} + F_y\boldsymbol{j} + F_z\boldsymbol{k} \end{cases} \tag{4-12}$$

将式(4-12)代入式(4-11)得空间力对点的矩的解析表达式为

$$\boldsymbol{M}_O(\boldsymbol{F}) = \boldsymbol{r} \times \boldsymbol{F} = \begin{vmatrix} \boldsymbol{i} & \boldsymbol{j} & \boldsymbol{k} \\ x & y & z \\ F_x & F_y & F_z \end{vmatrix}$$

$$= (yF_z - zF_y)\boldsymbol{i} + (zF_x - xF_z)\boldsymbol{j} + (xF_y - yF_x)\boldsymbol{k} \tag{4-13}$$

则力矩$M_O(\boldsymbol{F})$在坐标轴x、y、z上的投影为

$$\begin{cases} [M_O(\boldsymbol{F})]_x = yF_z - zF_y \\ [M_O(\boldsymbol{F})]_y = zF_x - xF_z \\ [M_O(\boldsymbol{F})]_z = xF_y - yF_x \end{cases} \tag{4-14}$$

力对点的矩是定位矢量。

力对点之矩的单位在国际单位制中是N·m(牛·米)或kN·m(千牛·米)。

4.2.2　空间力对轴之矩

在实际中，例如门绕门轴转动、飞轮绕转轴转动等均为物体绕定轴转动，描述力对轴的转动效应时用力对轴的矩。

如图4.6所示，作用在门上A点的力$\boldsymbol{F}$，将力$\boldsymbol{F}$沿与门轴z平行和垂直于门轴的平面这两个方向进行分解，得分力$\boldsymbol{F}_{xy}$和$\boldsymbol{F}_z$。实践表明$\boldsymbol{F}_z$不对门产生转动效应，只有$\boldsymbol{F}_{xy}$才对门产生转动效应。用$\boldsymbol{M}_z(\boldsymbol{F})$表示力对轴的矩，因此，定义力对轴的矩等于分力$\boldsymbol{F}_{xy}$对其所在的平面与门轴$z$交点$O$的矩，即

$$\boldsymbol{M}_z(\boldsymbol{F}) = \boldsymbol{M}_O(\boldsymbol{F}_{xy}) = \pm F_{xy}h = \pm 2\Delta OAB \tag{4-15}$$

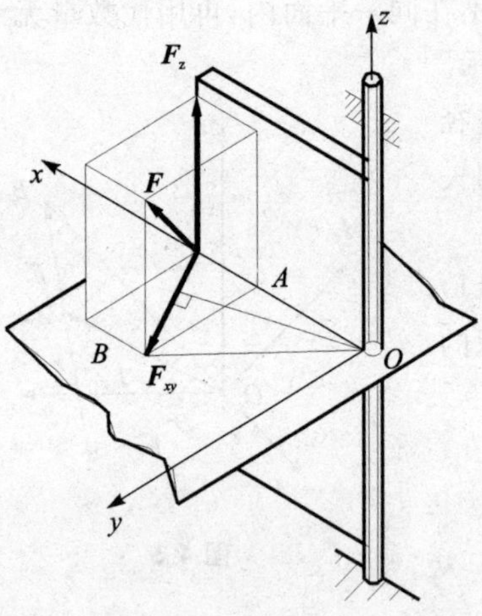

图4.6

由此得力对轴的矩是描述刚体绕轴转动效应的物理量，它是一个代数量，其大小等于这个力在垂直于该轴的平面上的投影对于这个平面与该轴交点的矩。其符号规定：从z轴的正向看若力使物体逆时针旋转，取为正号；反之为负。或用右手螺旋法则来确定。

特殊情况：当$M_z(\boldsymbol{F})=0$时，则(1)$F_{xy}=0$，此时力$\boldsymbol{F}$与转轴平行；(2)$h=0$，此时力$\boldsymbol{F}$与转轴相交。即当力的作用线与转轴共面时，对该轴的矩等于零。

设有一空间力系$\boldsymbol{F}_1$、$\boldsymbol{F}_2$、…、$\boldsymbol{F}_n$，其合力为$\boldsymbol{F}_{\mathrm{R}}$，则可证合力$\boldsymbol{F}_{\mathrm{R}}$对某轴之矩等于各分力对同轴力矩的代数和，可写成

$$\boldsymbol{M}_z(\boldsymbol{F}_{\mathrm{R}}) = \sum \boldsymbol{M}_z(\boldsymbol{F}) \tag{4-16}$$

式(4-16)称为空间力系的合力矩定理。

将分力$\boldsymbol{F}_{xy}$在Oxy平面内分解，由合力矩定理得空间力对轴的矩的解析表达式为

$$M_z(F) = F_y x - F_x y \tag{4-17}$$

同理可得：

$$\begin{cases} M_x(F) = F_z y - F_y z \\ M_y(F) = F_x z - F_z x \end{cases} \tag{4-18}$$

式中，$\boldsymbol{F}_x$，$\boldsymbol{F}_y$，$\boldsymbol{F}_z$分别表示力$\boldsymbol{F}$沿三个坐标轴分力的大小，x，y，z分别表示力$\boldsymbol{F}$在坐标轴上的坐标。此组解析式，在求力对轴的矩时很有用。

4.2.3 力对点之矩与力对通过该点的轴之矩的关系

设力 $\boldsymbol{F}$ 作用于刚体上的 A 点，任取一点 O，由图 4.7 可见，力 $\boldsymbol{F}$ 对于 O 点之矩矢的大小为

$$|\boldsymbol{M}_O(\boldsymbol{F})| = 2\Delta OAB \text{ 面积}$$

而力 $\boldsymbol{F}$ 对于通过 O 点的任一 z 轴之矩的大小为：

$$|\boldsymbol{M}_z(\boldsymbol{F})| = 2\Delta OA'B' \text{ 面积}$$

显然 $\Delta OA'B'$ 为 ΔOAB 在平面 xy 上的投影，根据几何关系可知：

ΔOAB 面积 $\cdot \cos\gamma = \Delta OA'B'$ 面积，式中 γ 为两个三角形平面间的夹角，即矢量 $\boldsymbol{M}_O(\boldsymbol{F})$ 与 z 轴间的夹角。将上式的两边均乘以 2，则得

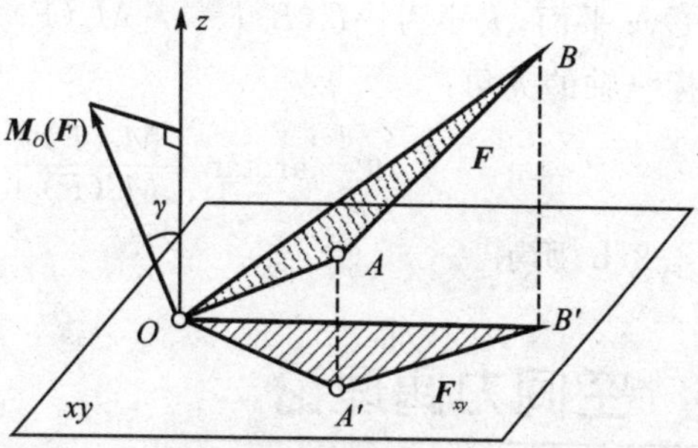

图 4.7

$$|\boldsymbol{M}_O(\boldsymbol{F})| \cdot |\cos\gamma| = |\boldsymbol{M}_z(\boldsymbol{F})|$$

考虑到正负号的关系，可得

$$|\boldsymbol{M}_O(\boldsymbol{F})| \cdot \cos\gamma = |\boldsymbol{M}_z(\boldsymbol{F})| = [\boldsymbol{M}_O(\boldsymbol{F})]_z \tag{4-19}$$

即力对于任一点之矩矢在通过该点的任一轴上的投影等于力对于该轴之矩。式(4-19)称为力矩关系定理。

例 4.3 直角曲杆 $OABC$ 的 O 端固定，C 端受力 $\boldsymbol{F}$ 的作用，$\boldsymbol{F}$ 在 ABC 平面内且与 BA 平行，如图 4.8(a)所示。已知 $F=100$ N，$a=200$ mm，$b=150$ mm，$c=125$ mm，试求力 $\boldsymbol{F}$ 对 O 点之矩矢 $\boldsymbol{M}_O(\boldsymbol{F})$。

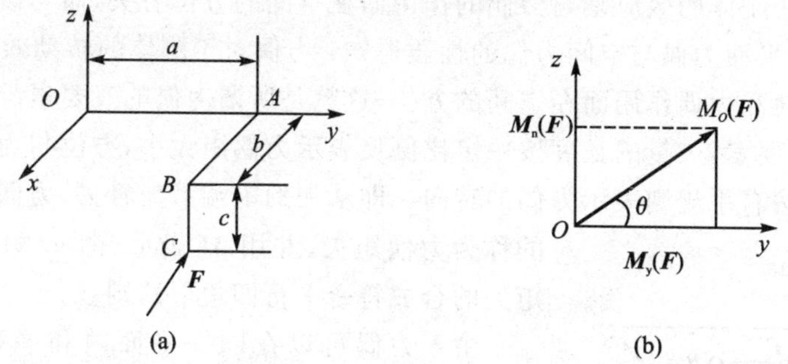

图 4.8

解： 本题属空间力对点之矩的问题，可用力对轴之矩求出该矩矢在轴上的分量，然后再求出矩矢。直角坐标轴 $Oxyz$ 如图 4.8(a)所示，则 $\boldsymbol{F}$ 对三个坐标轴之矩分别为

$$M_x(F) = 0$$

$$M_y(F) = Fc = 12.5\ \text{N}\cdot\text{m}$$

$$M_z(F) = Fa = 20.0\ \text{N}\cdot\text{m}$$

可得 $\boldsymbol{F}$ 对点 O 的矩矢为

$$M_O(\boldsymbol{F}) = 12.5\boldsymbol{j} + 20\boldsymbol{k}$$

位于 Oyz 平面，大小为 $|M_O(F)| = \sqrt{[M_x(F)]^2 + [M_y(F)]^2 + [M_z(F)]^2} = 23.58\ \text{N}\cdot\text{m}$

与坐标 y 轴的夹角：

$$\theta = \arctan\frac{M_z(F)}{|M_y(F)|} = \arctan\frac{20.2}{12.5} = 58.25°$$

如图 4.8(b)所示。

4.3　空间力偶理论

4.3.1　空间力偶的等效定理 · 力偶矩矢的概念

经验告诉我们，力偶作用于汽车转向盘或丝锥扳手上时，只要力偶矩大小及转向保持不变，则力偶的转动效应是与转向盘的转轴或丝锥柄的长短无关，这就说明力偶可以从一个平面移至另一平行平面而不影响它对于刚体的作用。根据力偶的上述性质，再结合平面力偶的等效条件，可得平行平面间的力偶的等效条件：作用面平行的两个力偶，若其力偶矩大小相等，转向相同，则两力偶等效。

但是经验还告诉我们，分别作用在不平行平面内的两个力偶对于刚体的效应是不同的。这就表明，力偶对于刚体的效应是与力偶的作用面在空间的方位有关，而与该作用面的具体位置无关。于是综合平面力偶与空间力偶的性质得知：力偶对于刚体的转动效应取决于力偶矩的大小、力偶的转向和力偶作用面在空间的方位，这就是所谓力偶的三要素。我们可以用一个矢量来表示这三个要素，矢量的长度按一定比例尺表示力偶矩大小，方位与力偶作用面的法线的方位相同，指向按右手规则表示力偶的转向。即从矢的末端沿矢看去，力偶的转向是逆钟向的称为力偶矩矢，并用 $\boldsymbol{M}$ 表示(图 4.9)。可以证明力偶矩矢的合成符合平行四边形法则。

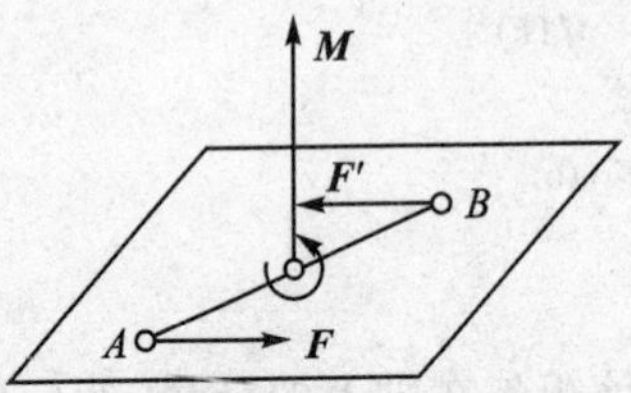

图 4.9

由于力偶可以在同一平面内和平行平面内任意移转，因此表示力偶矩的矩矢 $\boldsymbol{M}$ 的始端也可在空间任意移动，可见力偶矩矢为一自由矢量。

用矩矢表示力偶矩，则空间力偶的等效条件可表示如下：凡矩矢相等的力偶均为等效力偶，这就是空间力偶的等效定理。

4.3.2　空间力偶系的合成与平衡

空间力偶系可合成为一合力偶，合力偶矩矢等于力偶系中所有各力偶矩矢的矢量和，即

$$\boldsymbol{M} = \boldsymbol{M}_1 + \boldsymbol{M}_2 + \cdots + \boldsymbol{M}_n = \sum \boldsymbol{M}_i \tag{4-20}$$

若空间力偶系的合力偶矩矢等于零，则该力偶系必成平衡。于是可知，空间力偶系平衡的必要与充分条件是：该力偶系中所有各力偶矩矢的矢量和等于零，即

$$\sum \boldsymbol{M}_i = 0 \tag{4-21}$$

若写成投影形式，则得

$$\sum \boldsymbol{M}_x = 0, \sum \boldsymbol{M}_y = 0, \sum \boldsymbol{M}_z = 0 \tag{4-22}$$

即空间力偶系平衡的必要与充分条件是：该力偶系中所有各力偶矩矢在三个坐标轴的每一个坐标轴上的投影的代数和等于零。式(4-22)称为空间力偶系的平衡方程。

4.4　空间力系向一点的简化·主矢和主矩

4.4.1　力系的简化

与平面任意力系一样，我们也应用力系向已知点简化的方法，来研究空间任意力系的合成问题，简化的理论依据仍然是力线平移定理。设有由 $\boldsymbol{F}_1, \boldsymbol{F}_2, \cdots, \boldsymbol{F}_n$ 组成的空间任意力系如图4.10所示，为简化此力系，首先根据力的平移定理，任选简化中心 O，将各力向 O 点等效平移。与平面力系不同的是，各力等效平移后所附加的力偶不是位于同一平面，而是形成不同方位的力偶矩矢 $\boldsymbol{M}_1 = \boldsymbol{M}_O(\boldsymbol{F}_1), \boldsymbol{M}_2 = \boldsymbol{M}_O(\boldsymbol{F}_2), \cdots, \boldsymbol{M}_n = \boldsymbol{M}_O(\boldsymbol{F}_n)$。这样，平移后的各力在 O 点形成一个空间汇交力系和一个空间力偶系。根据平行四边形法则，将这两个矢量系进一步合成。空间汇交力系合成得一个作用于 O 点的力矢 $\boldsymbol{F}'_{\mathrm{R}}$，空间力偶矩矢系合成得一力偶矩矢 $\boldsymbol{M}'_O$，也就是说，空间任意力系向任意简化中心 O 点简化，一般可得一个力矢 $\boldsymbol{F}'_{\mathrm{R}}$ 和一个力偶矩矢 $\boldsymbol{M}'_O$。$\boldsymbol{F}'_{\mathrm{R}}$ 称为原力系的主矢，主矢等于力系中各力的矢量和，作用于简化中心；$\boldsymbol{M}'_O$ 称为原力系对简化中心的主矩，主矩等于原力系中各力对简化中心之矩的矢量和。主矢和主矩的矢量表达式为

$$\begin{cases} \boldsymbol{F}'_{\mathrm{R}} = \sum \boldsymbol{F}'_i = \sum \boldsymbol{F}_i \\ \boldsymbol{M}'_O = \sum \boldsymbol{M}_i = \sum \boldsymbol{M}_O(\boldsymbol{F}_i) \end{cases} \tag{4-23}$$

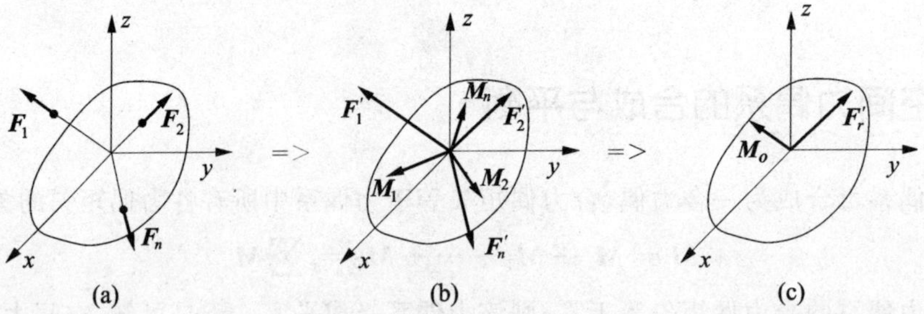

图 4.10

显然，主矢 $\boldsymbol{F}'_{\mathrm{R}}$ 只取决于力系中各力的大小和方向，与简化中心的位置无关；而主矩 $\boldsymbol{M}'_O$ 大小和方向一般与简化中心的位置有关。

以简化中心为坐标原点，建立直角坐标系 $Oxyz$，类似空间汇交力系合力的计算，主矢 $\boldsymbol{F}'_{\mathrm{R}}$ 的投影计算式为

$$F'_{Rx} = \sum F_{xi} \qquad F'_{Ry} = \sum F_{yi} \qquad F'_{Rz} = \sum F_{zi}$$

主矢 $\boldsymbol{F}'_{\mathrm{R}}$ 的大小和方向余弦为

$$\left\{\begin{aligned} & F'_{\mathrm{R}} = \sqrt{(F'_{\mathrm{R}x})^2 + (F'_{\mathrm{R}y})^2 + (F'_{\mathrm{R}z})^2} = \sqrt{\left(\sum F_{xi}\right)^2 + \left(\sum F_{yi}\right)^2 + \left(\sum F_{zi}\right)^2} \\ & \cos\alpha = \frac{\boldsymbol{F}'_{\mathrm{R}x}}{R'} \\ & \cos\beta = \frac{\boldsymbol{F}'_{\mathrm{R}y}}{R'} \\ & \cos\gamma = \frac{\boldsymbol{F}'_{\mathrm{R}z}}{R'} \end{aligned}\right. \tag{4-24}$$

式中　α,β,γ——分别为主矢 $\boldsymbol{F}'_{\mathrm{R}}$ 与 x,y,z 轴正向之间的夹角。

设 $M'_{Ox}, M'_{Oy}, M'_{Oz}$ 分别表示主矩 M'_O 在 x,y,z 轴上的投影，并注意到力对点之矩与力对通过此点的轴之矩之间的关系，有

$$\left\{\begin{aligned} M'_{Ox} &= \sum [M_O(F_i)]_x = \sum M_x(F_i) \\ M'_{Oy} &= \sum [M_O(F_i)]_y = \sum M_y(F_i) \\ M'_{Oz} &= \sum [M_O(F_i)]_z = \sum M_z(F_i) \end{aligned}\right. \tag{4-25}$$

主矩 M'_O 的大小和方向余弦为

$$\begin{cases} M'_O=\sqrt{\left[\sum M_x(F_i)\right]^2+\left[\sum M_y(F_i)\right]^2+\left[\sum M_z(F_i)\right]^2} \\ \cos\alpha'=\dfrac{M'_{Ox}}{M'_O} \\ \cos\beta'=\dfrac{M'_{Oy}}{M'_O} \\ \cos\gamma'=\dfrac{M'_{Oz}}{M'_O} \end{cases} \tag{4-26}$$

式中　α',β',γ'——分别为主矢 M'_O 与 x,y,z 轴正向之间的夹角。

4.4.2　简化结果的分析

与平面任意力系的简化结果类似，空间力系向任意一点简化可能出现的情况也是四种：

(1) $\boldsymbol{F}'_R\neq 0,\boldsymbol{M}'_O=0$；说明原力系与一个汇交点在简化中心的空间汇交力系等效，主矢 $\boldsymbol{F}'_R$ 就是原力系的合力。

(2) $\boldsymbol{F}'_R=0,\boldsymbol{M}'_O\neq 0$；这种情况下主矩矢与简化中心的位置无关。

(3) $\boldsymbol{F}'_R\neq 0,\boldsymbol{M}'_O\neq 0$；如果二者相互垂直，说明主矢的作用线所在平面，要么与主矩的力偶作用面重合，要么与主矩的力偶作用面平行。根据空间力偶的基本性质和平面简化理论，原力系可以进一步简化为一个合力。若主矢与主矩不垂直，则可将主矩矢分解为与主矢平行和垂直的两个分量，最终形成力螺旋，这里不再详细讨论。

(4) $\boldsymbol{F}'_R=0,\boldsymbol{M}'_O=0$；则原力系为平衡力系，将在下一节中详细讨论。

4.5　空间任意力系的平衡条件和平衡方程

4.5.1　空间任意力系的平衡条件

由前述讨论可知，前面已知空间力系向已知点简化后一般得到一个力和一个力偶，但是一个力不能和一个力偶相互平衡。所以空间力系平衡的必要条件是力系的主矢及主矩都等于零，不难理解这个条件也是充分的，因为当主矢等于零时保证了汇交力系的平衡，主矩等于零时保证了力偶系的平衡，所以原力系是平衡力系。因此，空间任意力系平衡的充分必要条件是，力系的主矢和对任一点的主矩分别为零。即

$$\begin{cases} \boldsymbol{F}'_R=\sum \boldsymbol{F}_i=0 \\ \boldsymbol{M}'_O=\sum \boldsymbol{M}_O(\boldsymbol{F}_i)=0 \end{cases} \tag{4-27}$$

4.5.2　空间任意力系的平衡方程

式(4－27)是矢量式,若该矢量为零,则它们在直角坐标 x,y,z 轴上的投影必须都为零,即

$$\begin{cases}\sum F_x = 0 \\ \sum F_y = 0 \\ \sum F_z = 0 \\ \sum M_x(F) = 0 \\ \sum M_y(F) = 0 \\ \sum M_z(F) = 0\end{cases} \tag{4-28}$$

空间力系平衡的必要条件也可表示为:力系中各力分别在三个坐标轴上的投影的代数和,以及各分力分别对三个坐标轴的矩的代数和均等于零。这就是空间任意力系的平衡方程,称为空间力系平衡方程的基本形式(或三矩式)。它们相互独立,表明研究刚体在空间力系作用下的平衡问题时,最多只能列六个独立的平衡方程,求解六个未知数。在解决实际问题时,这六个方程也可以是两个投影方程,四个对轴的力矩方程(称四矩式);同理,亦可列五矩式和六矩式。在实际应用中,一般采用平衡方程的基本形式,在特殊需要时采用其他形式。选择投影轴与矩轴时,如有需要也可任意选择不是坐标轴的轴为投影轴和矩轴。

4.5.3　空间平行力系

各力作用线互相平行的空间力系称为空间平行力系(图 4.11)。取坐标系 $Oxyz$,令 z 轴与力系中各力平行,则不论力系是否平衡,都自然满足 $\sum F_x = 0$,$\sum F_y = 0$,$\sum M_z(F) = 0$。于是空间平行力系的平衡方程为

$$\sum F_z = 0,\quad \sum M_x(F) = 0,\quad \sum M_y(F) = 0 \tag{4-29}$$

例 4.4　三轮小车自重 $W=8$ kN,作用于点 C,载荷 $F=10$ kN,作用于点 E,如图 4.12 所示。求小车静止时地面对车轮的反力。

解:(1) 选小车为研究对象,画受力图如图 4.12 所示。其中 $\boldsymbol{W}$ 和 $\boldsymbol{F}$ 为主动力,$\boldsymbol{F}_A$、$\boldsymbol{F}_B$、$\boldsymbol{F}_D$ 为地面的约束反力,此五个力相互平行,组成空间平行力系。

(2) 取坐标轴如图所示,列出平衡方程求解:

$$\sum F_z = 0,\qquad -F - W + F_A + F_B + F_D = 0$$

$$\sum M_x(F) = 0,\qquad -0.2 \times F - 1.2 \times W + 2 \times F_D = 0$$

$$\sum M_y(F) = 0,\qquad 0.8 \times F + 0.6 \times W - 0.6 \times F_D - 1.2 \times F_B = 0$$

得
$$F_D = 5.8\ \text{kN}, F_B = 7.78\ \text{kN}, F_A = 4.42\ \text{kN}$$

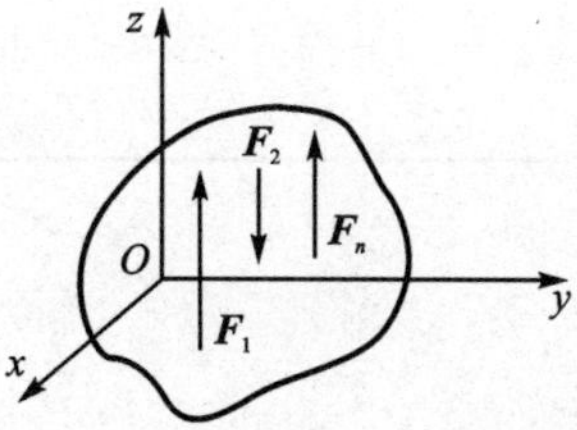

图 4.11

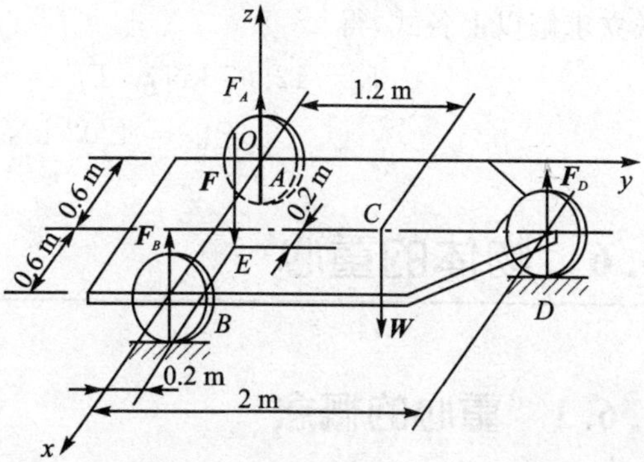

图 4.12

例 4.5　传动轴如图 4.13 所示，以 A、B 两轴承支承。圆柱直齿轮的节圆直径 $d=17.3$ mm，压力角 $\alpha=20^\circ$，在法兰盘上作用一力偶，其力偶矩 $M=1030$ N·m。如轮轴自重和摩擦不计，求传动轴匀速转动时 A、B 两轴承的反力及齿轮所受的啮合力 $\boldsymbol{F}$。

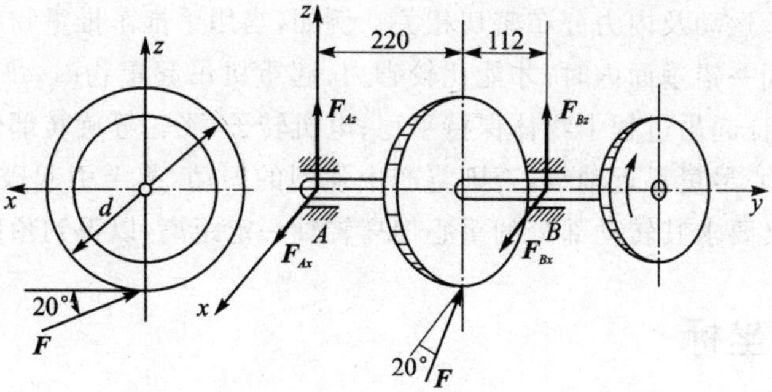

图 4.13

解：(1) 取整个轴为研究对象。设 A、B 两轴承的反力分别为 $\boldsymbol{F}_{Ax}$、$\boldsymbol{F}_{Az}$、$\boldsymbol{F}_{Bx}$、$\boldsymbol{F}_{Bz}$，并沿 x、z 轴的正向，此外还有力偶 $\boldsymbol{M}$ 和齿轮所受的啮合力 $\boldsymbol{F}$，这些力构成空间一般力系。

(2) 取坐标轴如图所示，列平衡方程：

$$\sum M_y(F) = 0,\qquad -M + F\cos 20^\circ \times d/2 = 0$$

$$\sum M_x(F) = 0,\qquad F\sin 20^\circ \times 220\ \text{mm} + F_{Bz} \times 332\ \text{mm} = 0$$

$$\sum M_z(F) = 0, \quad -F_{Bx} \times 332\ \text{mm} + F\cos 20^\circ \times 220\ \text{mm} = 0$$

$$\sum F_x = 0, \quad F_{Ax} + F_{Bx} - F\cos 20^\circ = 0$$

$$\sum F_z = 0, \quad F_{Az} + F_{Bz} + F\sin 20^\circ = 0$$

联立求解以上各式，得

$$F = 12.67\ \text{kN}, \quad F_{Bz} = -2.87\ \text{kN}, \quad F_{Bx} = 7.89\ \text{kN},$$
$$F_{Ax} = 4.02\ \text{kN}, \quad F_{Az} = -1.46\ \text{kN}$$

4.6　物体的重心

4.6.1　重心的概念

重力是地球对物体的引力，如果将物体看成由无数的质点组成，则重力便组成空间汇交力系。由于物体的大小相对于地球的半径是甚小的，则重力便近似地组成空间平行力系，这个力系的合力的大小就是物体的重量。不论物体如何放置，其重力的合力作用线相对于物体总是通过一个确定的点，这个点称为物体的重心。

不论是在日常生活里还是在工程实际中，确定物体重心的位置都具有重要的意义，因为它与物体的平衡、稳定、运动及内力分布密切相关。例如，当用手推车推重物时，只有重物的重心正好与车轮轴线在同一铅垂面内时，才能比较省力；起重机吊起重物时，吊钩应位于被吊物体重心的正上方，以保证起吊过程中物体保持平稳；电机转子、飞轮等旋转部件在设计、制造与安装时，都要求它的重心尽量靠近轴线，否则将产生强烈的振动，甚至引起破坏；而振动打桩机、混凝土捣实机等则又要求其转动部分的重心偏离转轴一定距离，以得到预期的振动。

4.6.2　重心的坐标

当物体上各质点的相对位置确定后，则对于任一直角坐标系，各质点的坐标(x_i, y_i, z_i)及重心 C 的坐标(x_c, y_c, z_c)均应是一组确定的值。根据重心的定义，无论物体和坐标系 $Oxyz$ 一起相对于地球如何放置，物体的重力均可视为作用于 C 点。因此，由合力矩定理不难得到坐标(x_c, y_c, z_c)和(x_i, y_i, z_i)之间应满足的关系。

首先将 $Oxyz$ 与物体一起放置于使 Oxy 平面处于水平面，如图 4.14 所示，则根据合力矩定理必有

$$M_x = \sum M_x(G_i), -Gy_C = \sum -G_i y_i$$

$$M_y = \sum M_y(G_i), Gx_C = \sum G_i x_i$$

式中 G_i——第 i 质点的重力；

$G = \sum G_i$ ——整个物体的重力。

其次，再将 $Oxyz$ 连同物体放置于使 Oxy 平面处于水平面，则由合力矩定理不难得到：

$$M_x(G) = \sum M_x(G_i), \quad Gz_c = \sum G_i z_i$$

由以上关系，可得如下重心坐标的表达式：

$$\begin{cases} x_C = \left(\sum G_i x_i\right)/G \\ y_C = \left(\sum G_i y_i\right)/G \\ z_C = \left(\sum G_i z_i\right)/G \end{cases} \quad (4-30)$$

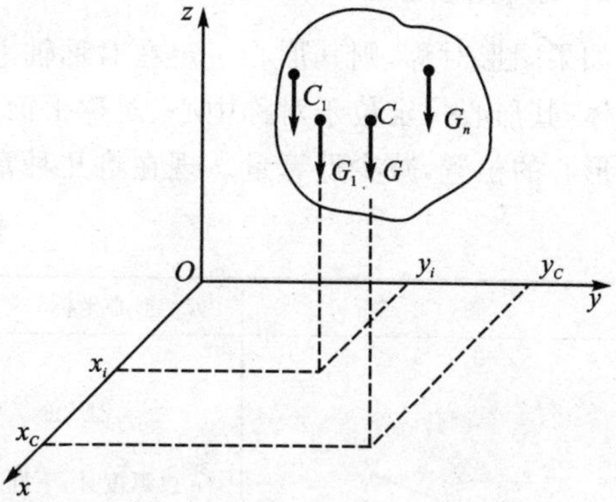

图 4.14

若物体是均质的，则各微小部分的重力 ΔG_i 与其体积 ΔV_i 成正比，物体的重量 G 也必按相同的比例与物体总体积 V 成正比。于是式(4-30)可变为

$$x_C = \frac{\sum \Delta v_i x_i}{v}, \quad y_C = \frac{\sum \Delta v_i y_i}{v}, \quad z_C = \frac{\sum \Delta v_i z_i}{v} \quad (4-31)$$

可见，均质物体的重心位置完全取决于物体的形状，其重心和形心（数学上称物体的几何中心为形心）重合。但要注意的是，重心和形心不是同一个概念，重心只在重力场中才有，它与物体的质量分布有关，而形心是个纯几何量，它与物体的质量分布无关。

如物体是均质的（或曲面）或均质细杆（或曲线），引用上述方法可求得其重心（或形心）坐标分别为：

$$x_C = \frac{\sum \Delta A_i x_i}{A}, \quad y_C = \frac{\sum \Delta A_i y_i}{A}, \quad z_C = \frac{\sum \Delta A_i z_i}{A} \quad (4-32)$$

$$x_C = \frac{\sum \Delta l_i x_i}{l}, \quad y_C = \frac{\sum \Delta l_i y_i}{l}, \quad z_C = \frac{\sum \Delta l_i z_i}{l} \quad (4-33)$$

式中 A、l——分别为面积、长度；

ΔA_i、Δl_i——分别为微小部分的面积、长度。

4.6.3 求重心的几种常用方法

1. 对称判定法

如果图形对称，则其形心一定在对称轴上。一般，对于有对称中心、对称平面、对称轴的均质物体，其形心一定位于对称中心、对称平面或对称轴上。由此可以根据物体的对称性方便地判断形心的位置，减少计算量。现在将几种常用的简单形体的重心列于表 4.1。

表 4.1

图 形	形心坐标	图 形	形心坐标
圆弧 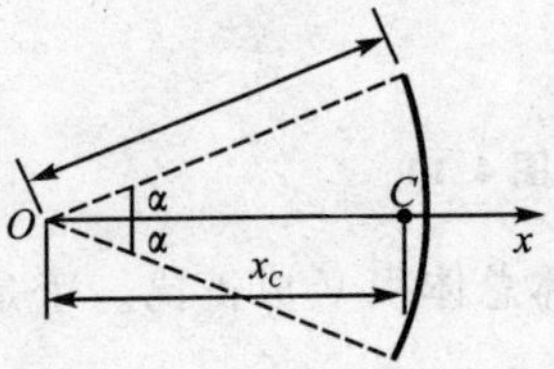	$x_C=\frac{r\sin\alpha}{\alpha}$ （α 以弧度计，下同） 半圆弧： $\alpha=\frac{\pi}{2}$ $x_C=\frac{2r}{\pi}$	椭圆形面积 $\frac{x^2}{a^2}+\frac{y^2}{b}=1$ 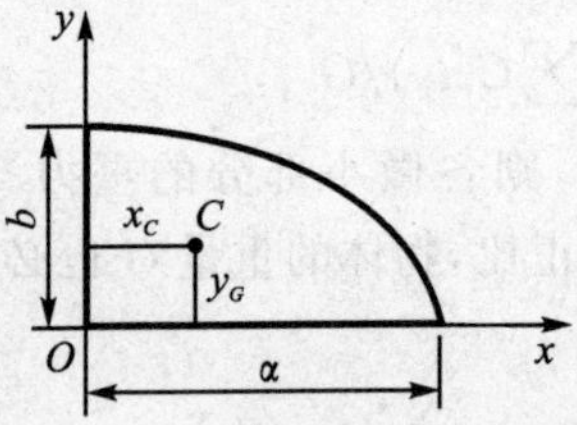	$x_C=\frac{4\alpha}{3\pi}$ $y_C=\frac{4b}{3\pi}$ $\left(A=\frac{1}{4}\pi ab\right)$
三角形面积 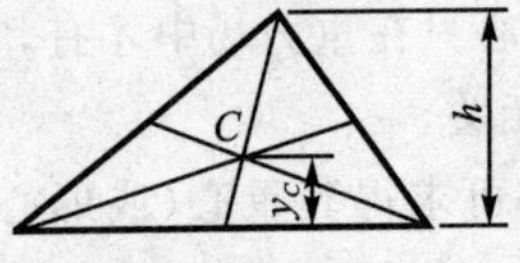	在中线交点 $y_C=\frac{1}{3}h$	二次抛物线形面积 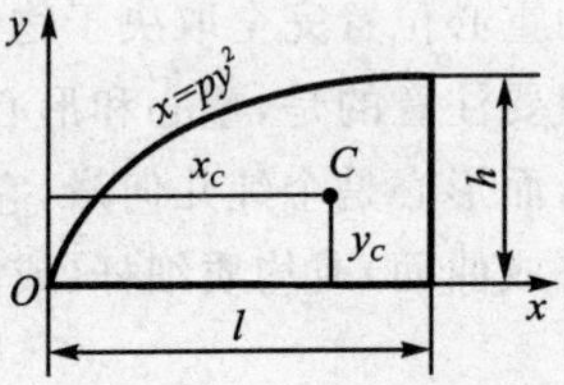	$x_C=\frac{3}{5}l$ $y_C=\frac{3}{8}h$
梯形面积 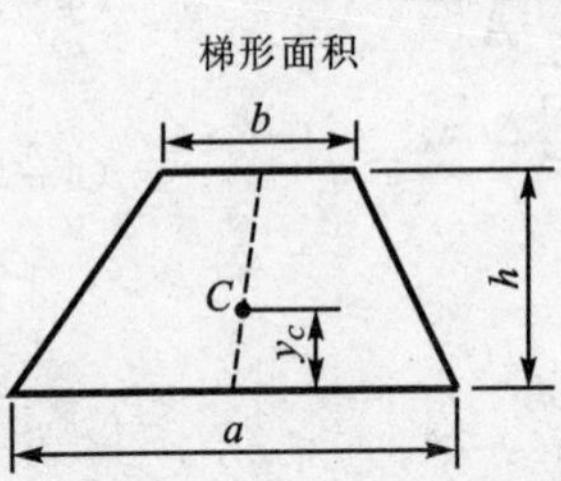	在上、下底中点的连线上 $y_C=\frac{h(a+2b)}{3(a+b)}$	半球体 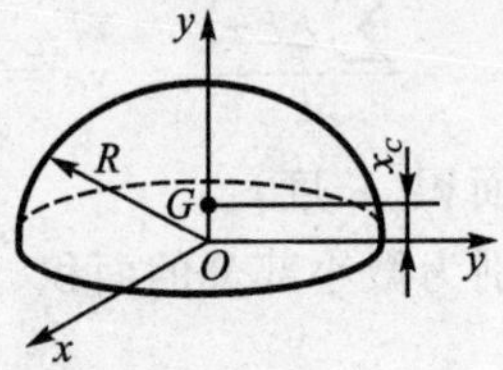	$x_C=\frac{3}{8}R$ $\left(V=\frac{2}{3}\pi R^3\right)$

续表 4.1

图　形	形心坐标	图　形	形心坐标
扇形面积 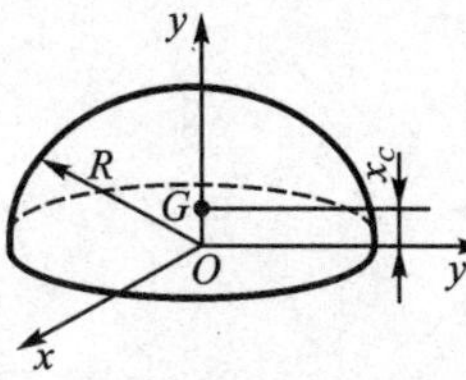 	$x_C=\dfrac{2r\sin\alpha}{3\alpha}$ $(A=r^2\alpha)$ 半圆形面积： $a=\dfrac{\pi}{2}\quad x_C=\dfrac{4r}{3\pi}$	锥体 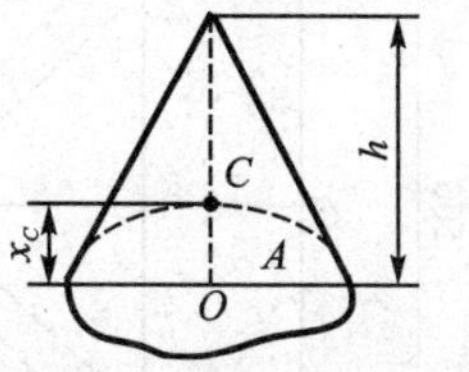 	在顶点与底面中心 O 的连线上 $x_C=\dfrac{1}{4}h$ $\left(V=\dfrac{1}{3}Ah\right)$ （A 是底面积）

2. 分割法

工程实际中的有些物体形状虽然比较复杂，但仔细分析会发现它们是由几个形状简单的形体组成的。求这种物体的重心或形心，通常可以将它们分割成几个形状简单的形体，而这些简单形体的重心通常是已知的或容易求得的，这样整个组合形体的重心就可以用组合法求得。若一均质物体由 n 个简单形体组成，其中第 i 个简单形体的体积为 V_i，重心坐标为$(x_{C_i}, y_{C_i}, z_{C_i})$，则用组合法求整个物体重心的公式为

$$x_C = \frac{\sum_{i=1}^{n} x_{C_i} V_i}{V} \qquad y_C = \frac{\sum_{i=1}^{n} y_{C_i} V_i}{V} \qquad z_C = \frac{\sum_{i=1}^{n} z_{C_i} V_i}{V}$$

对于平面图形，组合法求形心公式为

$$x_C = \frac{\sum_{i=1}^{n} A_{C_i} V_i}{V} \qquad y_C = \frac{\sum_{i=1}^{n} A_{C_i} V_i}{V}$$

若物体或薄板内切去了一部分（如有空穴的物体），则求其重心仍可以用上面两式计算，只是切去部分的体积或面积要取为负值。这种方法也称为负体积（或负面积）法。

例 4.6 计算图 4.15 所示空心截面图形的形心位置（单位：mm）

解： 截面可视为由 500 mm×560 mm 的实心矩形截面和 420 mm×400 mm 的一个负面积矩形截面组成。它们的面积和形心坐标分别为

$$A_1 = 500\times 560\ \text{mm}^2 = 2.8\times 10^5\ \text{mm}^2 \qquad A_2 = -(420\times 400)\ \text{mm}^2 = -1.68\times 10^5\ \text{mm}^2$$

$$x_1 = 280\ \text{mm} \qquad x_2 = 320\ \text{mm}$$

$$y_1 = 0 \qquad y_2 = 0$$

所以

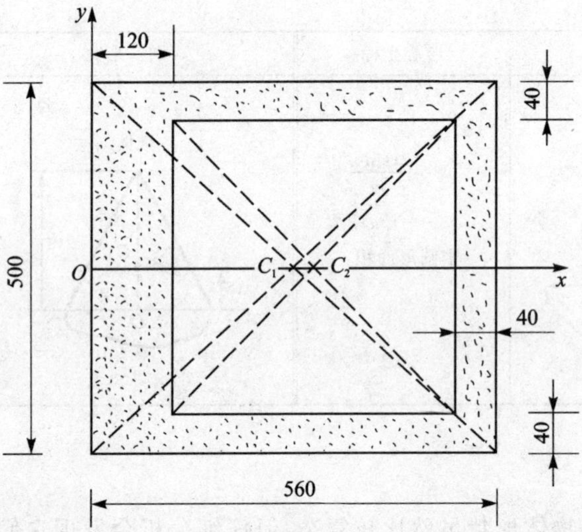

图 4.15

$$\begin{cases} x_C = \dfrac{A_1 x_1 + A_2 x_2}{A_1 + A_2} = 220 \text{ mm} \\ y_C = 0 \text{（由对称性可得）} \end{cases}$$

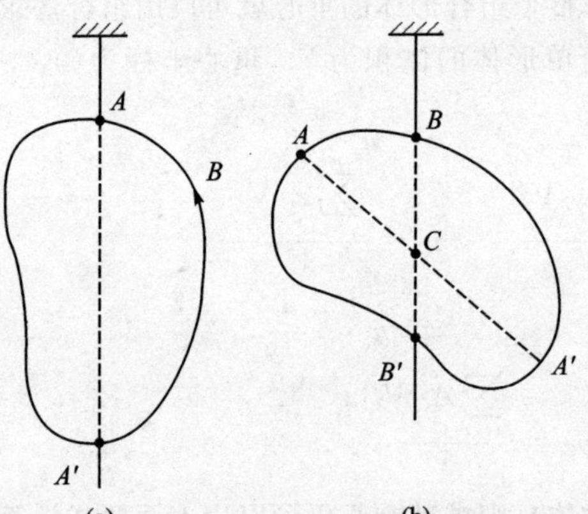

图 4.16

3. 实验法

(1) 悬挂法。如图 4.16 所示平面薄板，将物体上的任意两点 A、B 依次悬挂起来，物体上通过两悬点的铅垂线之交点 C 即为物体的重心。

(2) 称重法。设图 4.17 所示为某物体的对称面，即重心必在在该平面内。为了求出重心 C 在该平面内的位置，即可采用以下方法（称重法）测定。

① 先把物体上 A、B 两点同时放于同一水平面上的磅秤上，如图 4.16(a)所示。读出 A、B 两磅秤上显示的重量分别为 $\boldsymbol{F}_1$ 和 $\boldsymbol{F}_2$。

显然由平衡方程 $\begin{cases} \sum F_{iy} = 0, & F_1 + F_2 - G = 0 \\ \sum M_A(F) = 0, & F_2 l - G x_C = 0 \end{cases}$

可得

$$\begin{cases} G = F_1 + F_2 \\ x_C = \dfrac{F_2}{F_1 + F_2} l \end{cases}$$

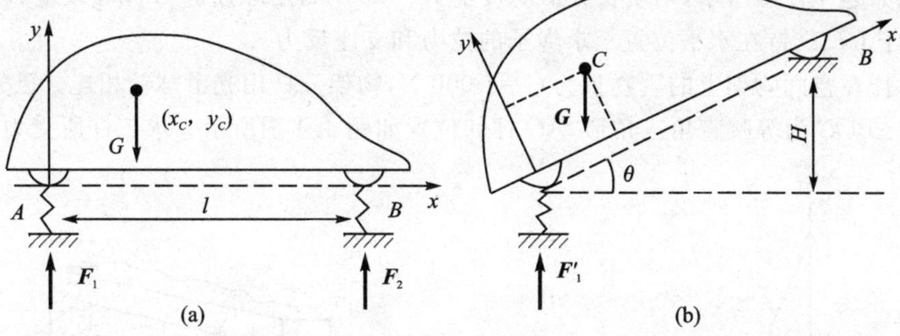

图 4.17

其中，G 为物体的总重；l 为 A、B 之间的距离。

② 然后将物体 B 端升高已使 AB 与水平面成 θ 角，如图 4.17(b)所示，再读出 A 端磅秤上显示的重量 F'_1；此时平衡方程为

$$\sum M_B(F_i)=0$$

$$G(l-x_C)\cos\theta+Gy_C\sin\theta-F'_1 l\cos\theta=0$$

解方程，即得

$$y_C=\frac{(F'_1-F_1)}{F_1+F_2}L\cot\theta=\frac{F'_1-F_1}{F_1+F_2}\,\frac{l}{H}\,\sqrt{l^2-H^2}$$

习　题

4.1　力系中，$F_1=100$ N、$F_2=300$ N、$F_3=200$ N，各力作用线的位置如题 4.1 图所示。试将力系向原点 O 简化。

4.2　计算题 4.2 图所示手摇曲柄上 $\boldsymbol{F}$ 对 x、y、z 轴之矩。已知 $\boldsymbol{F}$ 为平行于 xz 平面的力，$F=100$ N，$\alpha=60°$，$AB=20$ cm，$BC=40$ cm，$CD=15$ cm，A、B、C、D 处于同一水平面上。

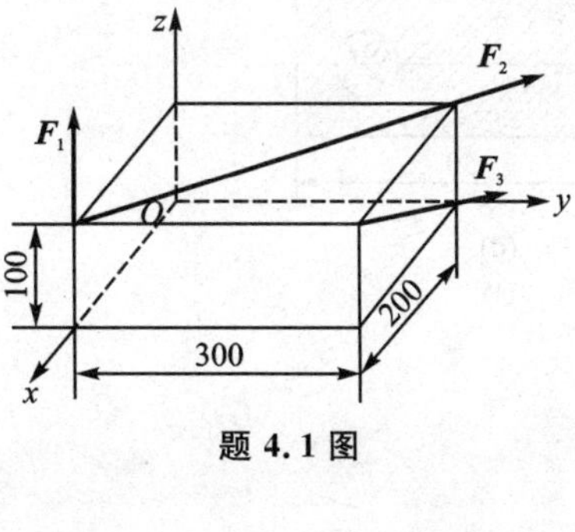

题 4.1 图

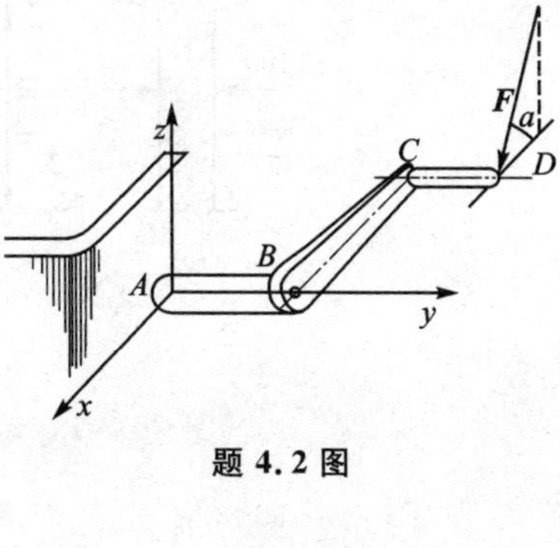

题 4.2 图

4.3 如题4.3图所示,均质长方形薄板重 $W=200$ N,用球铰链 A 和蝶铰链 B 固定在墙上,并用绳子 CE 维持在水平位置。求绳子的拉力和支座反力。

4.4 挂在空间物架上的重物重为 $G=1\ 000$ N,物架三杆用光滑球铰相连。已知 BOC 为水平面,且 ΔBOC 为等腰直角三角形,AO 杆的位置如题4.4图所示。求三杆所受力。

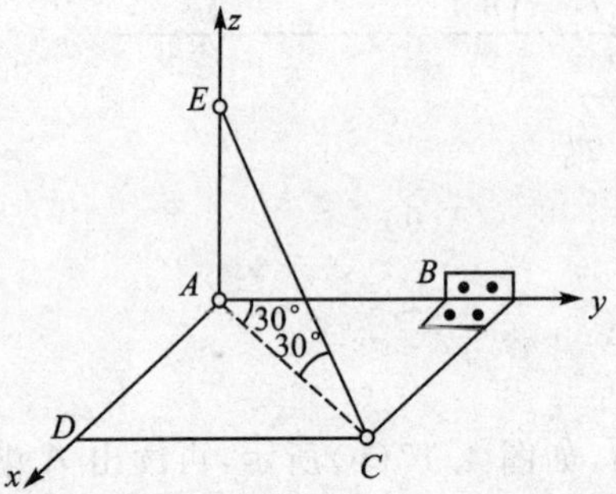

题 4.3 图

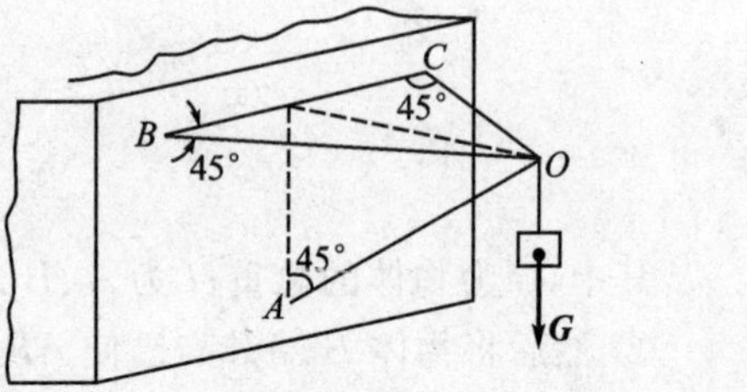

题 4.4 图

4.5 求题4.5图示各图形重心的位置(图中长度单位为mm)。

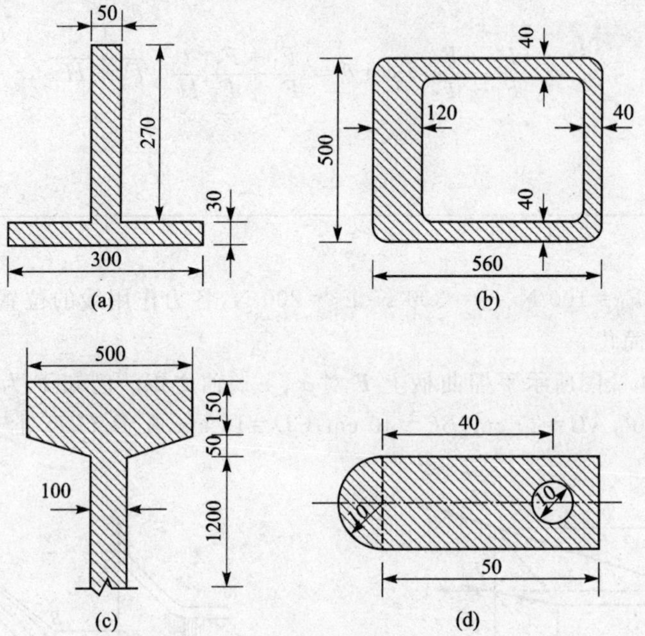

题 4.5 图

第2篇　运动学

如果作用在物体上的力系不平衡，物体的运动状态将发生变化。运动学是从几何角度研究物体运动的规律，不考虑引起物体运动状态变化的物理因素。也就是说，运动学只研究物体运动的几何特性，包括物体在空间的位置随时间变化的规律、物体的运动轨迹、速度和加速度等，但不涉及引起物体运动变化的作用力。

学习运动学除了为后续学习动力学提供必要的基础外，另一方面又有独立的意义，运动学的学习可以为分析机构的运动打好基础。因为在许多工程问题中，如在自动控制系统、机械传动系统和仪表系统中，单独进行运动分析常常是必要的。

在运动学里，首先注意的是物体在任何时刻占有的空间位置。要想确定物体在空间的位置，就必须选取另一不变形的物体作为参考体；如果将坐标系固连于参考体上就构成了参考坐标系，简称参考系。若物体的位置对于所选的参考系没有改变，对于这个坐标系来说，该物体是静止的。如果物体的位置对于所选的坐标系来说是随时间而变化的，则对于这个坐标系来说，物体是在运动中。运动与静止是相对的，只有在给定参考系的情形下才有明确的意义。在不同的坐标系中描述同一物体的运动通常是不相同的。在一般工程问题中，通常是采用固连于地球上的坐标系为参考系，为方便计将这个坐标系称为固定参考系。

在运动学中，由于只从几何的角度来研究物体的运动，因而对物体本身，也只着眼于物体的几何尺寸和形状，而不究其物理性质。而且物体实际上存在的微小变形，也因其对物体的运动影响很小而忽略不计。因此，在运动学中，一般都把实际物体抽象为刚体。但有的问题只需要研究物体上某些点（如物体重心的运动）；有些物体的运动可以忽略尺寸的影响（如炮弹的弹道等），就可以将物体视为一个几何点，称为点或动点。所以，运动学研究的是点和刚体两种力学模型的运动。

也就是说，运动学的内容包括点的运动和刚体的运动两部分。同时，由于刚体可以看做是无数点的组合，因此点的运动又是分析刚体运动的基础。

在运动学里经常遇到关于瞬时和时间间隔这两个概念，这两个概念应当区分清楚。所谓瞬时是对应每一事件发生或终止的时刻。时间间隔是两个瞬时之间相隔的秒数。

第 5 章 点的运动

点的运动学是研究一般物体运动的基础，有具有独立的应用意义。本章以点作为研究对象，用矢量法、直角坐标法和自然坐标法来研究点相对于某参考系运动时轨迹、速度和加速度之间的关系。

5.1 矢量表示法

5.1.1 点的运动轨迹

在参考体上选一固定点 O 作为参考点，由点 O 向动点 M 作矢径 $\boldsymbol{r}$，如图 5.1 所示，当动点 M 运动时，矢径 $\boldsymbol{r}$ 大小和方向随时间的变化而变化，在任一确定瞬时，$\boldsymbol{r}$ 的大小和方向唯一地确定了动点 M 在空间的位置。因此，矢径 $\boldsymbol{r}$ 是时间的单值连续函数，即：

$$\boldsymbol{r} = \boldsymbol{r}(t) \tag{5-1}$$

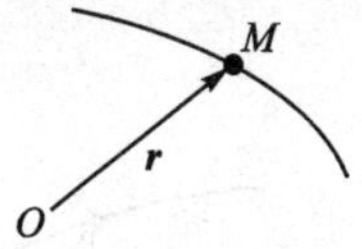

图 5.1

式(5 - 1)称为动点矢量形式的运动方程。

当动点运动时，由于点在空间的位置不断变化，矢径 $\boldsymbol{r}$ 的末端在空间描绘出一条曲线，这就是动点的轨迹。

5.1.2 点的速度

点的速度是描述点的运动快慢和方向的物理量。

设瞬时 t 动点的位置在 M 处，瞬时 $t+\Delta t$ 时在 M'处，如图 5.2 所示，则矢径的变化就是动点在 Δt 时间内的位移：

$$\Delta r = r(t+\Delta t) - r(t) = \overline{MM'}$$

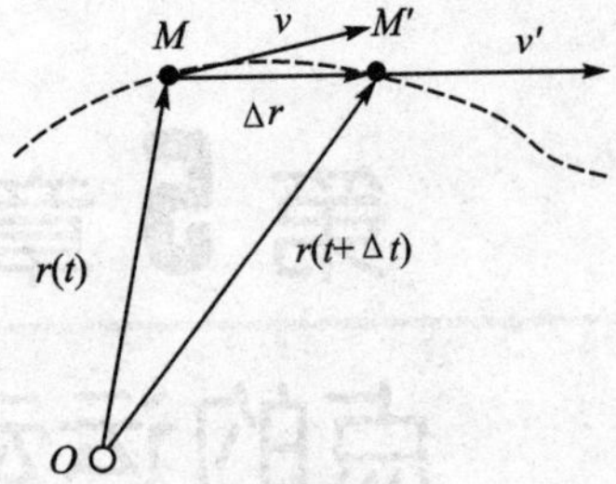

图 5.2

将矢径对时间的平均变化率定义为动点在 Δt 时间内的平均速度矢量，以 $\boldsymbol{v}^*$ 表示，有

$$\boldsymbol{v}^* = \frac{\Delta \boldsymbol{r}}{\Delta t} = \frac{\overline{MM'}}{\Delta t} \tag{5-2}$$

因为时间是标量，故 $\boldsymbol{v}^*$ 的方向与 $\Delta \boldsymbol{r}$ 的方向相同。Δt 越小，$\Delta \boldsymbol{r}$ 愈趋近于动点轨迹在 M 点的切线方向，也即平均速度愈趋近于动点在瞬时 t 的真实速度。所以当 Δt 趋近于零时，便得动点在瞬时 t 的速度，用 $\boldsymbol{v}$ 表示：

$$\boldsymbol{v} = \lim_{\Delta t \to 0} \boldsymbol{v}^* = \lim_{\Delta t \to 0} \frac{\Delta \boldsymbol{r}}{\Delta t} = \frac{\mathrm{d}\boldsymbol{r}}{\mathrm{d}t} \tag{5-3}$$

可见，动点的速度等于动点的矢径对时间的一阶导数，速度是矢值，速度矢沿轨迹曲线的切线方向，与动点的运动方向一致。速度的大小表示动点运动的快慢程度，速度的方向表示动点沿轨迹运动的方向。

速度的单位通常用“米/秒”(m/s)表示。

5.1.3　点的加速度

设瞬时 t 和 $t+\Delta t$ 动点分别位于 M 和 M'，其速度分别为 v 和 v'，如图 5.3(a)图，则在 Δt 的时间间隔内，速度的增量为 $\Delta v = v' - v$。于是平均速度改变率为 $\dfrac{\Delta v}{\Delta t}$，这就是动点在时间间隔 Δt 内的平均加速度 $\boldsymbol{a}^*$，即

$$\boldsymbol{a}^* = \frac{\Delta \boldsymbol{v}}{\Delta t}$$

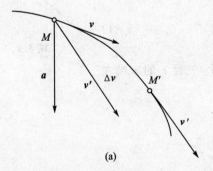

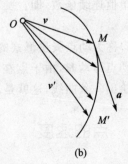

图 5.3

当 $\Delta t \to 0$ 时，平均加速度的极限就是动点在瞬时 t 的加速度 $\boldsymbol{a}$，即

$$\boldsymbol{a}=\lim_{\Delta t\to 0}\frac{\Delta \boldsymbol{v}}{\Delta t}=\frac{\mathrm{d}\boldsymbol{v}}{\mathrm{d}t}=\frac{\mathrm{d}\boldsymbol{r}^2}{\mathrm{d}^2 t}=\dot{\boldsymbol{v}}=\ddot{\boldsymbol{r}} \tag{5-4}$$

即点的加速度等于其速度矢量对时间的一阶导数，或等于其矢径对时间的二阶导数。显然加速度 $\boldsymbol{a}$ 也是矢量，其方向是速度矢量图对应点的切线方向，如图 5.3(b)所示。

加速度的单位为"米/秒^2"($\mathrm{m/s^2}$)。

5.2　直角坐标表示法

用直角坐标表达点的各种运动量的方法称为描述点运动的直角坐标法。

5.2.1　点的运动轨迹

在参考空间建立固定直角坐标系 $Oxyz$，动点 M 在瞬时 t 的位置，可由它的三个坐标值 (x,y,z) 唯一确定。如图 5.4 所示。

随着动点的运动，显然，x,y,z 是时间 t 的连续函数，即

$$\begin{cases} x=x(t) \\ y=y(t) \\ z=z(t) \end{cases} \tag{5-5}$$

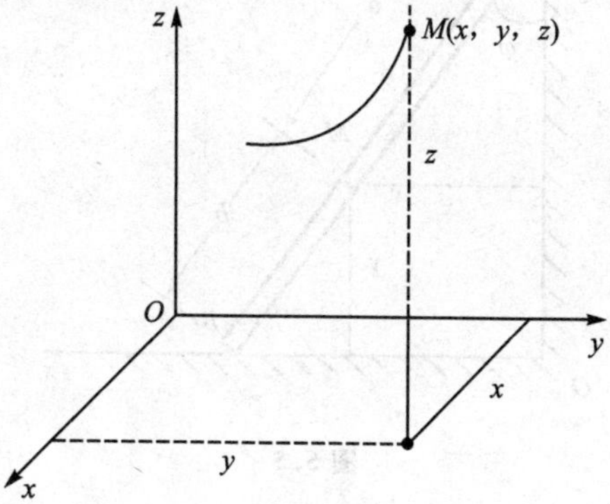

图 5.4

当函数 $x(t),y(t),z(t)$ 为已知时，动点 M 在任一时刻 t 的位置即完全被确定。上式完全描述了动点的运动规律，它被称为动点的直角坐标形式的运动方程。

动点的运动，根据其运动轨迹的不同，可分平面曲线运动和空间曲线运动。对于平面曲线运动，选取 xOy 平面与其运动平面重合，则 $z(t)=0$，故此时只需将运动方程表述为：

$$\begin{cases} x=x(t) \\ y=y(t) \end{cases} \tag{5-6}$$

例 5.1　一直杆 AB 的两端分别沿两相互垂直的固定直线 Ox 和 Oy 运动，如图 5.5 所示。试确定杆上任一点 M 的运动方程和轨迹方程，已知 $MA=a$，$MB=b$，角 $\varphi=\omega t$。

解： 题意分析：列运动方程就是要列出动点 M 的位置随时间变化的规律。因 AO 与 OB 相互垂直，所以选用直角坐标法表示点的运动方程较方便。

选取直角坐标系 xOy，则动点 M 的坐标 x,y 为：

$$x = a\sin\varphi = a\sin\omega t \qquad y = b\cos\varphi = b\cos\omega t$$

这即为直角坐标表示的 M 点的运动方程。从中消去时间 t，得 M 点的轨迹方程：

$$\frac{x^2}{a^2} + \frac{y^2}{b^2} = 1$$

此轨迹方程为以 a、b 为半轴的椭圆方程。

5.2.2　点的速度

从图 5.6 可得，表示动点位置的坐标 x,y,z 与矢径的关系为

$$\boldsymbol{r} = x\boldsymbol{i} + y\boldsymbol{j} + z\boldsymbol{k}$$

式中　$\boldsymbol{i},\boldsymbol{j},\boldsymbol{k}$——沿直角坐标轴正向的单位矢量。

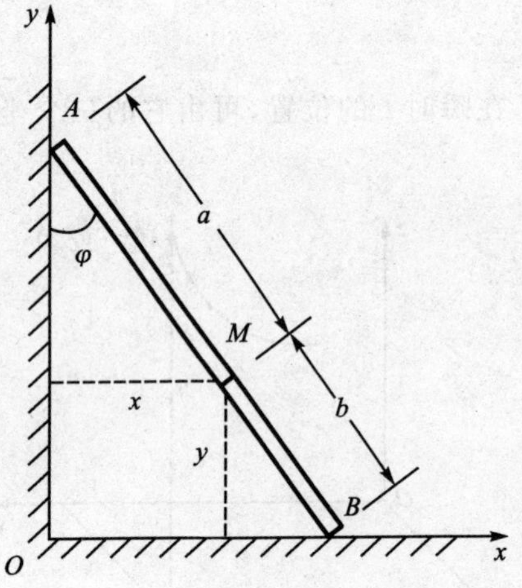

图 5.5

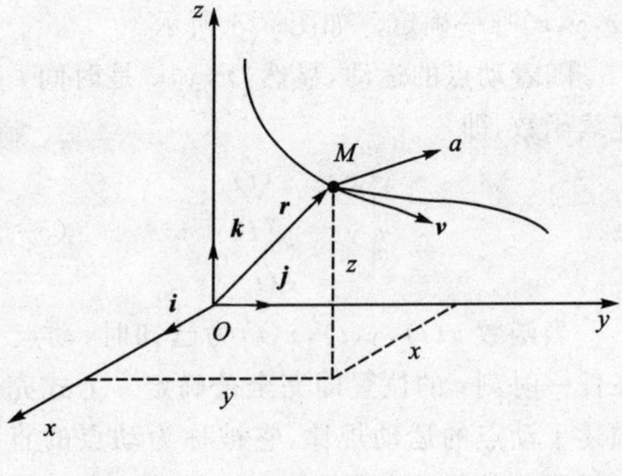

图 5.6

将上式对时间求一阶导数得

$$\boldsymbol{v} = \frac{d\boldsymbol{r}}{dt} = \frac{d}{dt}(x\boldsymbol{i} + y\boldsymbol{j} + z\boldsymbol{k}) = \frac{dx}{dt}\boldsymbol{i} + \frac{dy}{dt}\boldsymbol{j} + \frac{dz}{dt}\boldsymbol{k} \tag{5-7}$$

速度矢量亦可表示为

$$\boldsymbol{v} = v_x\boldsymbol{i} + v_y\boldsymbol{j} + v_z\boldsymbol{k} \tag{5-8}$$

其中，v_x, v_y, v_z 为速度 v 在坐标轴 x,y,z 上的投影，比较上两式得

$$v_x = \frac{dx}{dt} \qquad v_y = \frac{dy}{dt} \qquad v_z = \frac{dz}{dt} \tag{5-9}$$

可见，动点的速度在直角坐标轴上的投影等于其相应坐标对时间的一阶导数。上式即为用直角坐标表示的动点的速度。

速度大小为

$$v = \sqrt{v_x^2 + v_y^2 + v_z^2} = \sqrt{\left(\frac{\mathrm{d}x}{\mathrm{d}t}\right)^2 + \left(\frac{\mathrm{d}y}{\mathrm{d}t}\right)^2 + \left(\frac{\mathrm{d}z}{\mathrm{d}t}\right)^2} \tag{5-10}$$

速度的方向余弦为

$$\cos(\boldsymbol{v},\boldsymbol{i}) = \frac{v_x}{v} \quad \cos(\boldsymbol{v},\boldsymbol{j}) = \frac{v_y}{v} \quad \cos(\boldsymbol{v},\boldsymbol{k}) = \frac{v_z}{v} \tag{5-11}$$

5.2.3　点的加速度

点的加速度：

$$\boldsymbol{a} = \frac{\mathrm{d}\boldsymbol{v}}{\mathrm{d}t} = \frac{\mathrm{d}v_x}{\mathrm{d}t}\boldsymbol{i} + \frac{\mathrm{d}v_y}{\mathrm{d}t}\boldsymbol{j} + \frac{\mathrm{d}v_z}{\mathrm{d}t}\boldsymbol{k} = \frac{\mathrm{d}^2x}{\mathrm{d}t^2}\boldsymbol{i} + \frac{\mathrm{d}^2y}{\mathrm{d}t^2}\boldsymbol{j} + \frac{\mathrm{d}^2z}{\mathrm{d}t^2}\boldsymbol{k} \tag{5-12}$$

加速度矢量亦可表示为

$$\boldsymbol{a} = a_x\boldsymbol{i} + a_y\boldsymbol{j} + a_z\boldsymbol{k} \tag{5-13}$$

比较上面两式，即得用直角坐标表示动点加速度的表达式为

$$a_x = \frac{\mathrm{d}v_x}{\mathrm{d}t} = \frac{\mathrm{d}^2x}{\mathrm{d}t^2} \quad a_y = \frac{\mathrm{d}v_y}{\mathrm{d}t} = \frac{\mathrm{d}^2y}{\mathrm{d}t^2} \quad a_z = \frac{\mathrm{d}v_z}{\mathrm{d}t} = \frac{\mathrm{d}^2z}{\mathrm{d}t^2} \tag{5-14}$$

可见，动点的加速度在直角坐标轴上的投影，等于其相应速度的投影对时间的一阶导数或等于其相应坐标对时间的二阶导数。

加速度方向大小和方向为

$$\begin{aligned} a &= \sqrt{a_x^2 + a_y^2 + a_z^2} \\ \cos(\boldsymbol{a},\boldsymbol{i}) &= \frac{a_x}{a} \\ \cos(\boldsymbol{a},\boldsymbol{j}) &= \frac{a_y}{a} \\ \cos(\boldsymbol{a},\boldsymbol{k}) &= \frac{a_z}{a} \end{aligned} \tag{5-15}$$

5.3　自然坐标法

利用点的运动轨迹建立弧坐标及自然轴系，并用它们来描述和分析点的运动的方法称为自然坐标法。

5.3.1 弧坐标

当动点的运动轨迹为已知时，则可在轨迹上任取一点 O_1 为原点，并约定 O_1 点的一边所取的弧长为正值，而另一边所取的弧长为负值，如图 5.7 所示。于是动点在其轨迹上的位置可由它与 O_1 点之间的弧长 O_1M 唯一表示。随着动点 M 在其轨迹上的运动，弧长 s 为时间 t 的一个连续函数，即

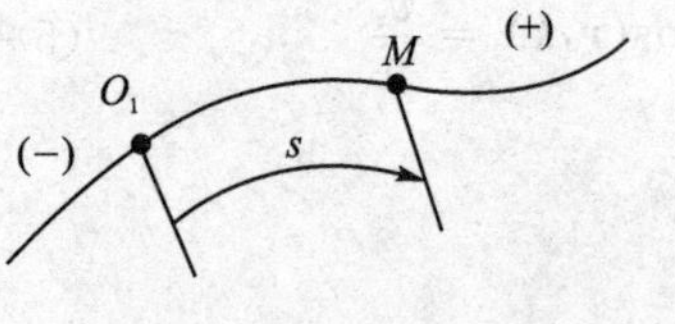

图 5.7

$$s = s(t) \tag{5-16}$$

当函数 $s(t)$ 已知时，动点在任一时刻在空间的位置及其运动规律即被唯一确定。式(5－16)被称为动点弧坐标形式的运动方程。

5.3.2 自然轴系

由曲线上点 M 及与其相近的点 M' 的切线可以确定一个平面，当点 M' 沿曲线趋近于点 M 时，这个处于极限位置的平面称为曲线在点 M 处的密切面或曲率平面(图 5.8)。过点 M 作与切线相垂直的平面称为曲线在点 M 的法平面，显然在法平面内通过点 M 的任何直线都与切线垂直，因而都是曲线的法线，其中密切面与该面的交线称为曲线在点 M 处的主法线，显然主法线只有一条。法平面内与主法线垂直的法线称为副法线。若以 $\boldsymbol{\tau}$ 表示切线的单位矢量，指向弧坐标的正方向，$\boldsymbol{n}$ 表示主法线的单位矢量，指向曲线内凹的一方，$\boldsymbol{b}$ 表示副法线的单位矢量，其方向由右手法则确定：

$$\boldsymbol{b} = \boldsymbol{\tau} \times \boldsymbol{n}$$

以点 M 为坐标原点，沿 $\boldsymbol{\tau},\boldsymbol{n},\boldsymbol{b}$ 这三个矢量方向可建立一相互垂直的正交轴系，就称为自然轴系。

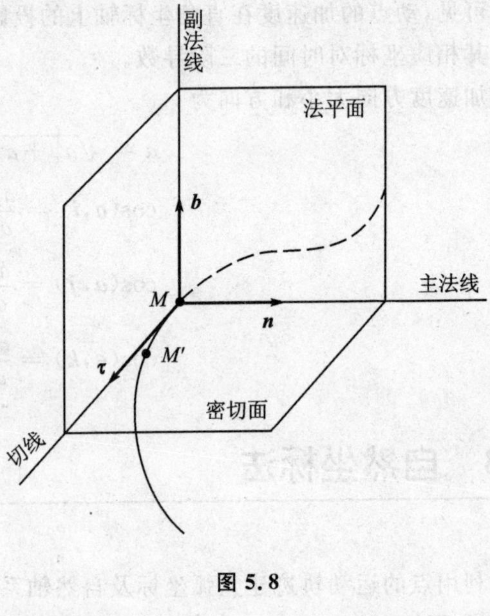

图 5.8

自然轴系不是一个固定的坐标系，因为其坐标原点取的是轨迹上与动点重合的点，所以它随动点在轨迹曲线上的位置变化而改变，相应地，$\boldsymbol{\tau}$、$\boldsymbol{n}$、$\boldsymbol{b}$ 也是方向随动点位置变化的单位矢量。

5.3.3　自然坐标表示点的速度

动点 M 沿图 5.9 所示轨迹运动，设在 t 和 $t+\Delta t$ 两瞬时动点分别位于 M 和 M'，则在时间间隔 Δt 内，动点的位移为 $\Delta \boldsymbol{r}$，弧坐标的增量为 Δs，于是得

$$\boldsymbol{v}=\frac{\mathrm{d}\boldsymbol{r}}{\mathrm{d}t}=\lim_{\Delta t\to 0}\frac{\Delta \boldsymbol{r}}{\Delta t}=\lim_{\Delta t\to 0}\frac{\Delta \boldsymbol{r}}{\Delta t}\cdot\frac{\Delta s}{\Delta s}=\lim_{\Delta t\to 0}\frac{\Delta \boldsymbol{r}}{\Delta s}\cdot\lim_{\Delta t\to 0}\frac{\Delta s}{\Delta t}=\frac{\mathrm{d}s}{\mathrm{d}t}\lim_{\Delta t\to 0}\frac{\Delta \boldsymbol{r}}{\Delta s}$$

当 $\Delta t\to 0$ 时，$\Delta s\to 0$，Δs 与 $|\Delta r|$ 的模趋于一致，故 $\lim\limits_{\Delta t\to 0}\frac{\Delta \boldsymbol{r}}{\Delta s}$ 的模等于 1，其方向则为 $\Delta \boldsymbol{r}$ 的极限方向，即轨迹在点 M 处的切线方向。因此 $\lim\limits_{\Delta t\to 0}\frac{\Delta \boldsymbol{r}}{\Delta s}$，就是轨迹在点 M 处的切线方向的单位矢量 $\boldsymbol{\tau}$，即

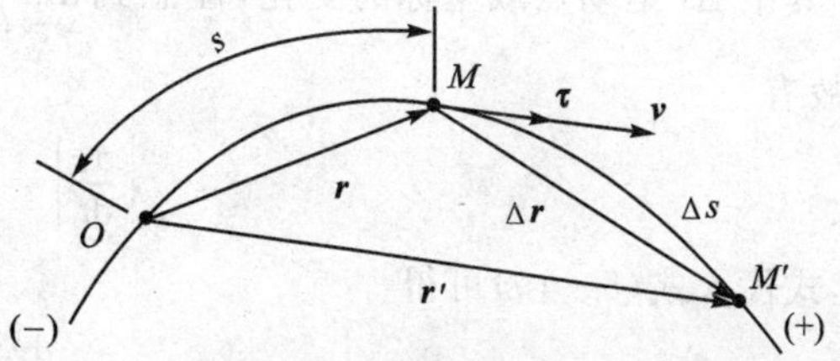

图 5.9

$$\boldsymbol{v}=\frac{\mathrm{d}s}{\mathrm{d}t}\boldsymbol{\tau}=v\boldsymbol{\tau}\qquad(5-17)$$

式(5－17)表明动点的速度等于其弧坐标对时间的一阶导数，其方向沿轨迹在该点的切线，速度在切线上的投影为

$$v=v_\tau=\frac{\mathrm{d}s}{\mathrm{d}t}=\dot{s}\qquad(5-18)$$

5.3.4　自然坐标法表示点的加速度

由矢量法以及式(5－17)可知动点的加速度为

$$\boldsymbol{a}=\frac{\mathrm{d}\boldsymbol{v}}{\mathrm{d}t}=\frac{\mathrm{d}}{\mathrm{d}t}(v\boldsymbol{\tau})=\frac{\mathrm{d}v}{\mathrm{d}t}\boldsymbol{\tau}+v\frac{\mathrm{d}\boldsymbol{\tau}}{\mathrm{d}t}\qquad(5-19)$$

由式(5－19)可知加速度应分为两项，第一项表示速度大小对时间变化率，第二项表示速度方向对时间变化率，现具体说明如下：

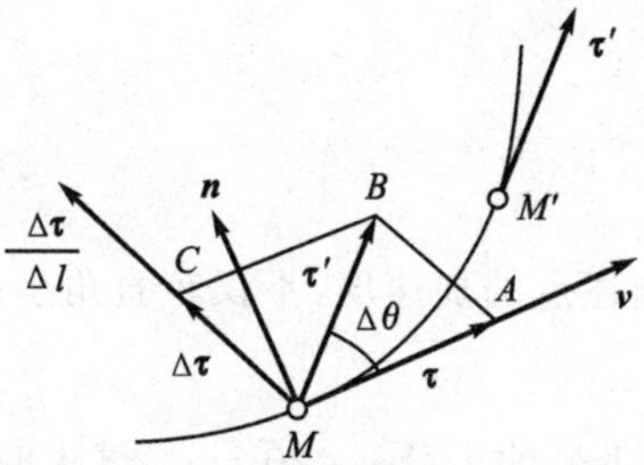

图 5.10

当在瞬时 t，轨迹上 M 点的切线单位矢量是 $\boldsymbol{\tau}$，经过时间 Δt，则该点运动到 $\boldsymbol{M}'$，这时它的切线单位矢量是 $\boldsymbol{\tau}'$。如图 5.10 所示。在 Δt 时间内 $\boldsymbol{\tau}$ 的改变为

$$\Delta\boldsymbol{\tau}=\boldsymbol{\tau}'-\boldsymbol{\tau}$$

于是可得

$$\frac{\mathrm{d}\boldsymbol{\tau}}{\mathrm{d}t}=\lim_{\Delta t\to 0}\frac{\Delta\boldsymbol{\tau}}{\Delta t}$$

$\Delta\boldsymbol{\tau}$ 的大小由等腰三角形 MAB 可知为 $2\times1\times\sin\dfrac{\Delta\theta}{2}$，当 $\Delta\theta$ 很小时，有

$$|\Delta\boldsymbol{\tau}| = 2\sin\frac{|\Delta\theta|}{2} \approx |\Delta\theta|$$

于是可得

$$\left|\frac{\mathrm{d}\boldsymbol{\tau}}{\mathrm{d}t}\right| = \lim_{\Delta t\to0}\left|\frac{\Delta\boldsymbol{\tau}}{\Delta t}\right| = \lim_{\Delta t\to0}\frac{\Delta\theta}{\Delta t} = \lim_{\Delta s\to0}\frac{\Delta\theta}{\Delta s}\cdot\lim_{\Delta t\to0}\frac{\Delta s}{\Delta t}$$

其中 Δs 是动点或坐标的变化，注意到 $\lim\limits_{\Delta s\to0}\dfrac{\Delta\theta}{\Delta s}=\dfrac{1}{\rho}$，$\lim\limits_{\Delta t\to0}\dfrac{\Delta s}{\Delta t}=v$，且导数 $\left|\dfrac{\mathrm{d}\boldsymbol{\tau}}{\mathrm{d}t}\right|$ 是沿主法线方向，故有

$$\left|\frac{\mathrm{d}\tau}{\mathrm{d}t}\right| = \frac{|v|}{\rho}\boldsymbol{n}$$

将上式代入式(5-19)可得

$$a = \frac{\mathrm{d}\boldsymbol{v}}{\mathrm{d}t}\boldsymbol{\tau} + \frac{v^2}{\rho}\boldsymbol{n} \tag{5-20}$$

令 $a_\tau=\dfrac{\mathrm{d}v}{\mathrm{d}t}=\dfrac{\mathrm{d}^2s}{\mathrm{d}t^2}$，称为切向加速度，反映了动点速度大小的变化情况其方向沿轨迹曲线切线；$a_n=\dfrac{v^2}{\rho}$，称为法向加速度，反映了速度方向的变化情况，其方向永远指向曲线的曲率中心。

于是可得

$$\boldsymbol{a} = \boldsymbol{a}_\tau + \boldsymbol{a}_n \tag{5-21}$$

若将动点的全加速度 $\boldsymbol{a}$ 向自然坐标系 $\boldsymbol{b}$、$\boldsymbol{\tau}$、$\boldsymbol{n}$ 上投影，则有

$$\begin{cases} a_\tau = \dfrac{\mathrm{d}\boldsymbol{v}}{\mathrm{d}t} = \dfrac{\mathrm{d}^2s}{\mathrm{d}t^2} \\ a_n = \dfrac{v^2}{\rho} \\ a_b = 0 \end{cases} \tag{5-22}$$

其中 a_b 为副法向加速度。

若已知动点的切向加速度 $\boldsymbol{a}_\tau$ 和法向速度 $\boldsymbol{a}_n$，则动点的全加速度大小为

$$a = \sqrt{a_\tau^2 + a_n^2}$$

全加速度与法线间的夹角为

$$\tan\alpha = \frac{|a_\tau|}{a_n}$$

以上讨论表明，当点沿着已知轨迹运动时，用自然法描述点的加速度，不仅较直角坐标方便，而且还能清楚地反映加速度大小和方向的变化规律。

例 5.2　飞轮边缘上的点按 $s=4\sin\dfrac{\pi}{4}t$ 的规律运动，飞轮的半径 $r=20$ cm。试求时间 t

＝10 s 该点的速度和加速度。

解： 当时间 $t=10$ s 时，飞轮边缘上点的速度为

$$v=\frac{\mathrm{d}s}{\mathrm{d}t}=\pi\cos\frac{\pi}{4}t=3.11\ \mathrm{cm/s}$$

方向沿轨迹曲线的切线。

飞轮边缘上点的切向加速度为

$$a_\tau=\frac{\mathrm{d}v}{\mathrm{d}t}=-\frac{\pi^2}{4}\sin\frac{\pi}{4}t=-0.38\ \mathrm{cm/s^2}$$

法向加速度为

$$a_n=\frac{v^2}{\rho}=\frac{3.11^2}{0.2}=48.36\ \mathrm{cm/s^2}$$

飞轮边缘上点的全加速度大小和方向为

$$a=\sqrt{a_\tau^2+a_n^2}=48.4\ \mathrm{cm/s^2}$$

$$\tan\alpha=\frac{|a_\tau|}{a_n}=0.0078$$

全加速度与法线间的夹角 $\alpha=0.45°$。

习　题

5.1　一点按 $x=t^3-12t+2$ 的规律沿直线运动（其中 t 以 s 计，x 以 m 计）。试求：

(1) 最初 3s 内的位移。

(2) 改变运动方向的时刻和所在位置。

(3) 最初 3s 内经过的路程。

(4) $t=3$s 时的速度和加速度。

(5) 点在哪段时间做加速运动？哪段时间做减速运动？

5.2　如题 5.2 图所示，矿井提升物上升时，运动方程为 $y=\frac{h}{2}(1-\cos\omega t)$，其中 $\omega=\sqrt{2b/h}$，h，b 均为常值。求提升的速度和加速度，以及 y 取最大值时所需的时间。

5.3　列车沿半径为 $R=400$ m 的圆弧轨道作匀加速运动，设初速度 $v_O=10$ m/s，经过 $t=60$ s 后，其速度达到 $v=20$ m/s，试求列车在 $t=0$、$t=60$ s 时的加速度。

5.4　机构如题 5.4 图所示，试求当 $\varphi=\frac{\pi}{4}$ 时，摇杆 OC 的角速度和角加速度。假定杆 AB 以匀速 $\boldsymbol{u}$ 运动，开始时 $\varphi=0$。

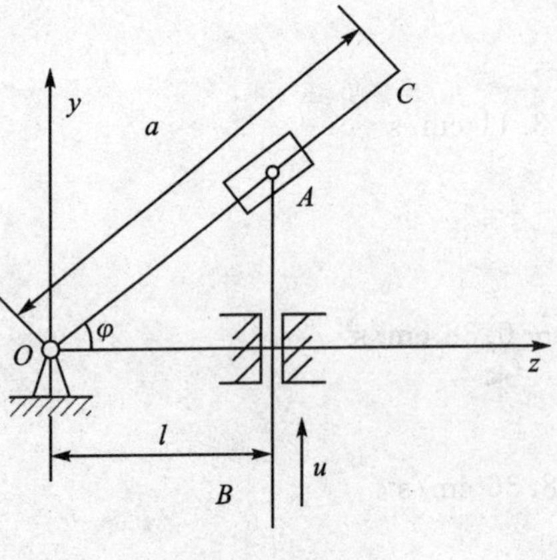

题 5.2 图

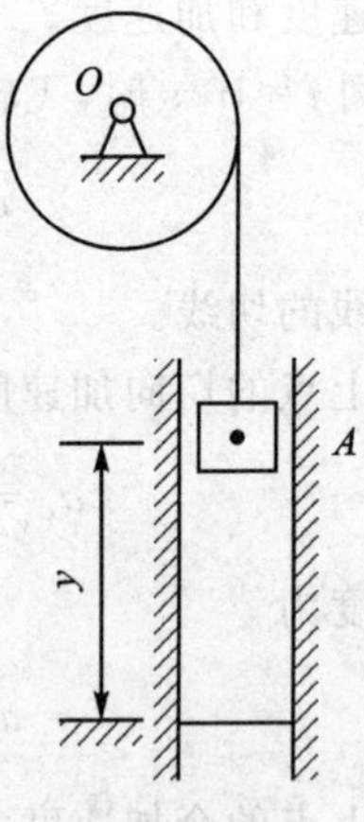

题 5.4 图

5.5　物块 B 以匀加速 $a_B=10\ m/s^2$ 向上运动。在题 5.5 图所示瞬时，物块 B 比物块 A 低 30 m，且两物块的初速度都为零。试求当物块 A 与 B 达到同一高度时，两物块的速度。

5.6　如题 5.6 图所示为一曲柄摇杆机构，曲柄长 $OA=10$ cm，绕 O 轴转动，角 φ 与时间 t 关系为 $\varphi=\frac{\pi}{4}t(\mathrm{rad})$，摇杆长 $O_1B=24$ cm，距离 $O_1O=10$ cm。求点 B 的运动方程、速度及加速度。

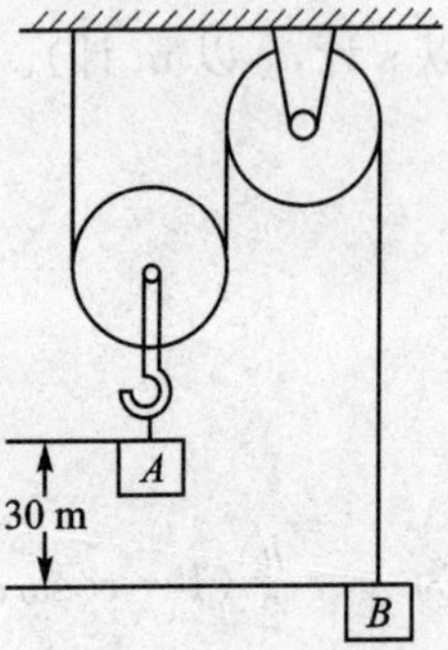

题 5.5 图

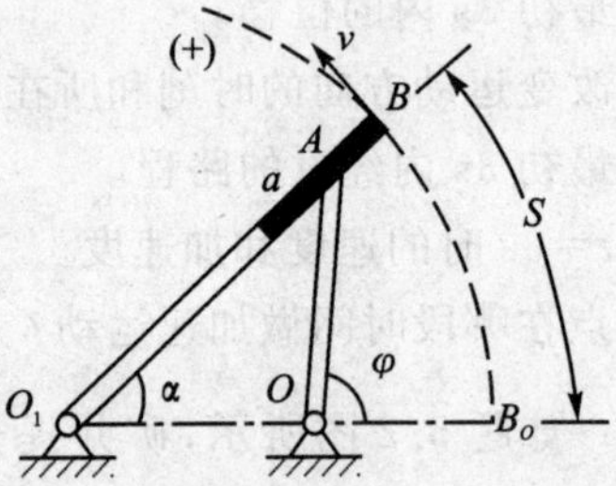

题 5.6 图

5.7　已知动点的运动方程为 $x=20t$，$y=5t^2-10$，式中 x、y 以 m 计，t 以 s 计，试求 $t=0$ 时动点轨迹的曲率半径 ρ。

第 6 章 刚体的基本运动

刚体运动形式可分为平行移动、定轴转动、平面运动、定点转动和最一般的运动。本书只限于研究前三种运动形式。

本章将研究刚体的两种简单运动——平行移动和定轴转动，这是工程中最常见的运动，是研究刚体其他复杂运动的基础。

6.1 刚体的平动

工程实际中，如汽缸内活塞的运动，打桩机上桩锤的运动等，其共同的运动特点是在运动过程中，刚体上任意直线段始终与它初始位置相平行，刚体的这种运动称为平行移动，简称平动。

如图 6.1 所示车轮的平行推杆 AB 在运动过程中始终与它初始位置相平行，因此推杆 AB 作平动。车厢在水平面内直线行驶，活塞在汽缸内的来回运动，均是刚体平动的实例。

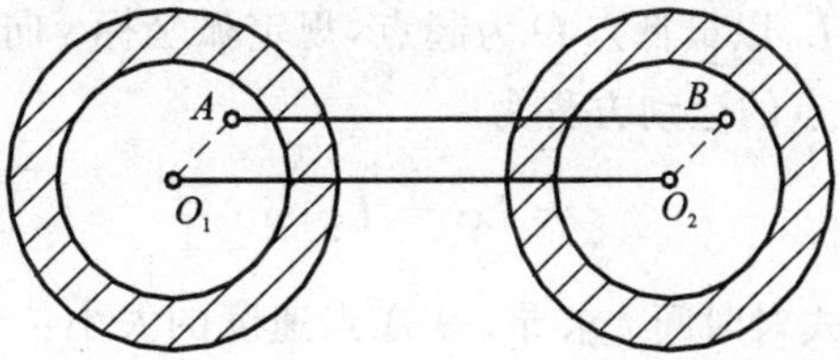

图 6.1

下面研究刚体平动的特性。

设 A、B 为刚体上任意两点在瞬时 t 的位置，当刚体运动到瞬时 $t+\Delta t$，该两点分别运动至 A'、B'，如图 6.2 所示。根据刚体上两点之间距离不变和刚体平动时任意两点连线的方向不变的性质，知 AB 平行且相等于 $A'B'$，即证明，$AA'B'B$ 为平行四边形。从而即可证明两点位移相等，即

$$AA' = BB'$$

即得刚体的第一个特性：刚体上任意两点在同一时间间隔内的位移相等。

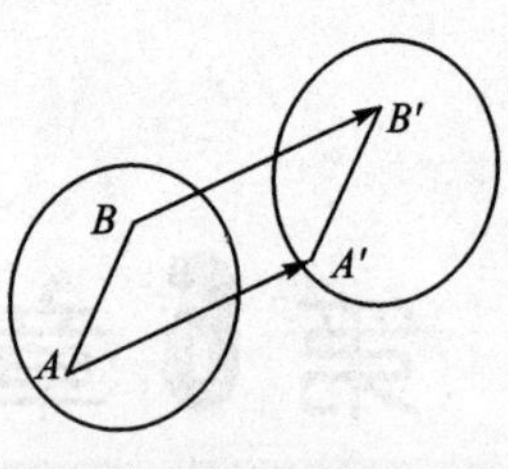

图 6.2

根据速度定义，A、B 两点的速度分别为

$$\boldsymbol{v}_A = \lim_{\Delta t\to 0}\frac{AA'}{\Delta t}$$
$$\boldsymbol{v}_B = \lim_{\Delta t\to 0}\frac{BB'}{\Delta t} \tag{6-1}$$

由于 $AA'=BB'$ 在 $\Delta t\to 0$ 的过程中始终成立，故有

$$\boldsymbol{v}_A(t) = \boldsymbol{v}_B(t) \tag{6-2}$$

即得刚体的第二个特性：刚体上任意两点在同一时刻具有相等的速度矢量。

对式(6-2)两端同时对时间求导可得：

$$\boldsymbol{a}_A(t) = \boldsymbol{a}_B(t) \tag{6-3}$$

即得刚体的第三个特性：刚体上任意两点在同一时刻具有相等的加速度矢量。

以上特性说明：刚体平动时，其上各点的运动规律完全相同。因此，研究刚体的平动可归结为研究其上任一点的运动。

例 6.1　荡木用两条等长的钢索平行吊起，如图 6.3 所示。钢索长为 L，其摆动规律为 $\varphi=\varphi_0\sin\dfrac{\pi}{4}t$，求荡木中点 M 的速度和加速度。

解：题意分析。由于两条钢索的长度相等，且相互平行，因此荡木在运动过程中始终平行于直线 O_1O_2，所以荡木的运动是平动。为求其中点 M 的速度和加速度，只需求出 A 点（或 B 点）速度和加速度即可。

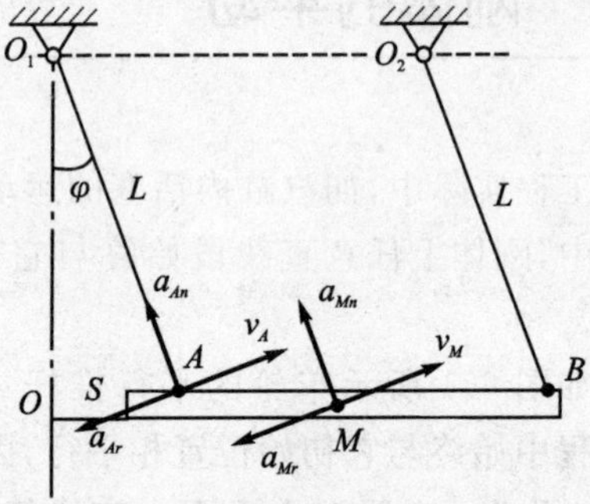

图 6.3

在点 A 的圆弧轨迹上建立弧坐标，因圆弧的半径为 L，以最低点 O 为起点，规定弧坐标 s 向右为正，则 A 点的运动方程为

$$s = L\varphi = L\varphi_0\sin\frac{\pi t}{4}$$

将上式对时间 t 求导，得 A 点速度的大小：

$$v = \frac{\mathrm{d}s}{\mathrm{d}t} = \frac{\pi}{4}L\varphi_0\cos\frac{\pi t}{4}$$

再求一次导数，得 A 点切向加速度的大小为

$$a_\tau = \frac{\mathrm{d}v}{\mathrm{d}t} = -\frac{\pi^2 L\varphi_0}{16}\sin\frac{\pi t}{4}$$

负号说明切向加速度的方向始终与荡木运动的方向相反。

A 点法向加速度的大小：

$$a_n = \frac{v^2}{L} = \frac{\pi^2 L\varphi_0^2}{16}\cos^2\frac{\pi t}{4}$$

方向如图 6.3 所示。

6.2　刚体的定轴转动

当人们观察飞轮、机床主轴、发电机转子等的运动时发现，刚体在运动过程中，其上或与其固连的空间存在一条不动的直线，我们把刚体的这种运动称为定轴转动，不动的直线称为转轴。转轴上点之速度恒为零，刚体内不在转轴上的所有各点，各以此轴上的一点为圆心而在垂直于此轴的平面内作圆周运动。

6.2.1　转动方程

设有一刚体绕 z 轴转动，如图 6.4 所示，并设 Ⅰ 是通过转动轴 z 的一个固定平面，Ⅱ 是固连在刚体上与刚体一起转动的一个平面，刚体在转动过程中任一瞬时的位置由动平面 Ⅱ 与定平面 Ⅰ 之间的夹角 φ 确定。φ 角称为转动刚体的位置角，单位为 rad（弧度）。位置角是个代数量，其正负规定如下：从定轴 z 的正端向负端看去，从定平面 Ⅰ 沿逆时针转向动平面 Ⅱ 量取 φ 时取正值；反之为负值。当刚体转动时，φ 角是时间 t 的单值连续函数，即

$$\varphi = f(t) \tag{6-4}$$

这就是作定轴转动刚体的转动方程。若 $f(t)$ 表达的函数关系已知，则刚体在任一瞬时 t 相对于固定平面 Ⅰ 的位置就可以完全确定。

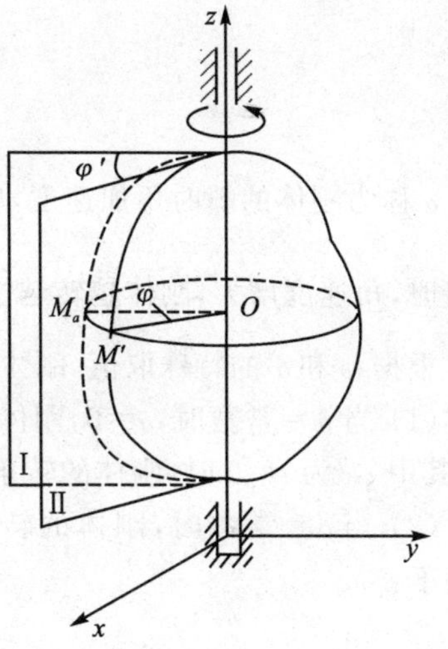

图 6.4

6.2.2　角速度

反映刚体瞬时转动（位置改变）快慢程度的物理量可用转角 φ 随时间 t 瞬时变化率来表示，以 ω 表示，则

$$\omega^* = \frac{\Delta\varphi}{\Delta t} \tag{6-5}$$

称为刚体定轴转动的平均角速度。当 $\Delta t \to 0$ 时，即得刚体的瞬时角速度

$$\omega = \lim_{\Delta t \to 0} \omega^* = \lim_{\Delta t \to 0} \frac{\Delta \varphi}{\Delta t} = \frac{\mathrm{d}\varphi}{\mathrm{d}t} = f'(t) \tag{6-6}$$

角速度的单位为弧度/秒(rad/s)。角速度也是一个代数量，当 $\omega > 0$ 时，表明该瞬时刚体沿着 φ 增加的方向转动；当 $\omega < 0$ 时，表明该瞬时刚体沿着 φ 减小的方向转动。

工程中常用转速表示转动刚体的转动快慢，即每分钟转过的圈数，用 n 表示，单位为转/分(r/min，角速度与转速的关系是

$$\omega = \frac{2\pi n}{60} = \frac{\pi n}{30}(\mathrm{rad/s}) \tag{6-7}$$

6.2.3 角加速度

反映刚体角速度变化快慢程度的物理量可用角速度 ω 随时间 t 瞬时变化率来表示，以 α 表示，则

$$\alpha = \frac{\mathrm{d}\omega}{\mathrm{d}t} \tag{6-8}$$

α 称为刚体的瞬时角加速度，单位为弧度/秒^2(rad/s^2)。角加速度仍是代数量，当 ω 与 $\frac{\mathrm{d}\omega}{\mathrm{d}t}$ 同号时，角速度增大，刚体越转越快；当 ω 与 $\frac{\mathrm{d}\omega}{\mathrm{d}t}$ 异号时，角速度减小，刚体越转越慢。

根据 ω 和 α 的特殊取值，刚体存在两种常见的特殊转动。

(1) 当 ω=常数时，$\alpha=0$，刚体的转动称为匀速转动。不难得到下面的转动方程：$\varphi=\varphi_0+\omega t$；其中 φ_0 为 $t=0$ 时，刚体的转角。

(2) 当 α=常数时，刚体的转动称为匀变速转动。通过积分可得其转动方程和相关公式如下：

$$\begin{cases} \omega = \omega_0 + \alpha t \\ \varphi = \varphi_0 + \omega_0 t + \dfrac{1}{2}\alpha t^2 \\ \omega^2 = \omega_0^2 + 2\alpha(\varphi - \varphi_0) \end{cases} \tag{6-9}$$

式中 φ_0, ω_0——$t=0$ 时刚体的转角和角速度；

φ, ω——任意 t 瞬时刚体的转角和角速度。

值得注意的是上述公式只适用于 α=常值的情形，否则这些公式均不成立。

6.2.4 刚体做定轴转动时其上各点的速度和加速度

由于定轴转动刚体上各点的运动轨迹均为一已知圆周曲线，所以不难建立其弧坐标形式

的运动方程，进而得到其速度、加速度的表达式。

若定轴转动刚体的运动为已知，在刚体上任一点 M 的运动轨迹为以 r 为半径的圆，如图 6.5 所示。用自然法描述，设以 $t=0$ 时动点 M 的位置 M_0 为弧坐标 s 的原点，则在任一瞬时 t，刚体的转角为 φ 时，动点 M 的弧坐标为

$$s = r\varphi \tag{6-10}$$

根据第 5 章的公式，可得 M 点的速度和加速度为：

$$\begin{aligned} v &= \dot{s} = r\dot{\varphi} = r\omega \\ a_\tau &= \dot{v} = r\dot{\omega} = r\alpha \\ a_n &= \frac{v^2}{\rho} = \frac{(r\omega)^2}{r} = r\omega^2 \end{aligned} \tag{6-11}$$

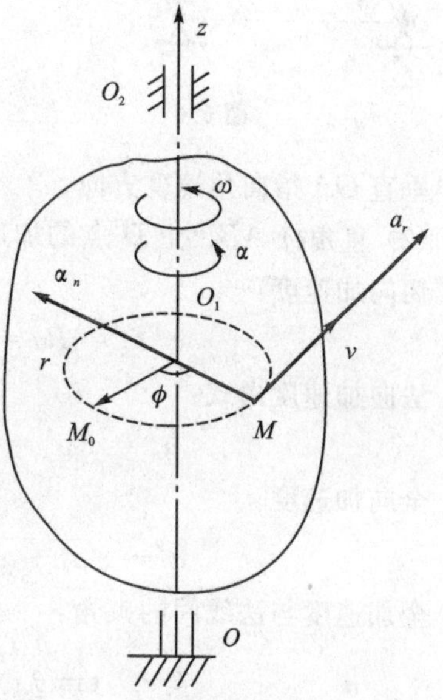

图 6.5

式(6－10)说明：

(1) 转动刚体内任一点速度的大小等于该点至转轴的距离与刚体角速度的乘积。因 r 恒为正值，所以 v 与 ω 具有相同的正负号。速度方向沿圆周的切向方向，指向与 ω 的转动方向一致。

(2) 转动刚体内任一点的切向加速度的大小等于该点至转轴距离与刚体角加速度的乘积，方向如图 6.5 所示。

(3) 转动刚体内任一点法向加速度的大小等于该点至转轴的距离与刚体角速度平方的乘积。法向加速度的方向永远指向轨迹的曲率中心，方向如图 6.5 所示。

M 点的全加速度 a 的大小和方向为

$$\begin{aligned} a &= \sqrt{a_\tau^2 + a_n^2} = r\sqrt{\alpha^2 + \omega^4} \\ \tan(a,n) &= \tan\theta = \frac{|a_\tau|}{a_n} = \frac{|\alpha|}{\omega^2} \end{aligned} \tag{6-12}$$

在每一瞬时，刚体的 α 和 ω 都只是一个确定的数值，由以上分析可知：

(1) 每一瞬时转动刚体内各点的速度和加速度的大小，与这些点到轴线的距离成正比。

(2) 每一瞬时刚体内各点的加速度 a 与半径线间的夹角 θ 具有相同的值。

例 6.2　如图 6.6 所示，曲柄 OA 绕 O 轴转动，其转动方程为 $\varphi=4t^2$ (rad)，BC 杆绕 C 轴转动，且杆 OA 与杆 BC 平行等长，$OA=BC=0.5$ m，试求当 $t=1$ s 时，直角杆 ABD 上 D 点的速度和加速度。

解： 由于 OA 与 BC 平行等长，则直角杆 ABD 作平动，因此由平动的定义知：计算 D 点的速度和加速度，只需计算 A 点的速度和加速度即可。

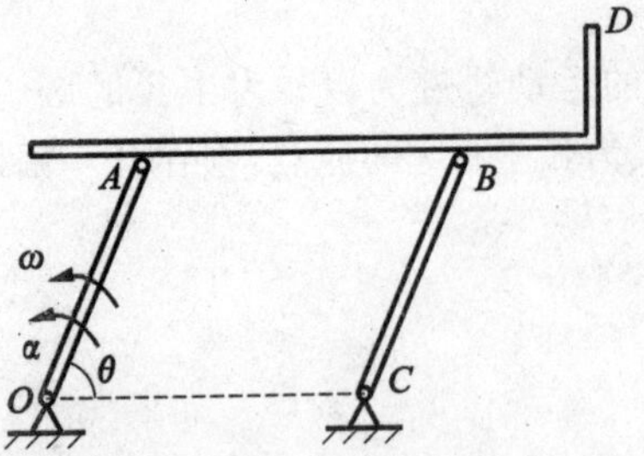

图 6.6

曲柄 OA 的角速度：

$$\omega = \frac{d\varphi}{dt} = 8t \quad (\text{rad/s})$$

曲柄 OA 的角加速度：

$$\alpha = \frac{d\omega}{dt} = 8 \quad (\text{rad/s}^2)$$

当 $t=1$ s 时：

(1) 直角杆 ABD 上 D 点的速度：

$$v = R\omega = OA\omega = 0.5 \times 8 = 4 \ (\text{m/s})$$

方向垂直 OA 指向角速度方向。

(2) 直角杆 ABD 上 D 点的加速度。

切向加速度：

$$a_\tau = R\alpha = OA\alpha = 0.5 \times 8 \text{ m/s}^2 = 4 \text{ m/s}^2$$

法向加速度由式：

$$a_n = R\omega^2 = OA\omega^2 = 0.5 \times 8^2 \text{ m/s}^2 = 32 \text{ m/s}^2$$

全向加速度：

$$a = \sqrt{a_\tau^2 + a_n^2} = \sqrt{4^2 + 32^2} \text{ m/s}^2 = 32.25 \text{ m/s}^2$$

全加速度与法线间的夹角：

$$\tan\theta = \frac{|\alpha_\tau|}{a_n} = \frac{|\alpha|}{\omega^2} = \frac{8}{8^2} = 0.125$$

其中 $\theta=7.13°$。

6.3 点的速度和加速度的矢量表示

首先建立角速度的矢量概念，按照右手螺旋法则定义角速度的矢量表示为

$$\boldsymbol{\omega} = \omega \boldsymbol{k} \tag{6-13}$$

式中 $\boldsymbol{k}$——转轴 z 的单位矢量，如图 6.7(a)所示。

刚体上任意一点 M 的矢径 $\boldsymbol{r}$、角速度 $\boldsymbol{\omega}$ 和速度 $\boldsymbol{v}$ 的矢量表示为

$$\boldsymbol{v} = \boldsymbol{\omega} \times \boldsymbol{r} \tag{6-14}$$

同理，对于定轴转动刚体，定义角加速度的矢量概念，即

$$\boldsymbol{\alpha} = \dot{\boldsymbol{\omega}} = \alpha \boldsymbol{k} \tag{6-15}$$

式(6-13)对时间 t 求导得点 M 加速度的矢量表示为

$$\boldsymbol{a} = \boldsymbol{\alpha} \times \boldsymbol{r} + \boldsymbol{\omega} \times \boldsymbol{v} \tag{6-16}$$

如图 6.7(b)所示，式(6－15)右边第一项为切向加速度，第二项为法向加速度，即

$$\boldsymbol{a}_\tau=\boldsymbol{\alpha}\times\boldsymbol{r}\qquad \boldsymbol{a}_n=\boldsymbol{\omega}\times\boldsymbol{v}\qquad(6-17)$$

结论：

(1) 作定轴转动刚体上任意一点的速度等于角速度矢与矢径的矢量积；

(2) 作定轴转动刚体上任意一点的切向加速度等于角加速度矢与矢径的矢量积，法向加速度等于角速度与速度的矢量积。

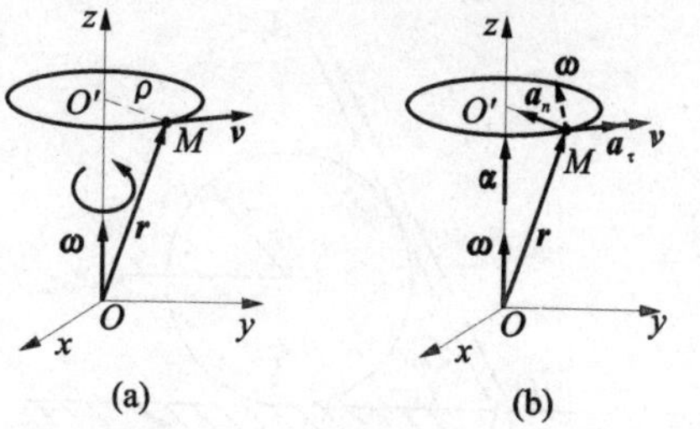

图 6.7

习　题

6.1　如题 6.1 图所示，定轴转动的轮上 A，B 两点的转动半径相差 20 cm，即 $OA-OB=$ 20 cm。已知 $v_A=50$ cm/s，$v_B=10$ cm/s。试问转轮的角速度等于多大，以及 A 点的转动半径 OA 等于多少？

6.2　如题 6.2 图所示为把工件送入干燥炉内的机构，叉杆 $OA=1.5$ m，在铅垂面内转动，杆 $AB=0.8$ m，A 端为铰链，B 端有放置工件的框架。在机构运动时，工件的速度恒为 0.05 m/s，杆 AB 始终铅垂。设运动开始时，角 $\varphi=0°$。求运动过程中角 φ 与时间的关系，以及点 B 的轨迹方程。

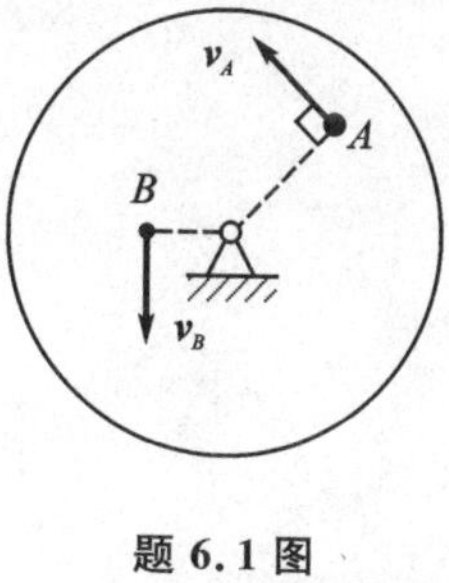

题 6.1 图

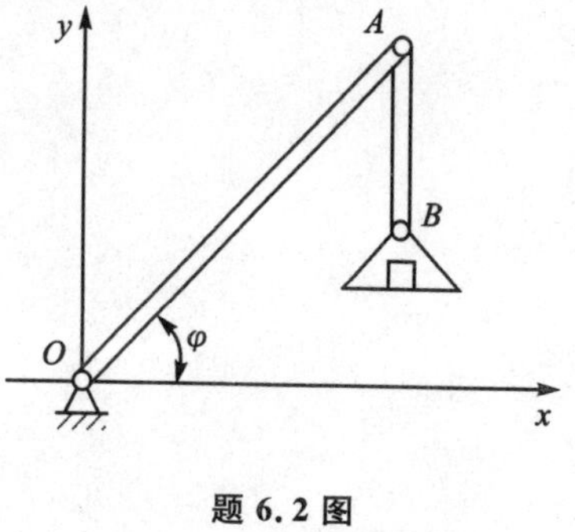

题 6.2 图

6.3　半径为 r 的圆轮沿水平直线运动，如题 6.3 图所示，轮心速度 v_0 为常数，求当 $\varphi=$ 60°时，OA 杆的角速度与角加速度。

6.4　鼓轮绕 O 轴转动，其半径为 $R=0.2$ m，转动方程为 $\varphi=-t^2+4t$(rad)，如题 6.4 图所示。绳索缠绕在鼓轮上，绳索的另一端悬挂重物 A，试求当 $t=1$ s 时，轮缘上的点 M 和重物 A 的速度和加速度。

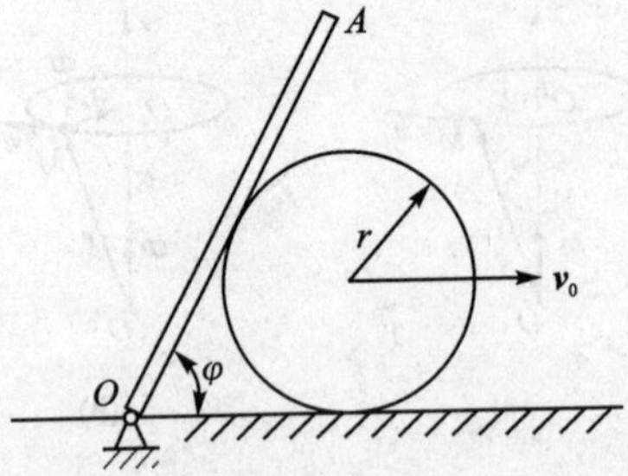

题 6.3 图

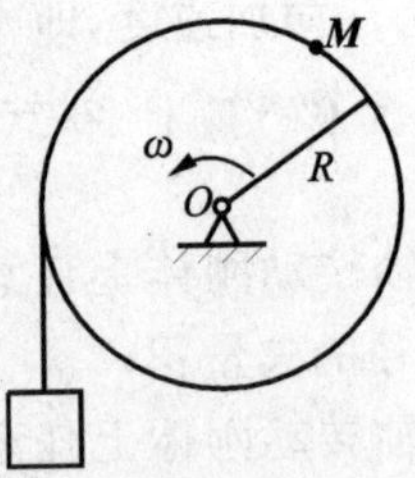

题 6.4 图

6.5 四连杆机构如题 6.5 图所示，已知 $AB=O_1O_2$，$O_1A=O_2B=r=0.3\ \text{m}$，如果曲柄 O_1A 以 $\varphi=\dfrac{1}{6}\pi t^2\ \text{rad}$ 的运动规律绕点 O_1 转动。求当 $t=1\ \text{s}$ 时，连杆 AB 上的中点 M 的速度和加速度。

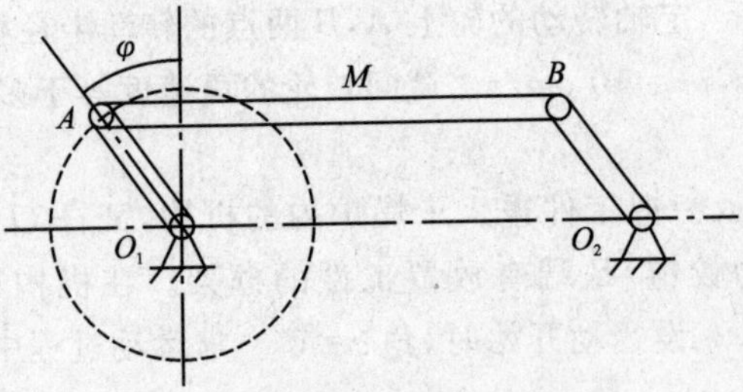

题 6.5 图

第 7 章

点的合成运动

前面研究点与刚体的运动是相对于同一参考系而言，当所研究的物体相对于不同参考系运动时（即它们之间存在相对运动），就形成了运动的合成。本章主要研究动点相对于不同参考坐标系运动时的运动方程、速度、加速度之间的几何关系。

7.1 点的合成运动的基本概念

在不同的参考系中描述同一个物体的运动时，结论往往是不同的。例如，在天下雨时，由站在地面上的人观察，雨滴是铅垂下落的（不计自然风的干扰），但由坐在行使的车厢中的人来看，则雨滴却是倾斜向后下落的。如图 7.1 所示，一桥式起重机搬运重物，若横梁静止不动，在起吊重物的过程中，行车同时在横梁上移动，则重物 M 相对于地面的运动是平面曲线运动，而相对于行车的运动则是垂直上下的直线运动。显然上述例中，动点 M 相对于地面和相对于一个相对地面有运动的参照物的运动，其运动特征是不同的。也就是说，相对于不同的参考系，动点的运动方程、轨迹、速度和加速度一般也不同。

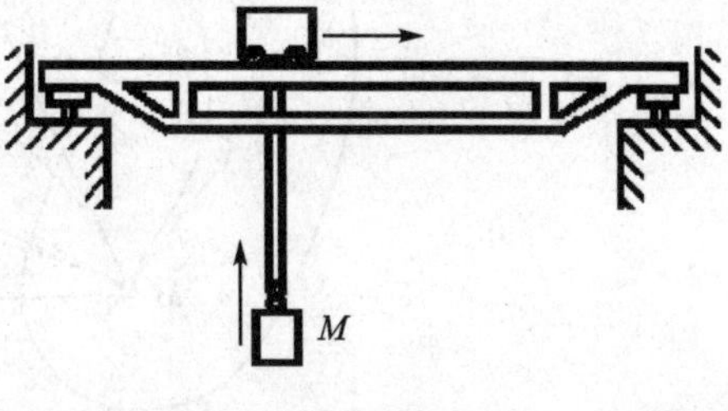

图 7.1

为了便于研究，通常将固连于地球表面的坐标系 $Oxyz$ 称为固定参考系（简称为定系），把固连于相对地面运动的物体上的坐标系 $O'x'y'z'$ 称为动参考系（简称为动系）。为了区分动点对于不同参考系的运动，把动点对于固定参考系的运动称为绝对运动，动点对于动参考系的运动称为相对运动，而把动参考系对于固定参考系的运动称为牵连运动。例如上述桥式起重机，当我们研究重物的运动时，即可认为重物是动点，行车为动参考系，而地面为固定参考系，则上述的平面曲线运动就是绝对运动，直线运动就是相对运动，行车相对于地面的运动就是牵连运动。

必须注意，绝对运动和相对运动都是指动点的运动，面牵连运动则为动系的运动。显然，如果没有牵连运动，动点的相对运动就是它的绝对运动；如果没有相对运动，动点随动坐标系的运动就是它的绝对运动。因此，动点的绝对运动既取决于动点的相对运动，也取决于动系的牵连运动，是这两种运动的合成。反之，动点的绝对运动也可分解为牵连运动和相对运动。

动点相对于定系运动的速度和加速度，分别称为动点的绝对速度和绝对加速度，以 $\boldsymbol{v}_a$ 和 $\boldsymbol{a}_a$ 表示。动点相对于动系运动的速度和加速度，分别称为动点的相对速度和相对加速度，以 $\boldsymbol{v}_r$ 和 $\boldsymbol{a}_r$ 表示。动系上与动点重合的那一点的速度和加速度为动点的牵连速度和牵连加速度，以 $\boldsymbol{v}_e$ 和 $\boldsymbol{a}_e$ 表示。动系上与动点相重合的那一点称为动点在此瞬时的牵连点。

选取动点和动系的一般原则如下：

(1) 所选动点和动系之间必须有相对运动。因此，动点和动系不能选在同一物体上。

(2) 应尽量使动点的三种运动较简明，特别是动点的相对运动轨迹要易于直观地看出或是已知曲线。

7.2 点的速度合成

现在讨论三种速度间的关系。设有一相对于地面作任意运动的刚体，上面有一动点 M 沿刚体上某曲线运动。以地面为定参考系，刚体为动参考系，则动点 M 相对于定参考系的运动为绝对运动，相对于动参考系的运动为相对运动，而动参考系相对于定参考系的运动为牵连运动。设某瞬时 t，曲线在 AB 位置，动点在 M 处，经时间间隔 Δt 后，曲线运动至 $A'B'$ 位置，动点运动至 M'，如图 7.2 所示。

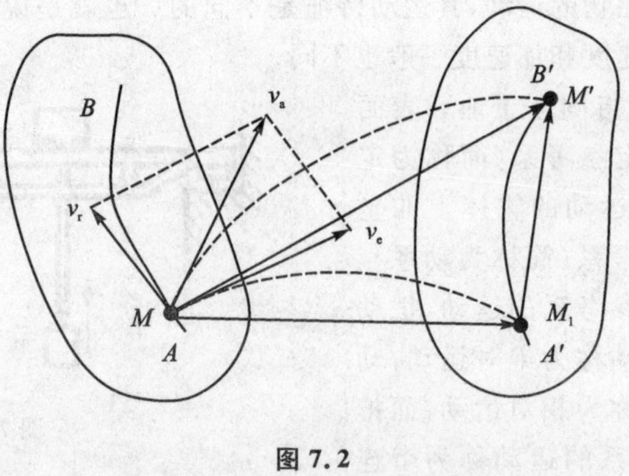

图 7.2

动点的绝对运动可以看成是跟随动参考系的运动与动点沿曲线的相对运动两部分组成，于是有：

$$MM' = MM_1 + M_1M' \tag{7-1}$$

式中：式中 MM' 为动点的绝对位移；MM_1 是动参考系上与动点重合的点的位移，称为牵连位移；M_1M' 是动点相对于动参考系的位移，称为动点的相对位移。将式(7-1)两端分别除以时间间隔 Δt，并取 $\Delta t \to 0$ 时的极限，则得：

$$\lim_{\Delta t \to 0} \frac{MM'}{\Delta t} = \lim_{\Delta t \to 0} \frac{MM_1}{\Delta t} + \lim_{\Delta t \to 0} \frac{M_1M'}{\Delta t} \tag{7-2}$$

由速度的定义可知上式左端就是动点 M 在瞬时 t 相对于定参考系的速度，即动点 M 在瞬时 t 的绝对速度 $\boldsymbol{v}_a$，其方向为绝对运动轨迹 MM' 在 M 点处的切线方向。等式右端第一项是动坐标系上在瞬时 t 动点重合的点的速度，即动点瞬时 t 的牵连速度 $\boldsymbol{v}_e$，其方向沿运动轨迹 MM_1（牵连轨迹）在 M 点的切线方向。而等式右端第二项是动点 M 在瞬时 t 相对于动参考系的运动速度，即动点 M 的相对速度 $\boldsymbol{v}_r$，其方向为相对运动轨迹在 M 点处的切线方向。于是可得

$$\boldsymbol{v}_a = \boldsymbol{v}_e + \boldsymbol{v}_r \tag{7-3}$$

即在运动的任意瞬时，动点的绝对速度等于其相对速度与牵连速度的矢量和。这就是点的速度合成定理。这一定理反映了合成运动中各速度之间的关系。式(7-3)满足平行四边形法则，对角线始终为绝对速度。此定理适用于任何形式的牵连运动。

例 7.1　汽车以速度 $\boldsymbol{v}_1$ 沿直线的道路行驶，雨滴以速度 $\boldsymbol{v}_2$ 铅直下落，如图 7.3 所示，试求雨滴相对于汽车的速度。

解：(1) 建立两种坐标系。定系建立在地面上，动系建立在汽车上。

(2) 分析三种运动。雨滴为动点，其绝对速度为

$$\boldsymbol{v}_a = \boldsymbol{v}_2$$

汽车的速度为牵连速度（牵连点的速度），即

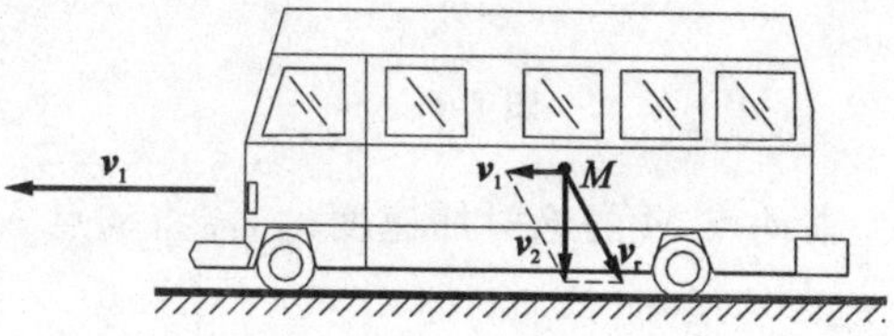

图 7.3

$$\boldsymbol{v}_e = \boldsymbol{v}_1$$

(3) 作速度的平行四边形。由于绝对速度 $\boldsymbol{v}_a$ 和牵连速度 $\boldsymbol{v}_e$ 的大小和方向都是已知的，如图 7.3 所示，只需将速度 $\boldsymbol{v}_a$ 和 $\boldsymbol{v}_e$ 矢量的端点连线便可确定雨滴相对于汽车的速度 $\boldsymbol{v}_r$。故

$$v_r = \sqrt{v_a^2 + v_e^2} = \sqrt{v_2^2 + v_1^2}$$

雨滴相对于汽车的速度 v_r 与铅锤线的夹角为

$$\tan \alpha = \frac{v_1}{v_2}$$

7.3 点的加速度合成

加速度合成定理比速度合成定理复杂得多，牵连运动不同，各加速度间的关系就不同，本节分牵连运动为平动和牵连运动为定轴转动两种情况进行讨论。

7.3.1 牵连运动为平动时点的加速度合成定理

设图 7.4 所示建立在任意刚体上的动参考系 $O'x'y'z'$ 相对于定参考系 $Oxyz$ 平动。

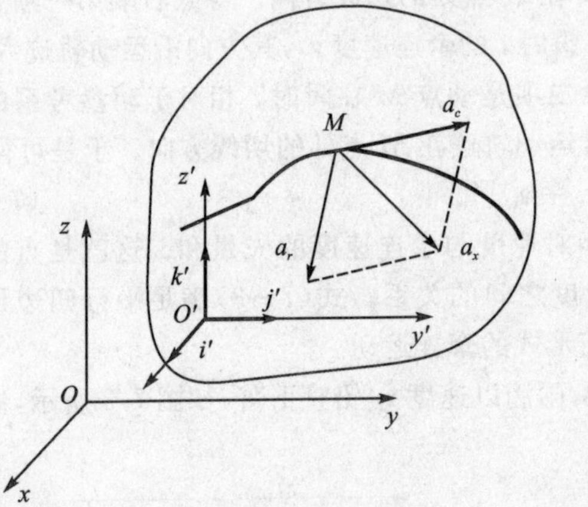

图 7.4

根据点的运动学理论，动点 M 的相对速度和相对加速度分别为：

$$\boldsymbol{v}_r = \frac{\mathrm{d}x'}{\mathrm{d}t}\boldsymbol{i}' + \frac{\mathrm{d}y'}{\mathrm{d}t}\boldsymbol{j}' + \frac{\mathrm{d}z'}{\mathrm{d}t}\boldsymbol{k}' \quad (7-4)$$

$$\boldsymbol{a}_r = \frac{\mathrm{d}^2 x'}{\mathrm{d}t^2}\boldsymbol{i}' + \frac{\mathrm{d}^2 y'}{\mathrm{d}t^2}\boldsymbol{j}' + \frac{\mathrm{d}^2 z'}{\mathrm{d}t^2}\boldsymbol{k}' \quad (7-5)$$

式中 $\boldsymbol{i}'$，$\boldsymbol{j}'$，$\boldsymbol{k}'$——沿动坐标轴的单位矢量。

由于在每一瞬时，平动刚体内各点的速度和加速度都相等，因此当牵连运动是平动时，动点的牵连速度和牵连加速度与动参考系原点在同一瞬时的速度和加速度相等。即

$$\begin{aligned} \boldsymbol{v}_e &= \boldsymbol{v}_{O'} \\ \boldsymbol{a}_e &= \boldsymbol{a}_{O'} \end{aligned} \quad (7-6)$$

为求动点 M 的绝对加速度 $\boldsymbol{a}_a$，需将动点 M 的绝对速度 $\boldsymbol{v}_a$ 对时间求一次导数，即

$$\boldsymbol{a}_a = \mathrm{d}\boldsymbol{v}_a/\mathrm{d}t \quad (7-7)$$

根据点的速度合成定理知：

$$\boldsymbol{v}_a = \boldsymbol{v}_r + \boldsymbol{v}_e \quad (7-8)$$

所以：

$$\boldsymbol{a}_a = \frac{\mathrm{d}\boldsymbol{v}_a}{\mathrm{d}t} = \frac{\mathrm{d}\boldsymbol{v}_r}{\mathrm{d}t} + \frac{\mathrm{d}\boldsymbol{v}_e}{\mathrm{d}t} \quad (7-9)$$

先计算式(7-9)右端的第一项。将式(7-4)对时间求一阶导数，注意到当动参考系作平动时，单位矢量 $\boldsymbol{i}'$、$\boldsymbol{j}'$、$\boldsymbol{k}'$ 是大小和方向都保持不变的恒量。于是得

$$\frac{\mathrm{d}\boldsymbol{v}_r}{\mathrm{d}t} = \frac{\mathrm{d}^2 x'}{\mathrm{d}t^2}\boldsymbol{i}' + \frac{\mathrm{d}^2 y'}{\mathrm{d}t^2}\boldsymbol{j}' + \frac{\mathrm{d}^2 z'}{\mathrm{d}t^2}\boldsymbol{k}' = \boldsymbol{a}_r \quad (7-10)$$

可见，当牵连运动为平动时，相对速度对时间的一阶导数等于相对加速度。

又

$$\boldsymbol{v}_e = \boldsymbol{v}'_O$$

$$\frac{d\boldsymbol{v}_e}{dt} = \frac{d\boldsymbol{v}_{O'}}{dt} = \boldsymbol{a}_{O'} \tag{7-11}$$

因动参考系作平动，原点的加速度等于动点 M 的牵连加速度，即

$$\boldsymbol{a}_{O'} = \boldsymbol{a}_e$$

可见，牵连运动为平动时，牵连速度对时间的一阶导数等于牵连加速度。

综合上面各式得

$$\boldsymbol{a}_a = \boldsymbol{a}_r + \boldsymbol{a}_e \tag{7-12}$$

这就是牵连运动为平动时动点的加速度合成定理：当牵连运动为平动时，动点在某瞬时的绝对加速度等于该瞬时它的相对加速度与牵连加速度的矢量和。这一定理揭示了动点加速度的分解与合成的关系，具体应用时，可用矢量的平行四边形法则或投影定理处理。

例 7.2　曲柄滑槽机构如图 7.5 所示。曲杆 OA 绕 O 轴转动，滑块 A 可在滑槽 DE 内滑动，并带动 BC 杆在水平方向作往复运动。设曲柄长 $OA=r=40$ cm，以转速 $n=120$ r/min 按顺时针方向匀速转动，滑槽 DE 与水平线间的夹角为 45°。求曲柄与水平线夹角 $\alpha=45°$ 时 BC 杆的加速度。

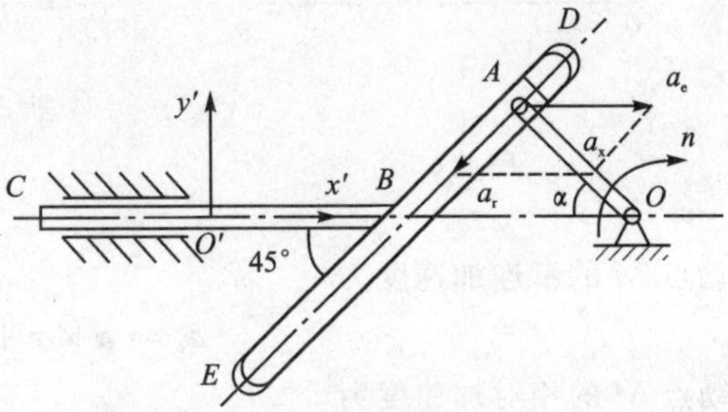

图 7.5

解：取曲柄上的点 A 为动点，动系与槽杆 BC 固连。动点的绝对运动是以 OA 为半径的匀速圆周运动，所以其绝对加速度 $\boldsymbol{a}_a$ 的大小为

$$a_a = a_a^n = r\omega^2 = 40 \times \left(\frac{120}{30}\pi\right)^2 = 640\,\pi^2\ \text{cm/s}^2$$

其方向由点 A 指向圆心 O。

动点的牵连运动为槽杆在水平方向的往复平动，故牵连加速度的方向沿水平方向，大小未知待求。

相对运动是 A 点沿 DE 槽的直线运动，故相对加速度的方向沿 DE 直线，大小未知。根据牵连运动为平动时的加速度合成定理作加速度平行四边形，从几何关系可得：

$$a_r = a_a = 6.4\pi^2\ \text{m/s}^2$$

$$a_e = 2a_a\cos 45° = 90.4\,\pi^2\,\text{m/s}^2$$

7.3.2　牵连运动为定轴转动时点的加速度合成定理

当牵连运动为定轴转动时，加速度合成定理与牵连运动为平动时不同。现导出牵连运动

为定轴转动时的加速度合成定理。

设动系 $O'x'y'$ 相对于定系 Oxy 作定轴转动，角速度矢量为 $\boldsymbol{\omega}$，角加速度矢量为 $\boldsymbol{\alpha}$，如图 7.6 所示，动系坐标轴的三个单位矢量为 $\boldsymbol{i}'$，$\boldsymbol{j}'$，$\boldsymbol{k}'$，在定系 Oxy 中是变矢量，由定轴转动中的速度矢量式 (6-14) 得动系的三个单位矢量 $\boldsymbol{i}'$，$\boldsymbol{j}'$，$\boldsymbol{k}'$ 对时间的导数等于各单位矢量端点的速度

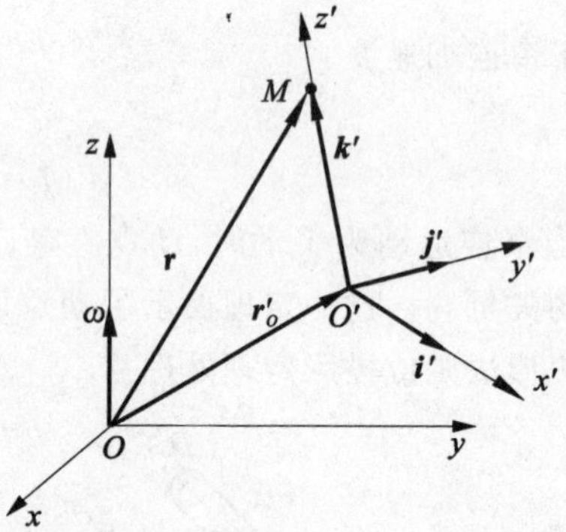

图 7.6

即

$$\frac{\mathrm{d}\boldsymbol{i}'}{\mathrm{d}t}=\boldsymbol{\omega}\times\boldsymbol{i}' \qquad \frac{\mathrm{d}\boldsymbol{j}'}{\mathrm{d}t}=\boldsymbol{\omega}\times\boldsymbol{j}' \qquad \frac{\mathrm{d}\boldsymbol{k}'}{\mathrm{d}t}=\boldsymbol{\omega}\times\boldsymbol{k}' \tag{7-13}$$

动点 M 的绝对速度为

$$\boldsymbol{v}_{\mathrm{a}}=\frac{\mathrm{d}\boldsymbol{r}}{\mathrm{d}t}$$

动点 M 的牵连速度为

$$\boldsymbol{v}_{\mathrm{e}}=\boldsymbol{\omega}\times\boldsymbol{r}$$

动点 M 的相对速度为

$$\boldsymbol{v}_{\mathrm{r}}=\frac{\mathrm{d}\boldsymbol{r}'}{\mathrm{d}t}=\dot{x}'\boldsymbol{i}'+\dot{y}\boldsymbol{j}'+\dot{z}\boldsymbol{k}'$$

动点 M 的牵连加速度为

$$\boldsymbol{a}_{\mathrm{e}}=\boldsymbol{\alpha}\times\boldsymbol{r}+\boldsymbol{\omega}\times\boldsymbol{v}_{\mathrm{e}}$$

动点 M 的相对加速度为

$$\boldsymbol{a}_{\mathrm{r}}=\frac{\mathrm{d}\boldsymbol{v}_{\mathrm{r}}}{\mathrm{d}t}=\ddot{x}'\boldsymbol{i}'+\ddot{y}'\boldsymbol{j}'+\ddot{z}'\boldsymbol{k}'$$

由速度合成定理可知：

$$\boldsymbol{v}_{\mathrm{a}}=\boldsymbol{v}_{\mathrm{e}}+\boldsymbol{v}_{\mathrm{r}}$$

将上式对时间求导并结合前述各式，可得动点 M 的绝对加速度为

$$\begin{aligned}\frac{\mathrm{d}\boldsymbol{v}_{\mathrm{a}}}{\mathrm{d}t}&=\frac{\mathrm{d}\boldsymbol{v}_{\mathrm{e}}}{\mathrm{d}t}+\frac{\mathrm{d}\boldsymbol{v}_{\mathrm{r}}}{\mathrm{d}t}=\frac{\mathrm{d}}{\mathrm{d}t}(\boldsymbol{\omega}\times\boldsymbol{r})+[(\ddot{x}'\boldsymbol{i}'+\ddot{y}'\boldsymbol{j}'+\ddot{z}'\boldsymbol{k}')+(\dot{x}'\boldsymbol{i}'+\dot{y}'\boldsymbol{j}'+\dot{z}'\boldsymbol{k}')]\\&=\left(\boldsymbol{\alpha}\times\boldsymbol{r}+\boldsymbol{\omega}\times\frac{\mathrm{d}\boldsymbol{r}}{\mathrm{d}t}\right)+[(\ddot{x}'\boldsymbol{i}'+\ddot{y}'\boldsymbol{j}'+\ddot{z}'\boldsymbol{k}')+(\dot{x}'\boldsymbol{\omega}\times\boldsymbol{i}'+\dot{y}'\boldsymbol{\omega}\times\boldsymbol{j}'+\dot{z}'\boldsymbol{\omega}\times\boldsymbol{k}')]\\&=[\boldsymbol{\alpha}\times\boldsymbol{r}+\boldsymbol{\omega}\times(\boldsymbol{v}_{\mathrm{e}}+\boldsymbol{v}_{\mathrm{r}})]+[(\ddot{x}'\boldsymbol{i}'+\ddot{y}'\boldsymbol{j}'+\ddot{z}'\boldsymbol{k}')+\boldsymbol{\omega}\times(\dot{x}'\boldsymbol{i}'+\dot{y}'\boldsymbol{j}'+\dot{z}'\boldsymbol{k}')]\\&=\boldsymbol{a}_{\mathrm{e}}+\boldsymbol{a}_{\mathrm{r}}+\boldsymbol{\omega}\times\boldsymbol{v}_{\mathrm{r}}+\boldsymbol{\omega}\times(\dot{x}'\boldsymbol{i}'+\dot{y}'\boldsymbol{j}'+\dot{z}'\boldsymbol{k}')\\&=\boldsymbol{a}_{\mathrm{e}}+\boldsymbol{a}_{\mathrm{r}}+2\boldsymbol{\omega}\times\boldsymbol{v}_{\mathrm{r}}\end{aligned}$$

式中，$2\boldsymbol{\omega}\times\boldsymbol{v}_{\mathrm{r}}$ 是由于动参考系转动时，牵连运动所引起的相对速度方向的变化，以及相对运动所引起的牵连速度改变而出现的附加加速度，称为科里奥利斯加速度，简称为科氏加速度，记为 $\boldsymbol{a}_{\mathrm{c}}$，其大小和方向由下式决定，即

$$\boldsymbol{a}_{\mathrm{c}}=2\boldsymbol{\omega}\times\boldsymbol{v}_{\mathrm{r}} \tag{7-14}$$

根据矢积运算规则，科氏加速度的大小为

$$\boldsymbol{a}_c = 2\boldsymbol{\omega}\boldsymbol{v}_r \sin\boldsymbol{\theta} \tag{7-15}$$

其中θ为$\boldsymbol{\omega}$与$\boldsymbol{v}_r$两矢量间的最小夹角。科氏加速度$\boldsymbol{a}_c$垂直于$\boldsymbol{\omega}$和$\boldsymbol{v}_r$，指向判断如下：从矢端$\boldsymbol{a}_c$的端点看过去，将$\boldsymbol{\omega}$按逆时针转动转到$\boldsymbol{v}_r$的角度应最小，如图7.7所示。

于是得到牵连运动为定轴转动时，点的加速度合成定理为

$$\boldsymbol{a}_a = \boldsymbol{a}_e + \boldsymbol{a}_c + \boldsymbol{a}_r \tag{7-16}$$

即任一瞬时，动点的绝对加速度，等于牵连加速度、相对加速度与科氏加速度的矢量和。

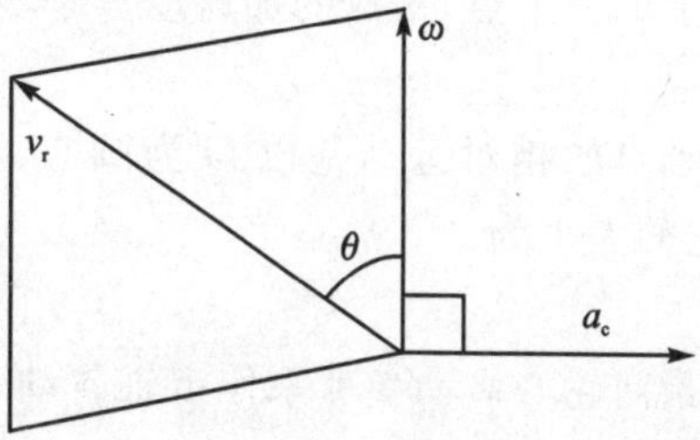

图 7.7

在使用加速度合成定理时，绝对加速度、相对加速度和牵连加速度可能同时有切向和法向分量(应根据其运动和轨迹来确定)，这样上式中的矢量数目较多，常采用解析法，将上式的两端分别投影到任意选定的投影轴上来求解。另外，法向加速度和科氏加速度与速度有关，要求它们必须作速度分析。

例7.3　圆盘半径$R=5$ cm，以匀角速度ω_1绕水平轴CD转动，同时框架和CD轴一起以匀角速度ω_2绕通过圆盘中心O的铅直轴AB转动，如图7.8所示。若$\omega_1=5$ rad/s，$\omega_2=3$ rad/s，求圆盘上的1和2两点的绝对加速度。

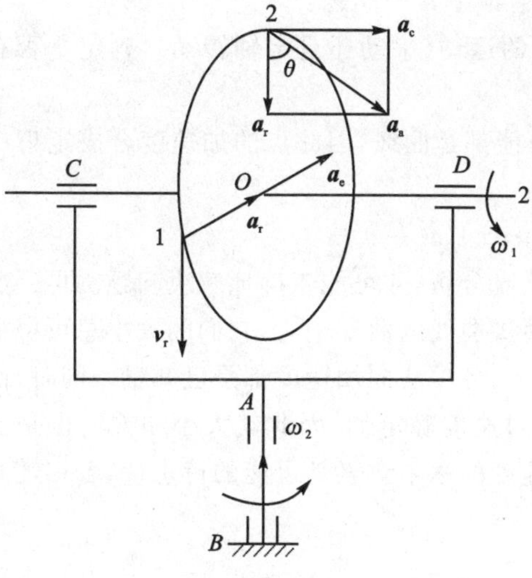

图 7.8

解： 首先计算点1的加速度。取圆盘上的点1为动点，动参考系与框架固结，则动参考系绕AB轴转动。动点的牵连运动为绕AB轴的定轴转动，设想动参考系为形状不受限制的刚体，则与动点重合的点是以O为圆心在水平面内作匀速圆周运动，因此这点只有法向加速度，并且该法向加速度即为动点1的牵连加速度，它的大小为

$$a_e = \omega_2^2 R = 45\ \text{cm/s}^2$$

方向如图所示。动点的相对运动是以O为圆心，在铅直平面内的匀速圆周运动，因此，也只有相对法向加速度，它的大小为

$$a_r = \omega_1^2 R = 125\ \text{cm/s}^2$$

方向如图所示。由于动参考系作定轴转动，还存在科氏加速度，其大小为

$$a_c = 2\omega_2 v_r \sin 180° = 0$$

于是点1的绝对加速度的大小为

$$a_a = a_e + a_r = 170 \text{ cm/s}^2$$

它的方向与 a_e、a_r 的方向相同，指向轮心。

现在计算点 2 的加速度。

仍将动参考系固定在框架上，因动参考系上与动点 2 相重合的点（即动点 2 的牵连点）是轴线上的一个点，这点的加速度等于零，因此

$$a_e = 0$$

动点的相对运动是以 O 为圆心、在铅直平面内的匀速圆周运动，因此，也只有法向加速度，它的大小为：

$$a_r = \omega^2 R_1 = 125 \text{ cm/s}^2$$

方向指向轮心。动参考系作定轴转动，有科氏加速度存在，其大小为

$$a_c = 2\omega_e v_r \sin 90° = 150 \text{ cm/s}^2$$

科氏加速度的方向垂直于圆盘平面，方向如图所示。

于是，点 2 的绝对加速度的大小为

$$a_a = \sqrt{a_r^2 + a_c^2} = 195 \text{ cm/s}^2$$

它与铅直线形成的夹角为

$$\theta = \arctan \frac{a_c}{a_r} = 50°12'$$

应用加速度合成定理求解点的加速度时应注意以下几个问题：

① 选取动点和动参考系后，应根据动参考系的运动（平动还是定轴转动），确定是否有科氏加速度。

② 因为点的绝对运动轨迹和相对运动轨迹可能都是曲线，因此点的加速度合成定理一般可写成如下形式

$$\boldsymbol{a}_a^\tau + \boldsymbol{a}_a^n = \boldsymbol{a}_e^\tau + \boldsymbol{a}_e^n + \boldsymbol{a}_r^\tau + \boldsymbol{a}_r^n + \boldsymbol{a}_c$$

式中每一项都有大小和方向两个要素，必须认真分析，才可能正确地解决问题。再一次强调，上式中各项法向加速度的方向总是指向相应轨迹曲线的曲率中心，它们的大小总可根据相应的速度大小求出。因此在速度已经求解的情况下，各项法向加速度都是已知量。同时，由于科氏加速度的大小和方向都是由牵连角速度和相对速度确定的，因此其大小和方向也是已知量。这样，在加速度合成定理中只有三项切向加速度的六个要素是可能的待求量，若知道其中的四个要素，则余下的两个要素就完全可求了。

习　题

7.1　如题 7.1 图所示，曲柄 OA 在图示瞬时以 ω_0 绕轴 O 转动，并带动直角曲杆 O_1BC 在

图示平面内运动。若取套筒 A 为动点，杆 O_1BC 为动坐标系，试求相对速度的大小和牵连速度的大小。

7.2 如题 7.2 图所示，已知杆 OC 长为 $\sqrt{2}L$，以匀角速度 ω 绕 O 点转动，若以 C 为动点，AB 为动系，试求当 AB 杆处于铅垂位置时，点 C 的相对速度和牵连速度的大小和方向。

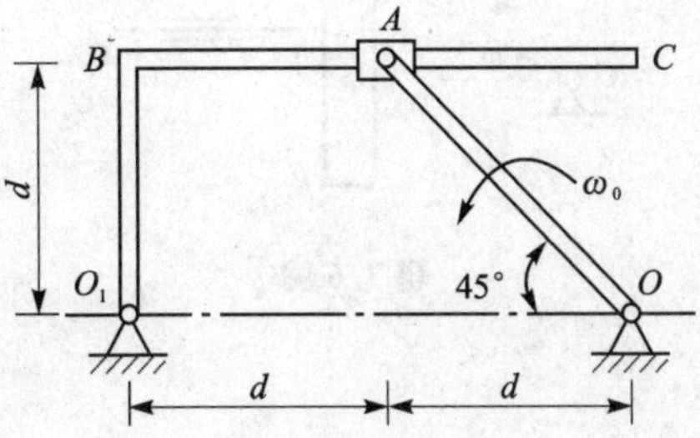

题 7.1 图

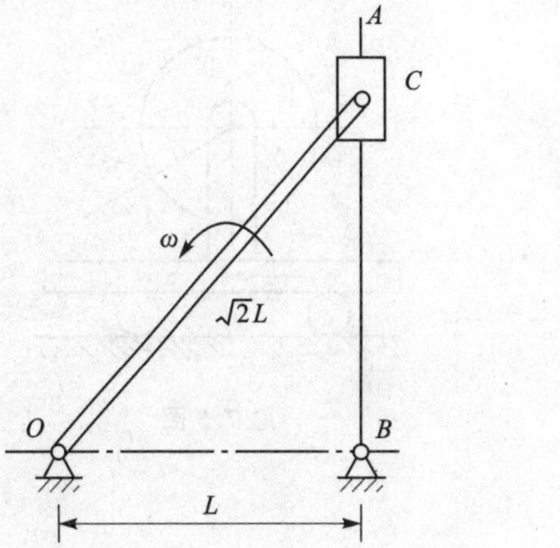

题 7.2 图

7.3 如题 7.3 图所示，曲柄滑道机构中，$BCDE$ 由两直杆焊结而成。曲柄 OA 长为 10 cm，以匀角速度 $\omega=20$ rad/s 绕 O 轴转动。通过滑块 A 带动 $BCDE$ 做水平平动。求图示 φ 角分别等于 0°，30°，90°时，$BCDE$ 的速度。

7.4 如题 7.4 图所示，斜面 AB 以 10 cm/s^2 的加速度沿 Ox 轴的正向运动。物块以匀相对加速度 $10\sqrt{2}$ cm/s^2 沿斜面滑下。求物块 M 的加速度大小。

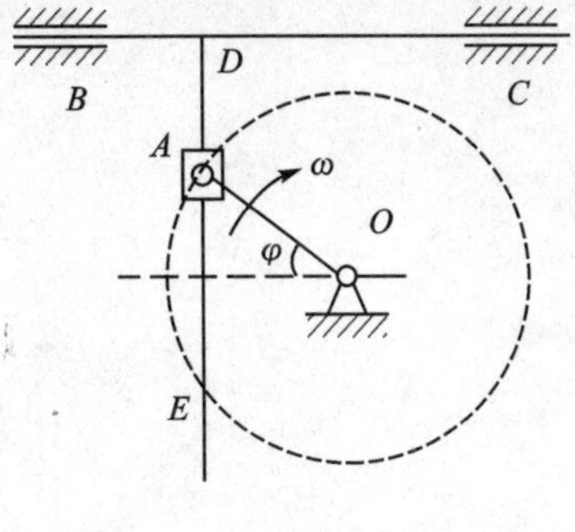

题 7.3 图

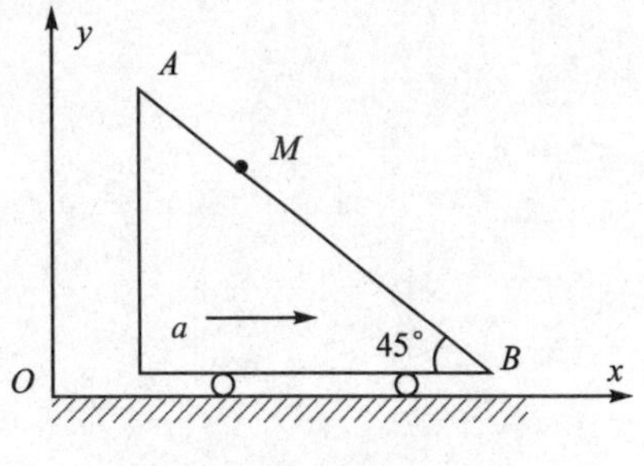

题 7.4 图

7.5 如题 7.5 图所示，小车沿水平方向向右作匀加速运动，加速度 $a=49.2$ cm/s^2。车上有一半径 20 cm 的轮子按 $\varphi=t^2$ 绕 O 轴转动。$t=1$ s 时，轮缘上 A 点在图示位置，求此时 A

点的加速度。

7.6　如题 7.6 图所示，曲柄 OA 以匀角速度 ω 绕定轴 O 转动，丁字形杆 BC 沿水平方向往复平动，滑块 A 在铅直槽 DE 内运动，$OA=r$，曲柄 OA 与水平线夹角为 $\varphi=\omega t$，试求图示瞬时，杆 BC 的速度及加速度。

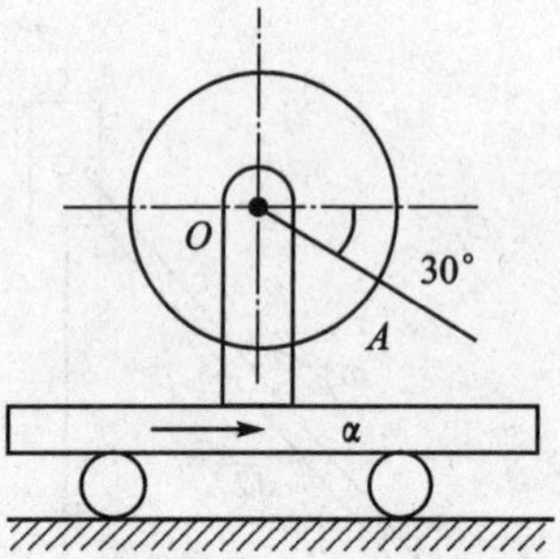

题 7.5 图

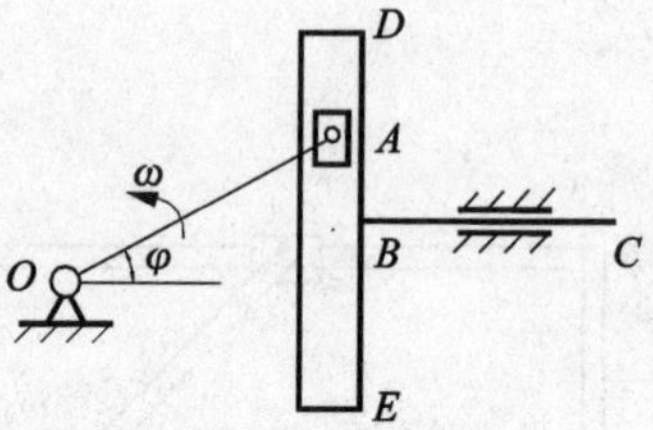

题 7.6 图

第 8 章

刚体的平面运动

前面介绍了刚体的基本运动，即平行移动和定轴转动。本章将在此基础上，研究刚体的一种较复杂的运动——平面运动。刚体的平面运动是机构中常见的一种运动。因此，研究刚体的平面运动具有重要的实际意义。

本章将应用运动分解和合成的概念，将刚体的平面运动分解成较为简单的平动和转动，并据此研究作平面运动刚体的角速度、角加速度及其上任一点的速度和加速度。

8.1 刚体的平面运动及其分解

8.1.1 刚体平面运动的定义

机械结构中很多构件的运动，例如行星齿轮机构中动齿轮的运动[图 8.1(a)]；曲柄连杆机构中连杆 AB 的运动[图 8.1(b)]；以及沿直线轨道滚动的轮子[图 8.1(c)]，它们都具有共

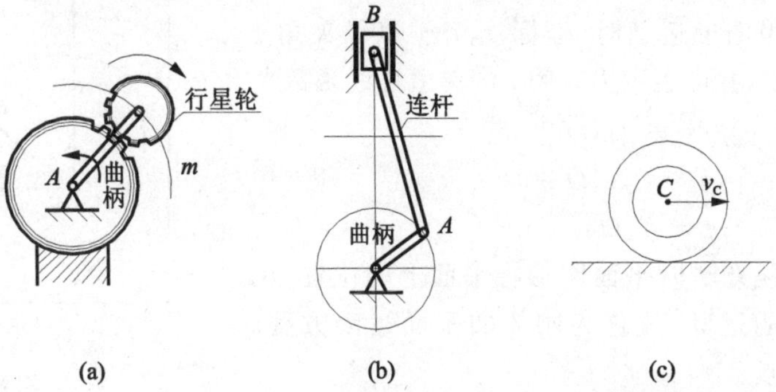

图 8.1

同的特点，既不是沿同一方向的平动，又不是绕某固定轴作定轴转动，而是在其自身平面内的运动。即：在运动过程中，其上任一点与某一固定平面的距离始终保持不变。或者说，刚体内任一点始终在一个与某固定平面平行的平面内运动。把具有这种运动特征的刚体运动称为刚体的平面运动。

8.1.2 刚体平面运动的简化

根据刚体的平面运动特征，可对作平面运动的刚体进行简化。设刚体作平面运动，某一固定平面为 P_0，如图 8.2 所示，过刚体上 M 点作一个与固定平面 P_0 相平行的平面 P，在刚体上截出一个平面图形 S，平面图形 S 内各点的运动由平面运动的定义知，均在平面 P 内运动。如果在刚体内任取与图形 S 垂直的直线 M_1M_2，显然直线 M_1M_2 的运动是平动，其上各点具有相同的运动特征。因此，直线 M_1M_2 与图形 S 的交点 M 的运动就可以代表整根直线 M_1M_2 的运动，过刚体作无数根这样的直线，它们与平面 P 的交点组成平面图形 S，因而平面图形 S 的运动即可代表整个刚体的运动。也就是说，刚体的平面运动可以简化为平面图形在其自身平面内的运动。

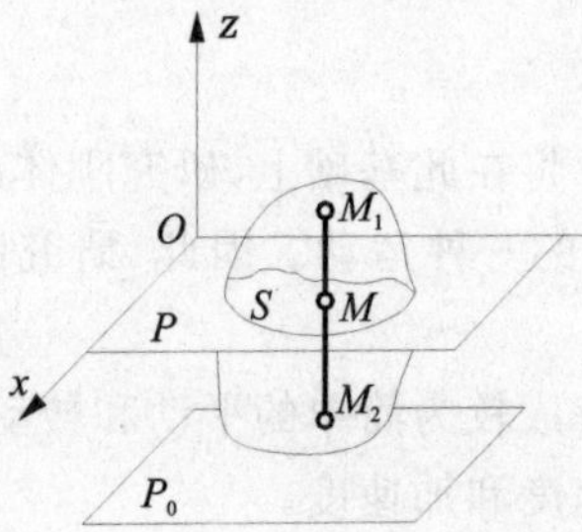

图 8.2

8.1.3 平面运动方程

刚体的平面运动可归结为平面图形在其自身平面内的运动。任意瞬时，平面图形的位置，可由图形内任意线段 AB 的位置唯一确定，如图 8.3 所示，而线段 AB 在任意瞬时的位置，则可由线段上一点 A 的坐标 x_A，y_A 以及此线段与 x 轴的夹角 ϕ 来确定。当图形运动时，坐标 x_A，y_A 以及夹角 ϕ 都将随时间而改变，并可表示为时间 t 的单值连续函数

$$\left.\begin{aligned} x_A &= f_1(t) \\ y_A &= f_2(t) \\ \phi &= f_3(t) \end{aligned}\right\} \qquad (8-1)$$

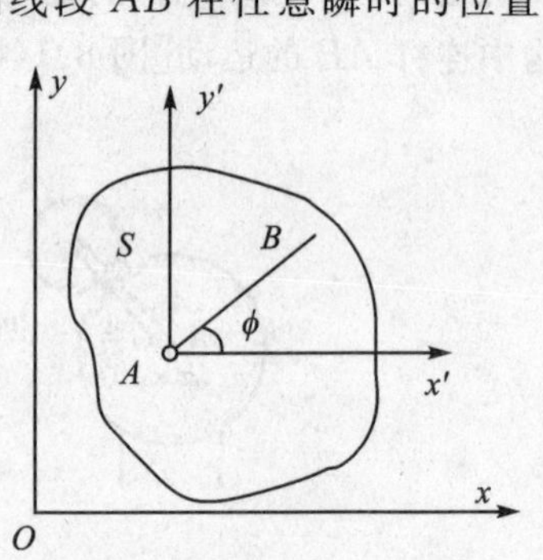

图 8.3

这组方程确定了任意瞬时平面图形在平面上的位置，也确定了整个刚体的运动，故称为刚体的平面运动方程。图中点 A 称为基点。

如果运动中图形上基点 A 固定不动，则平面图形的

运动为定轴转动；如果运动中线段 AB 的方位保持不变，即 ϕ 角不变，则平面图形的运动为平动。显然，刚体绕定轴转动和刚体的平动均可视为刚体平面运动的特殊情况。

8.1.4　平面运动的分解

为了对平面图形的运动作具体分解，先作一静系 Oxy，然后在图形 S 上任选一基点 O'，以 O' 为原点建立动坐标系 $O'x'y'$，如图 8.4(a)所示。设在运动过程中，动系的 x' 轴和 y' 轴与静系的 x 和 y 轴始终保持平行，即动系随基点 O' 作平动。经过 Δt 时间后，动系 $O'x'y'$ 运动到 $O''x''y''$ 处，图形 S 上的 $O'A$ 线段则运动到 $O''A$ 处。由运动合成的概念可知，图形 S 相对于静系 Oxy 的绝对运动可以看成是随基点 O' 平动的同时，又绕基点转动的这两种运动的合成。图形 S 绕基点 O' 的转动是相对动系 $O'x'y'$ 的相对运动；而基点 O' 相对于静系的平动是牵连运动。可见，平面图形 S 的运动可以分解为随基点的平动和绕基点的转动。

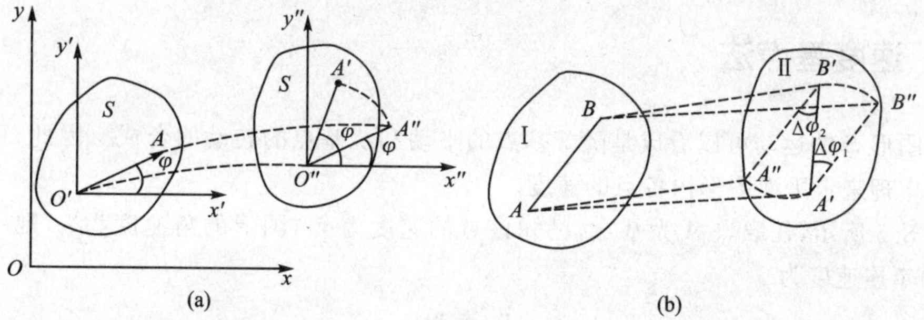

图 8.4

分解平面图形的运动时，基点的选择是任意的。若选择不同的点作基点，是否会对分解后图形的平动和转动的运动规律产生影响呢？以平面图形 S 中任一直线 AB 的运动为例进行分析，如图 8.4(b)所示。设在 Δt 时间内图形 S 从位置Ⅰ运动到位置Ⅱ，直线 AB 也随之运动到 $A'B'$ 位置。若选点 A 为基点，则直线 AB 的运动可看成先随基点 A 平动到 $A'B''$ 位置，然后再绕点 A' 转动到 $A'B'$ 位置，其转过的角位移为 $\Delta\varphi_1$。若选点 B 为基点，则直线 AB 的运动可看成先随基点 B 平动到 $A''B'$ 位置，然后再绕点 B 转动到 $A'B'$ 位置，其转过的角位移为 $\Delta\varphi_2$。当平面图形运动时，一般点 A 和点 B 的运动情况并不相同，而图形平动部分的运动规律必须与基点的运动规律一致，所以若分别以点 A 和以点 B 为基点，图形的平动规律一般是不相同的。但因 $A''B' /\!/ AB$，$A'B'' /\!/ AB$，所以 $\Delta\varphi_1=\Delta\varphi_2$，且由 $A'B''$ 到 $A'B'$ 和由 $B'A''$ 到 $A'B'$ 的转向均为逆时针方向，所以图形相对于基点 A 或 B 转过的角位移相等，于是有

$$\lim_{\Delta t\to 0}\frac{\Delta\varphi_1}{\Delta t}=\lim_{\Delta t\to 0}\frac{\Delta\varphi_2}{\Delta t}$$

即

$$\omega_1=\omega_2 \tag{8-2}$$

又因
$$d\omega_1/dt = d\omega_2/dt$$
所以
$$\alpha_1 = \alpha_2 \tag{8-3}$$

这说明无论以 A 为基点或以 B 为基点，图形随基点的转动规律是一样的。因 AB 是任取的，不失一般性，故可以有结论：平面图形随同基点的平动规律与基点的选择有关，而绕基点的转动规律与基点的选择无关。即在同一瞬时，图形绕任一基点转动的角速度和角加速度都是相同的。因此在论及平面图形的角速度和角加速度时，无需特别指明它们是相对于哪个基点而言，而可统称为图形的角速度和角加速度。而且由于动系的运动是平动，所以图形的角速度和角加速度就是它的绝对角速度和绝对角加速度。

虽然基点可以任选，但在解决实际问题时，往往选取运动情况已知的点作为基点。

8.2　平面图形内各点的速度

8.2.1　速度基点法

平面图形 S 的运动可以看成是随着基点的平动和绕基点的转动的合成。因此，可以运用速度合成定理来求平面图形内各点的速度。

如图 8.5 所示，任取点 A 为基点，已知该点的速度为 $\boldsymbol{v}_A$，图形的角速度为 ω，则图形上任一点 B 的牵连速度为
$$\boldsymbol{v}_e = \boldsymbol{v}_A$$

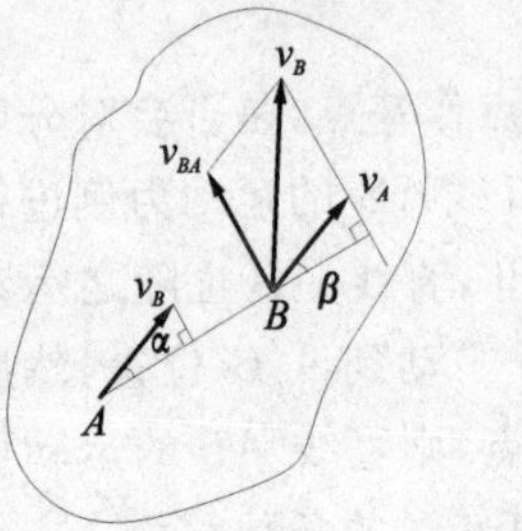

图 8.5

而 B 点对于 A 的相对速度就是以 A 为中心的圆周运动的速度，其大小为
$$|\boldsymbol{v}_r| = |\boldsymbol{v}_{BA}| = \omega \cdot AB$$
其方向与半径 AB 垂直，指向由 ω 的转向确定。根据速度合成定理，则 B 点的绝对速度的矢量表达式为
$$\boldsymbol{v}_B = \boldsymbol{v}_A + \boldsymbol{v}_{BA} \tag{8-4}$$
即平面图形内任一点的速度，等于基点的速度与该点相对于基点运动速度的矢量和。这种将点的合成运动方法用于求解平面图形内任意点速度的方法，称为基点法，亦称为速度合成法。

由于点 A 和点 B 都是任取的，故上式也说明了平面图形上任意两点速度之间的关系。

8.2.2　速度投影法

若将式(8-4)的两端分别向 A、B 两点的连线投影，如图 8.5，因 $\boldsymbol{v}_{BA}$ 总是与 AB 垂直，其在

AB 的投影必为零，于是得

$$[\boldsymbol{v}_A]_{AB} = [\boldsymbol{v}_B]_{AB} \tag{8-5}$$

这就是速度投影定理，即：平面图形上任意两点的速度在此两点连线上的投影必定相等。定理表明，平面图形上任意两点间连线无伸缩变形，这反映了刚体不可变形的性质。因此，当平面图形上某点的速度大小和方向已知，而且图形上另一点的速度方向也已知时，则可用此定理求得该点速度的大小。

例 8.1　如图 8.6(a)所示，滑块 A、B 分别在相互垂直的滑槽中滑动，连杆 AB 的长度为 $l=20$ cm，在图示瞬时，$v_A=20$ cm/s，水平向左，连杆 AB 与水平线的夹角为 $\varphi=30°$，试求滑块 B 的速度和连杆 AB 的角速度。

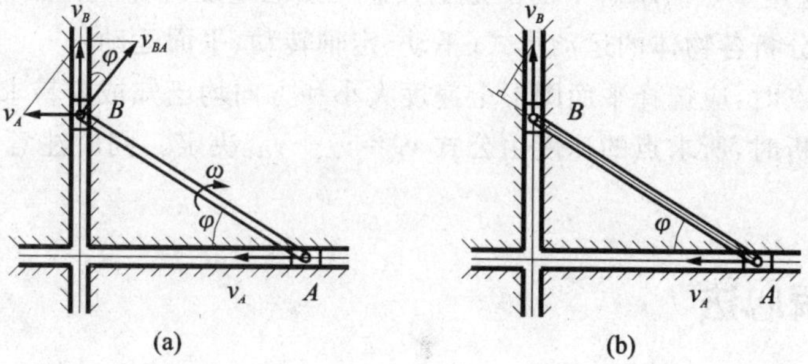

图 8.6

解：连杆 AB 作平面运动，因滑块 A 的速度是已知的，故选点 A 为基点，由基点法式得滑块 B 的速度为

$$\boldsymbol{v}_B = \boldsymbol{v}_A + \boldsymbol{v}_{BA}$$

上式中有三个大小和三个方向，共六个要素，其中 $\boldsymbol{v}_B$ 的方位是已知的，$\boldsymbol{v}_B$ 的大小是未知的；$\boldsymbol{v}_A$ 的大小和方位是已知的；点 B 相对基点转动的速度 $\boldsymbol{v}_{BA}$ 的大小是未知的，$u_{BA}=\omega AB$，方位是已知的，垂直于连杆 AB。在点 B 处作速度的平行四边形，应使 $\boldsymbol{v}_B$ 位于平行四边形对角线的位置，如图 8.6(a)所示。由图中的几何关系得

$$v_B = \frac{v_A}{\tan\varphi} = \frac{20}{\tan 30°} = 34.6 \text{ cm/s}$$

$\boldsymbol{v}_B$ 的方向铅直向上。

点 B 相对基点转动的速度为

$$v_{BA} = \frac{v_A}{\sin\varphi} = \frac{20}{\sin 30°} = 40 \text{ cm/s}$$

则连杆 AB 的角速度为

$$\omega = \frac{v_B A}{l} = \frac{40}{20} = 2 \text{ rad/s}$$

转向为顺时针。

本题若采用速度投影法，可以很快速地求出滑块 B 的速度。如图 8.6(b)所示，有

$$[\boldsymbol{v}_A]_{AB} = [\boldsymbol{v}_B]_{AB}$$

即

$$v_A \cos\varphi = v_B \sin\varphi$$

则

$$v_B = \frac{\cos\varphi}{\sin\varphi} v_A = \frac{v_A}{\tan\varphi} = \frac{20}{\tan 30^\circ} = 34.6\ \text{cm/s}$$

但此法不能求出连杆 AB 的角速度。

总的说来，在应用基点法求解平面图形上任意一点的速度时，应注意以下几点：

(1) 解题时应分析各物体的运动形式(平动、定轴转动、平面运动)。

(2) 在选择基点时，应选择平面图形上速度大小和方向均已知或容易求出的点为基点。

(3) 在速度分析时，所求点的速度由公式 $\boldsymbol{v}_B = \boldsymbol{v}_A + \boldsymbol{v}_{BA}$ 决定。同时注意，$\boldsymbol{v}_B$ 应为速度平行四边形的对角线。

8.2.3 速度瞬心法

根据上述合成法求平面图形内任一点的速度时，在平面图形中，每一瞬时是否有一点且仅有一点的速度是零，下面的分析可以回答这个问题。

设平面图形 S 如图 8.7 所示。取点 A 为基点，其速度为 $\boldsymbol{v}_A$，图形的角速度为 ω，转向如图所示。根据速度合成定理，图形上任一点 M 的速度为

$$\boldsymbol{v}_M = \boldsymbol{v}_A + \boldsymbol{v}_{MA}$$

如果点 M 在 $\boldsymbol{v}_A$ 的垂线上 AN，(由 v_A 到 AN 的转向与图形的转向一致)，由图可以看出，$\boldsymbol{v}_A$ 和 $\boldsymbol{v}_{MA}$ 在同一直线上，但方向相反，故 $\boldsymbol{v}_M$ 的大小为：

$$v_M = v_A - \omega \cdot AM$$

由上式可见，随着点 M 在 AN 线上位置的不同，$\boldsymbol{v}_M$ 的大小也不同。在 AN 线上总可以找到一点 C，满足：$AC = v_A/\omega$，则

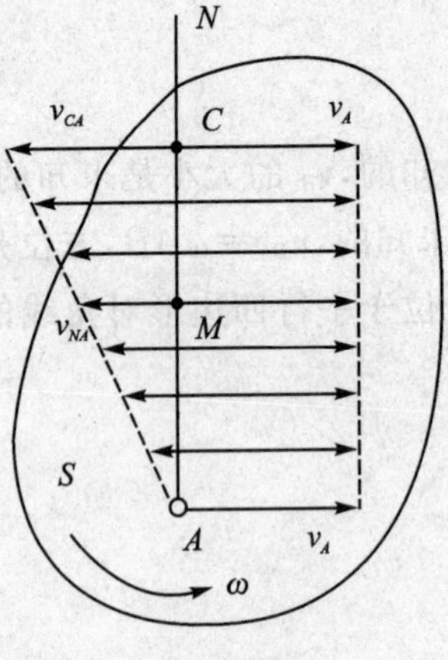

图 8.7

$$v_C = v_A - AC \cdot \omega = v_A - \frac{v_A}{\omega} \times \omega = 0$$

也就是说，C 点的瞬时速度为零，这样的 C 点称为平面图形在此瞬时的速度中心，简称速度瞬心。在此瞬时，速度瞬心 C 是唯一的。如已知速度瞬心 C 的位置，并选此点 C 作基点，则基点

的速度为零，于是图形上其他点如 M 点在此瞬时的绝对速度即等于绕基点 C 的转动速度。由此可见平面运动问题可归结为绕瞬心的转动问题。至于转动的角速度，正如前面所论证的，对于平面图形的任何一点都是相同的。

必须指出：速度瞬心可以在平面图形内也可以在图形外，瞬心位置不是固定的，它是随时间而改变的，也就是说，平面图形在不同的瞬时具有不同的速度瞬心。

利用速度瞬心求平面图形内任一点速度的方法称为速度瞬心法。此法在求平面图形上任一点的速度时非常方便。应用此法求解的关键是确定速度瞬心的位置。解题时，可以根据机构的几何条件和已知速度的大小或方向确定速度瞬心的位置，确定速度瞬心位置的常见情况有下列几种：

(1) 已知平面图形上 A、B 两点某瞬时速度的方向如图 8.8(a)所示，过点 A 作一条垂直于 $\boldsymbol{v}_A$ 的直线，过点 B 也作一条垂直于 $\boldsymbol{v}_B$ 的直线，由于瞬心 C 至 A、B 两点的连线 CA 及 CB 应分别垂直于这两点的速度矢量，因此瞬心 C 的位置必在过点 A 和点 B 所作速度垂线的交点上。

特殊情况：若 A、B 两点的速度 $\boldsymbol{v}_A$ 与 $\boldsymbol{v}_B$ 相互平行，但 AB 连线不与 $\boldsymbol{v}_A$ 或 $\boldsymbol{v}_B$ 的方向垂直，如图 8.8(b)所示，则速度瞬心 C 将位于无穷远处，这时，$\omega=\dfrac{v_A}{AC}=0$，这意味着此瞬时平面图形的角速度为零，各点的速度相同，刚体作平动。因为这只是在此瞬时发生。所以称此时刚体的运动为瞬时平动。但要注意的是：此瞬时各点的加速度并不相同。

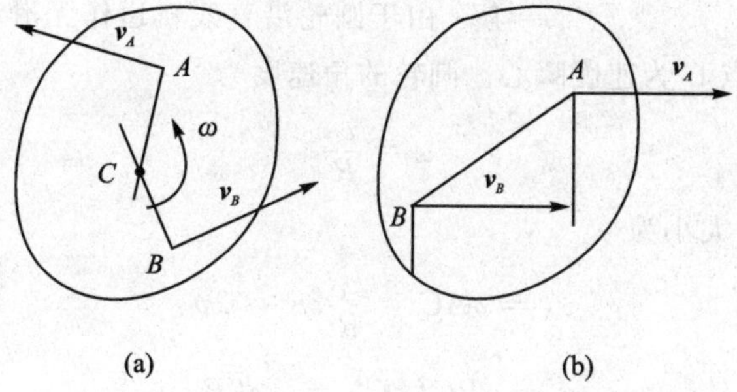

图 8.8

(2) 某瞬时，已知平面图形上 A、B 两点的速度 $\boldsymbol{v}_A$ 与 $\boldsymbol{v}_B$ 相互平行，方向均与 AB 连线垂直，这又可分几种情况确定瞬心位置。

① $\boldsymbol{v}_A$ 与 $\boldsymbol{v}_B$ 的指向相同，但大小不同时，如图 8.9(a)所示，作 AB 连线的沿长线，再作速度 $\boldsymbol{v}_A$ 与 $\boldsymbol{v}_B$ 端点的连线，则这两条连线的交点即是速度瞬心 C。

② $\boldsymbol{v}_A$ 与 $\boldsymbol{v}_B$ 的指向相反，如图 8.9(b)所示，作 AB 连线，再作速度矢 $\boldsymbol{v}_A$ 与 $\boldsymbol{v}_B$ 端点的连线，则这两条连线的交点 C 即为速度瞬心。

③ $\boldsymbol{v}_A$ 与 $\boldsymbol{v}_B$ 的大小相等，指向也相同，如图 8.9(c)所示，这时速度瞬心 C 的位置在无穷远处，平面图形内各点的速度相同，刚体作瞬时平动。

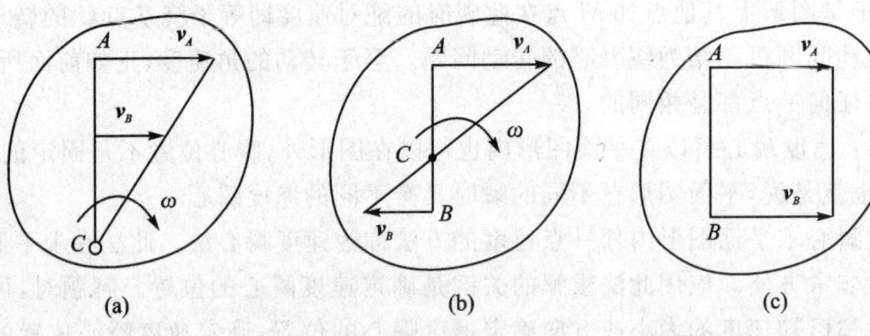

图 8.9

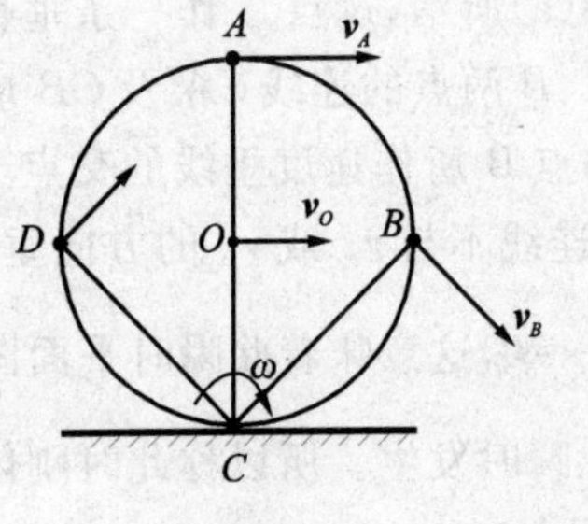

图 8.10

(3) 当平面图形沿某一固定面作无滑动的滚动时，如图 8.10 所示的车轮，则每一瞬时图形上与固定面的接触点应与固定面的速度相同，由于固定面的速度为零，所以图形与固定面接触点的速度也为零。也就是说，每一瞬时平面图形上与固定面的接触点 C 是该图形的速度瞬心。

例 8.2　半径为 R 的圆轮，沿直线轨道作无滑动的滚动，如图 8.10 所示。已知轮心 O 以速度 $\boldsymbol{v}_O$ 运动，试求轮缘上水平位置和竖直位置处点 A、B、C、D 的速度。

解：由于圆轮沿直线轨道作无滑动的滚动，圆轮与轨道接触点的速度为零，故点 C 为速度瞬心。圆轮的角速度为

$$\omega = \frac{v_O}{R}$$

圆轮上各点速度的大小为

$$v_A = \omega AC = \frac{v_O}{R} 2R = 2v_O$$

$$v_B = v_D = \omega BC(DC) = \omega \sqrt{2} R = \sqrt{2} v_O$$

$$v_C = 0$$

各点速度的方向如图 8.10 所示。

8.3　平面图形内各点的加速度

由于平面图形的运动可以分解成随着基点的平动和相对基点的转动，因此根据牵连运动为平动时的加速度合成定理，便可求平面图形内各点的加速度。如图 8.11 所示，选点 A 作为基点，其加速度为 $\boldsymbol{a}_A$，某一瞬时平面图形的角速度和角加速度分别为 ω、α，则点 B 的加速度为

$$\boldsymbol{a}_B = \boldsymbol{a}_A + \boldsymbol{a}_{BA}$$

式中相对加速度 $\boldsymbol{a}_{BA}$ 可以分解为相对切向加速度 $\boldsymbol{a}_{BA}^{\tau}$，和相对法向加速度 $\boldsymbol{a}_{BA}^{n}$，以矢量式表示为

$$\boldsymbol{a}_{BA} = \boldsymbol{a}_{BA}^{\tau} + \boldsymbol{a}_{BA}^{n}$$

其中 $a_{BA}^{\tau} = aAB$，$a_{BA}^{n} = \omega^2 AB$。

于是，相对加速度的全加速度的大小及与 AB 连线的夹角 θ 为

$$a_{BA} = \sqrt{a_{BA}^{\tau\,2} + a_{BA}^{n\,2}} = AB\sqrt{a^2+\omega^4},\ \tan\theta = \frac{|a|}{\omega^2} \quad (8-6)$$

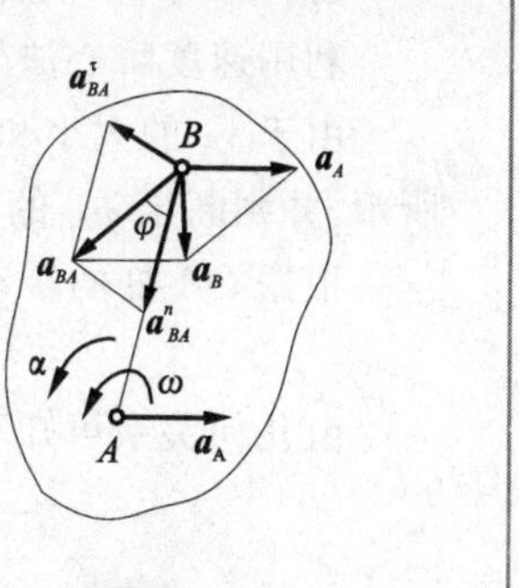

图 8.11

因此，B 点的加速度可以表示为

$$\boldsymbol{a}_B = \boldsymbol{a}_A + \boldsymbol{a}_{BA} = \boldsymbol{a}_A + \boldsymbol{a}_{BA}^{\tau} + \boldsymbol{a}_{BA}^{n} \quad (8-7)$$

式(8-7)说明：平面图形内任一点的加速度等于基点的加速度与绕基点转动的切向加速度和法向加速度的矢量和，这就是平面运动的加速度合成法，又称基点法。

式(8-7)为 4 个矢量(包括 4 个大小和 4 个方向)共 8 个要素，必须已知其中的 6 个要素，才可以求出剩余的 2 个要素，一般采用向坐标投影的方法进行求解。

加速度基点法是求解平面图形上任一点加速度的基本方法。与求解平面图形上任一点速度的几种方法(基点法、投影法、瞬心法)比较，加速度不像速度那样存在简单的投影关系，但加速度的瞬心即图形上瞬时加速度为零的点却是存在的，只是加速度瞬心的位置找起来比较麻烦。所以，在求平面图形上各点的加速度时，一般都采用加速度合成法，即基点法。

例 8.3　如图 8.12 所示，曲柄长 $OA = 0.2$ m，绕 O 轴以等角速度 $\omega_0 = 10$ rad/s 转动。曲柄带动连杆，使连杆端点的滑块沿铅垂方向运动。如连杆长为 1 m，求当曲柄与连杆相互垂直并与水平线各成 $\alpha = 45°$　$\beta = 45°$时连杆的角速度，角加速度和滑块 B 的加速度。

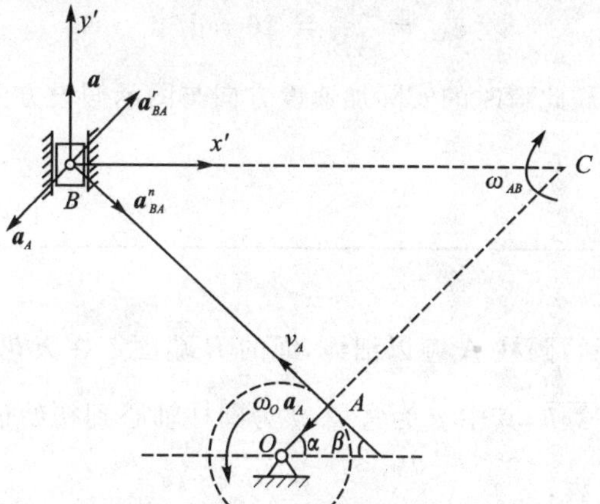

图 8.12

解：曲柄 OA 做定轴转动，滑块 B 作直线运动，连杆 AB 作平面运动。

利用速度瞬心法先求 AB 杆的角速度 ω_{AB}。

由于 $\boldsymbol{v}_A$ 的大小和方向已知，$\boldsymbol{v}_B$ 的方位也已知，故可方便地找出 AB 杆的速度瞬心 C 如图所示，并判断出 ω_{AB} 的转向为顺时针方向。

根据 OA 杆的转动条件可求得点 A 速度的大小：

$$v_A = OA \cdot \omega_0 = 0.2 \times 10\ \mathrm{m/s} = 2\ \mathrm{m/s}$$

由几何关系可知 $AC=AB=1$ m，故 AB 杆的角速度为：

$$\omega_{AB} = \frac{v_A}{AC} = 2\ \mathrm{rad/s}$$

因为 $\omega_{AB}=2$ rad/s 是瞬时值，所以不能通过求导得到此瞬时的 AB 杆的角加速度。

现利用加速度基点法来求 ε_{AB} 和滑块 B 的加速度。

取加速度已知的点 A 为基点，则点 B 的加速度为

$$\boldsymbol{a}_B = \boldsymbol{a}_A + \boldsymbol{a}_{BA}^n + \boldsymbol{a}_{BA}^\tau$$

式中 a_B 的方位竖直，大小未知待求；$\boldsymbol{a}_A$ 的大小的方向已知；$\boldsymbol{a}_{BA}^\tau$ 的大小为 $a_{BA}^\tau = AB \cdot \varepsilon_{AB}$ 未知，方位垂直 AB；$\boldsymbol{a}_{BA}^n$ 的大小为 $a_{BA}^n = AB \cdot \omega_{AB}^2 = 4\ \mathrm{m/s^2}$，方向沿 BA，八个因素中只有两个未知，可以求解。采用投影式，在点 B 处建立直角坐标系，将矢量方程两边向坐标轴投影得

$$\begin{cases} a_{Bx} = a_{Ax} + a_{BAx}^\tau + a_{BAx}^n \\ a_{By} = a_{Ay} + a_{BAy}^\tau + a_{BAy}^n \end{cases} \Rightarrow \begin{cases} 0 = -a_A \cos 45^\circ + a_{BA}^\tau \cos 45^\circ + a_{BA}^n \sin 45^\circ \\ a_B == -a_A \sin 45^\circ + a_{BA}^\tau \sin 45^\circ - a_{BA}^n \cos 45^\circ \end{cases}$$

解得

$$a_{BA}^\tau = 16\ \mathrm{m/s^2}$$

$$a_B = -5.66\ \mathrm{m/s^2}$$

$$\varepsilon_{AB} = \frac{a_{BA}^\tau}{AB} = 16\ \mathrm{rad/s^2}$$

$\boldsymbol{a}_B$ 为负值，说明滑块 B 此瞬时的实际加速度方向与图示假设方向相反，实际为竖直向下。

习　题

8.1　如题 8.1 图所示，圆柱 A 缠以细绳，绳的 B 端固定在天花板上。圆柱自静止落下，其轴心的速度为 $v_A = \frac{2}{3}\sqrt{3gh}$，其中 g 为常量，h 为圆柱轴心到初始位置的距离。如圆柱半径为 r，求圆柱的平面运动方程。

8.2　如题 8.2 图所示，两平行齿条沿相同的方向运动，速度大小不同：$v_1 = 6$ m/s，$v_2 = 2$ m/s。齿条之间夹有一半径 $r=0.5$ m 的齿轮，试求齿轮的角速度及其中心 O 的速度。

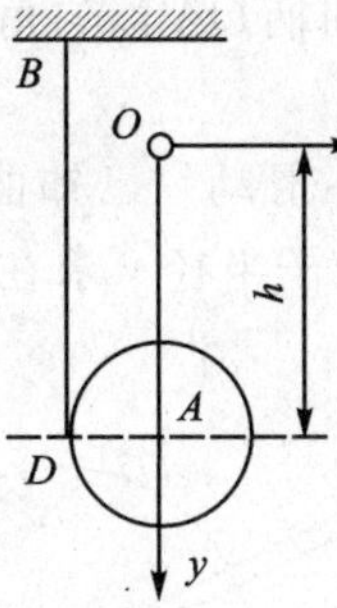

题 8.1 图

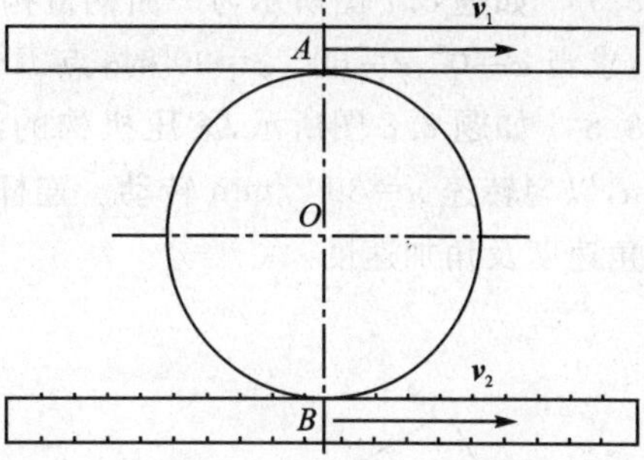

题 8.2 图

8.3　如题 8.3 图所示,杆 AB 一端 A 沿水平面以匀速 v_A 向右滑动时,其杆身紧靠高为 h 的墙边角 C 滑动。试根据定义求杆运动至与水平夹角为 φ 时的角速度和角加速度。

8.4　长度为 1 m 的两直杆 AC 和 BC,用铰链 C 连接如题 8.4 图所示。A,B 两端点沿水平直线轨道反向匀速运动。已知 $v_A=0.4$ m/s,$v_B=0.2$ m/s。求当 $\theta=30°$ 时,点的速度大小。

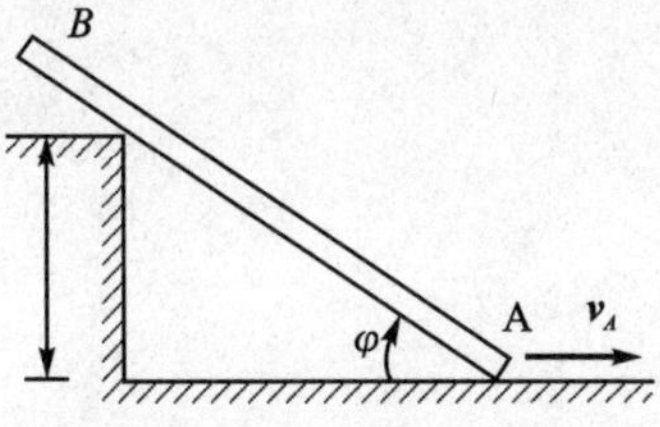

题 8.3 图

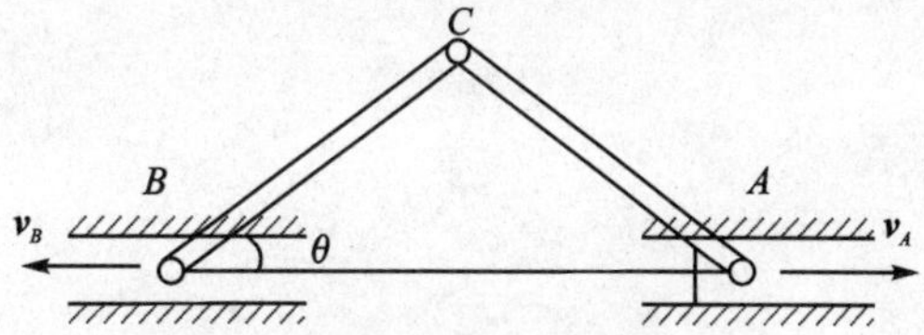

题 8.4 图

8.5　平面四连杆机构 $ABCD$ 的尺寸和位置如题 8.5 图所示。如杆 AB 以等角速度 $\omega=1$ rad/s 绕 A 轴转动,求点 C 的加速度。

8.6　如题 8.6 图所示反平行四边形机构。$AB=CD=40$ cm,$BD=AD=20$ cm,曲柄 AB 以匀角速度 3rad/s 绕 A 轴转动。求当 CD 垂直于 AD 时,杆 BC 的角速度和角加速度。

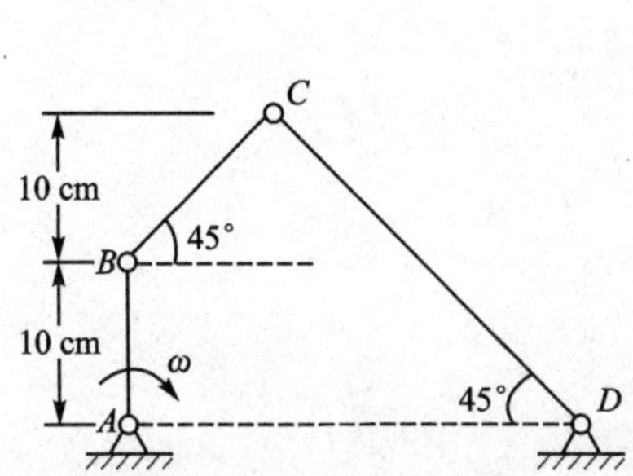

题 8.5 图

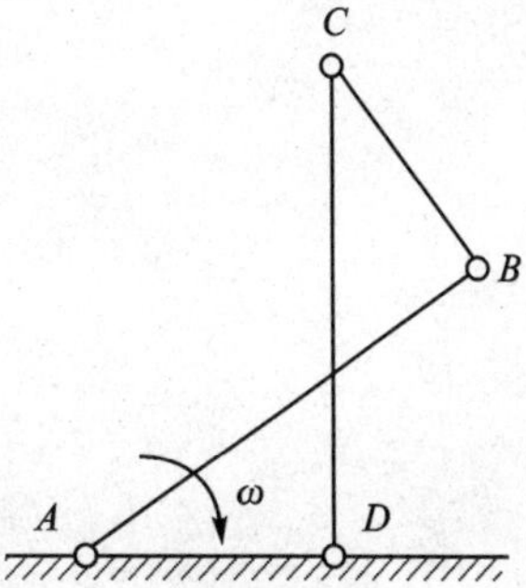

题 8.6 图

8.7　如题 8.7 图所示为一曲柄机构，$OA=r$，$AB=3r$。若曲柄 OA 以匀角速度 ω 绕 O 轴转动，求当 $\varphi=0°$、$\varphi=60°$、$\varphi=90°$时，点 B 的速度。

8.8　如题 8.8 图所示，滚压机构的滚子沿水平面滚动而不滑动。已知曲柄 OA 长 $r=10$ cm，以匀转速 $n=30$ r/min 转动。连杆 AB 长 $l=17.3$ cm，滚子半径。求在图示位置时滚子的角速度及角加速度。

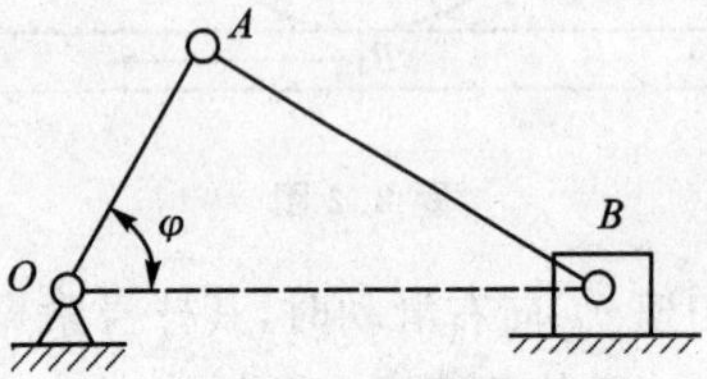

题 8.7 图

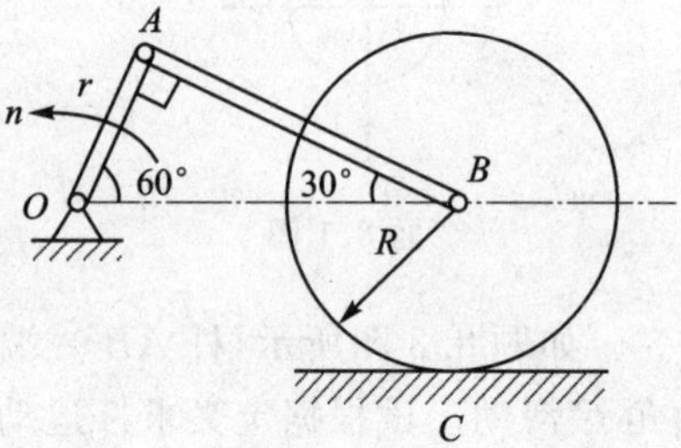

题 8.8 图

第3篇　动力学

静力学研究了作用于物体上力系的简化和平衡条件。运动学从几何方面分析了物体在非平衡力系作用下的运动规律，但没有涉及运动和作用力之间的关系。静力学和运动学所研究的内容相互独立，只是物体机械运动的一种特殊情况。动力学则对物体的机械运动进行全面的分析，研究作用于物体的力与物体运动之间的关系，建立物体机械运动的普遍规律。

动力学的理论基础是牛顿定律，所以又可以称为牛顿力学或古(经)典力学。研究古典力学时，首先涉及惯性及质量的概念。惯性是指任何物体都有保持静止或匀速直线运动的属性。比如汽车突然开动时，车中站着的人并不立即随车运动，而是暂时保持着原来的静止状态，于是就有向后倾倒的趋势；突然刹车时，人并不随车立即停止，还会保持原来的运动状态，于是就有向前倾倒的趋势。这就是惯性的表现。质量是物体惯性的度量。在地面上同一地点，拖动质量大的物体比拖动质量小的物体费力。这说明大质量物体的惯性大，小质量物体的惯性小。由于物体所受重力与其质量成正比，所以质量大的物体相应也重些，但要注意的是，质量与重量是两个不同的概念。质量是物体惯性的度量；重量是物体所受的重力。二者不能混为一谈。

动力学中研究的物体模型分为质点和质点系。质点是具有一定质量但几何尺寸和大小可以忽略的物体。如果物体的形状和大小在所研究的问题中不可忽略，则物体应抽象为质点系。由有限或无限个有某种联系的质点所组成的系统称为质点系。它包括了刚体、固体、流体以及由几个物体组成的机构。刚体可认为是一种不变形的特殊质点系。

动力学可分为质点动力学和质点系动力学，本书重点介绍质点系动力学。动力学在力学学科中占有重要的地位。机械工程、火箭、人造卫星的发射与运行等，都与动力学密切相关。随着高层建筑的出现，动力基础的隔振与减振、厂房结构、桥梁和水坝在载荷作用下的振动及抗震等，都必须应用动力学的理论去解决。

第 9 章

质点动力学基本方程

本章以牛顿定律为基础建立质点动力学的运动微分方程，给出了质点受力与其运动变化之间的联系。它是研究复杂物体系统动力学问题的基础，并可求解质点动力学的两类问题。

9.1 动力学基本定律

质点动力学的基础是牛顿三定律，它是牛顿总结人们长期以来对机械运动的认识和实践，特别是在伽利略研究成果基础上于 1687 年发表的《自然哲学之数学原理》著作中给出的质点运动的三个定律，称为牛顿三定律。这三条定律描述了动力学的最基本的规律，是古典力学体系的核心。

第一定律（惯性定律）任何不受力作用的质点，将永远保持其原来的静止或匀速直线运动的状态。

此定理表明：① 任何物体运动状态的改变，必须有外力作用（力是物体运动状态改变的原因）；② 任何物体都有保持其静止或作匀速直线运动的属性，此属性称为惯性。因此第一定律也称为惯性定律。

第二定律（力与加速度关系定律）质点受力作用时所获得的加速度的大小与作用力的大小成正比，而与质点的质量成反比，其方向与力的方向相同。即：

$$m\boldsymbol{a} = \boldsymbol{F} \tag{9-1}$$

上述方程建立了质点的加速度 $\boldsymbol{a}$、质量 m 与作用力 $\boldsymbol{F}$ 之间的关系，称为质点动力学的基本方程。若质点受到多个力作用时，则力 $\boldsymbol{F}$ 应为力系的合力。

第二定律表明了质点运动的加速度与其所受力之间的瞬时关系，说明作用力并不直接决定质点的速度，力对于质点运动的影响是通过加速度表现出来的，速度的方向可完全不同于作用力的方向。这个定律同时还说明加速度矢量不仅取决于作用力矢量，而且加速度的大小与质点的质量成反比。这说明质点的质量越大，其运动状态越不容易改变，也就是质点的惯性越大。因此，质量是质点惯性的度量。

在地球表面，任何物体都受到重力的作用。在重力的作用下，物体的加速度用 $\boldsymbol{g}$ 表示，称为重力加速度。设物体重量为 $\boldsymbol{G}$，质量为 m，则根据式(9-1)有

$$\boldsymbol{G} = m\boldsymbol{g} \quad 或 \quad m = \frac{\boldsymbol{G}}{\boldsymbol{g}} \tag{9-2}$$

由于地球表面各处的重力加速度的数值略有不同，因此物体的重量在地面各处也有所不同，在工程实际计算中，一般取 $g=9.80\ \mathrm{m/s^2}$。

在国际单位制(SI)中，长度、质量和时间的单位是基本单位，分别取为 m(米)、kg(千克)和 s(秒)；力的单位是导出单位。质量为 1 kg 的质点，获得 $1\ \mathrm{m/s^2}$ 的加速度时，作用于该质点的力为 1 N(牛顿)，即 $1\ \mathrm{N}=1\ \mathrm{kg}\times 1\ \mathrm{m/s^2}$。

第三定律(作用力与反作用力定律)两个物体间的作用力和反作用力大小相等，方向相反，沿着同一直线，且同时分别作用在这两个物体上。

这一定律即静力学中的公理四。它阐明了两个物体间相互作用力之间的关系，在研究质点系动力学问题时，具有特别重要的意义。因为第二定律是针对一个质点而言的，而工程中大量的却是质点系的问题，要将根据第二定律建立起来的质点动力学理论推广应用于质点系动力学问题，就必须利用作用与反作用定律。因此，作用与反作用定律提供了从质点动力学过渡到质点系动力学的桥梁。

必须指出，牛顿三定律是在观察物体运动和生产实践中的一般机械运动的基础上总结出来的，用于解决一般工程实际问题是正确的，但对于物体速度极大而接近光速或研究微观粒子的运动时，古典力学不再适用。在动力学中，把适用于牛顿定律的参考系称为惯性参考系。在一般工程技术问题中，把固定于地面的坐标系或相对于地面作匀速直线平动的坐标系作为惯性坐标系。在以后的论述中，如果没有特别指明，则所有的运动都是对惯性坐标系而言的。

9.2　质点运动微分方程

质点动力学第二定律，建立了质点的加速度与作用力之间关系，是质点动力学的基本模型。当质点受到 n 个力 $\boldsymbol{F}_i(i=1,2,\cdots,n)$ 作用时，式(9-1)应写为

$$m\boldsymbol{a} = \sum_{i=1}^{n} \boldsymbol{F}_i \tag{9-3}$$

或

$$m\frac{\mathrm{d}^2\boldsymbol{r}}{\mathrm{d}t^2} = m\ddot{\boldsymbol{r}} = \sum_{i=1}^{n} \boldsymbol{F}_i \tag{9-4}$$

式中　$\boldsymbol{r}$——质点矢径。

式(9-4)是矢量形式的微分方程,也称为质点动力学基本方程。在分析和计算实际问题时,可根据不同的坐标系将基本方程表示为相应形式的微分方程组,以便应用。

9.2.1　直角坐标形式的质点运动微分方程

设矢径 $\boldsymbol{r}$ 在直角坐标轴上的投影分别为 x, y, z,力 $\boldsymbol{F}_i$ $(i=1, 2, \cdots, n)$ 在坐标轴上的投影分别为 F_{xi}, F_{yi}, F_{zi},则基本方程(9-4)在直角坐标轴上的投影形式为

$$m\frac{\mathrm{d}^2 x}{\mathrm{d}t^2}=\sum_{i=1}^{n}F_{xi},\ m\frac{\mathrm{d}^2 y}{\mathrm{d}t^2}=\sum_{i=1}^{n}F_{yi},\ m\frac{\mathrm{d}^2 z}{\mathrm{d}t^2}=\sum_{i=1}^{n}F_{zi} \tag{9-5}$$

9.2.2　自然坐标形式的质点运动微分方程

将式(9-4)两端分别向自然轴系 $O\tau nb$ 的三个轴投影,得

$$m\frac{\mathrm{d}^2 s}{\mathrm{d}t^2}=\sum_{i=1}^{n}F_{\tau i},\ m\left(\frac{\mathrm{d}s}{\mathrm{d}t}\right)^2=\sum_{i=1}^{n}F_{ni},\ 0=\sum_{i=1}^{n}F_{bi} \tag{9-6}$$

式中 F_τ, F_n 和 F_b 分别是作用于质点的各力 $\boldsymbol{F}_i$ 在切线、主法线和副法线上的投影。

式(9-5)和(9-6)是质点运动微分方程两种常用的投影形式。

9.3　质点动力学的两类基本问题

质点动力学问题可分为两类:一类是已知质点的运动,求作用于质点的力;另一类是已知作用于质点的力,求质点的运动。这两类问题构成了质点动力学的两类基本问题。求解质点动力学第一类基本问题比较简单,因为已知质点的运动方程,所以只需求两次导数得到质点的加速度,代入到质点运动方程中,得到一代数方程组,即可求解。求解质点动力学第二类基本问题相对比较复杂。因为求解质点的运动,一般包括质点的速度和质点的运动方程。在数学上归结为求解微分方程的定解问题。在用积分方法求解微分方程时应注意根据已知的初始条件确定积分常数。因此,求解第二类基本问题时,除了要知道作用于质点上的力,还应知道运动的初始条件。

此外,有些质点动力学问题是第一类和第二类问题的综合。

9.3.1　已知质点的运动,求作用在质点上的力

已知质点的运动,求作用在质点上的力,是质点动力学的第一类问题。下面举例说明第一

类问题的求解方法和步骤。

例 9.1 一圆锥摆，如图 9.1 所示，质量为 $m=0.1$ kg 的小球系于长为 $l=0.3$ m 的绳上，绳的另一端系在固定点 O 上，并与铅垂线成 $\theta=60°$角，若小球在水平面内做匀速圆周运动，试求小球的速度和绳子的拉力。

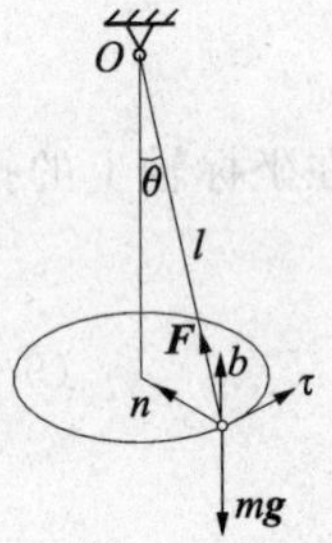

图 9.1

解：以小球为质点，小球的受重力 $\boldsymbol{mg}$ 及绳子的拉力 $\boldsymbol{F}$ 及运动如图 9.1 所示，采用自然法求解。其运动微分方程为

$$\begin{cases} ma_\tau = \sum_{i=1}^{n} F_{\tau i} \\ ma_n = \sum_{i=1}^{n} F_{ni} \\ ma_b = \sum_{i=1}^{n} F_{bi} \end{cases}$$

因其做匀速圆周运动，故其切向运动微分方程为 $0=0$

法向运动微分方程为

$$m\frac{v^2}{\rho} = F\sin\theta$$

(1) 副法向运动微分方程为

$$ma_b = F\cos\theta - mg$$

(2) 由于副法向加速度 $a_b=0$，则由式(2)绳子得拉力为

$$F = \frac{mg}{\cos\theta} = \frac{0.1\times 9.8}{\cos 60°} = 1.96 \text{ N}$$

因圆的半径 $\rho=l\sin\theta$，将上面绳子的拉力代入式(1)得小球的速度为

$$v = \sqrt{\frac{Fl\sin^2\theta}{m}} = \sqrt{\frac{1.96\times 0.3\times \sin^2 60°}{0.1}} = 2.1 \text{ m/s}$$

例 9.2 质点 M 在固定平面 Oxy 内运动，如图 9.2 所示。已知质点的质量为 m，运动方程为 $x=a\cos kt$，$y=b\sin kt$，式中 a，b，k 均为常量。求作用于质点 M 的力 $\boldsymbol{F}$。

解：本例题属于第一类问题。由运动方程求导可得到质点的加速度在固定坐标轴 x，y 上的投影，即

$$a_x = \ddot{x} = -k^2 a\cos kt = -k^2 x,\ a_y = \ddot{y} = -k^2 b\sin kt = -k^2 y$$

代入到方程(9-5)中得

$$F_x = -mk^2 x,\ F_y = -mk^2 y$$

于是力可表示成：

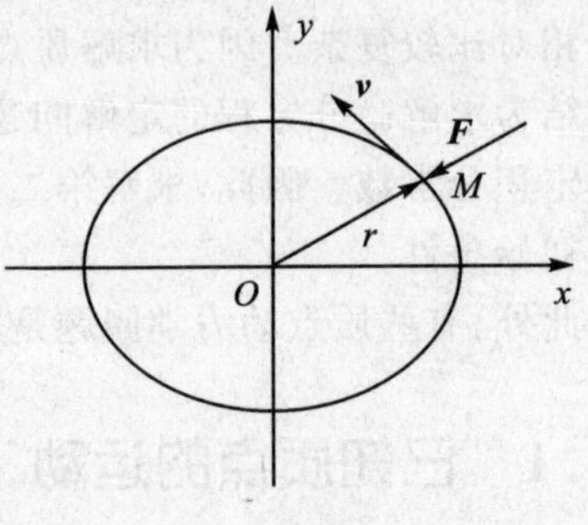

图 9.2

$$\boldsymbol{F} = F_x\boldsymbol{i} + F_y\boldsymbol{j} = -mk^2(x\boldsymbol{i} + y\boldsymbol{j}) = -mk^2\boldsymbol{r}$$

可见作用力 $\boldsymbol{F}$ 与质点 M 的矢径 $\boldsymbol{r}$ 方向相反，恒指向固定点 O。这种作用线恒通过固定点的力称为有心力，这个固定点称为力心。

通过以上例题分析，可将求解质点动力学第一类问题的步骤归纳如下：

(1) 选取研究对象并建立出坐标系。一般选择联系已知量和待求量的物体为研究对象；至于坐标系，如已知质点的轨迹如(圆运动)，常用自然坐标系，否则常采用直角坐标系。

(2) 画受力图。按静力学介绍的方法进行受力分析。

(3) 运动分析。按运动学知识计算质点的加速度。

(4) 列运动微分方程并求解。建立运动微分方程一般是列出投影形式的方程，此时应注意力和加速度投影的正负；其次，要注意使所建立的方程适合于整个运动过程，即在运动的一般位置给出方程。

9.3.2 已知作用在质点上的力，求质点的运动

已知作用在质点上的力，求质点的运动，是质点动力学的第二类问题。下面举列说明第二类问题的求解方法。

例 9.3 炮弹以初速 $\boldsymbol{v}_0$ 与水平面成 α 角发射，若不计空气阻力，求炮弹在重力作用下的运动方程。

题意分析：炮弹可视为质点。要求质点的运动方程，必须先求出质点在任意时刻的加速度，然后根据质点的运动初始条件进行积分。质点仅受重力作用，故加速度可知。质点的运动轨迹为一平面曲线，可选直角坐标系。此题为典型的第二类质点动力学问题。

解：取炮弹为质点，选取坐标系如图 9.3 所示。炮弹仅受重力作用，其运动轨迹为 Oxy 面内的一平面曲线。应用直角坐标系中的质点运动微分方程，建立炮弹的运动微分方程如下：

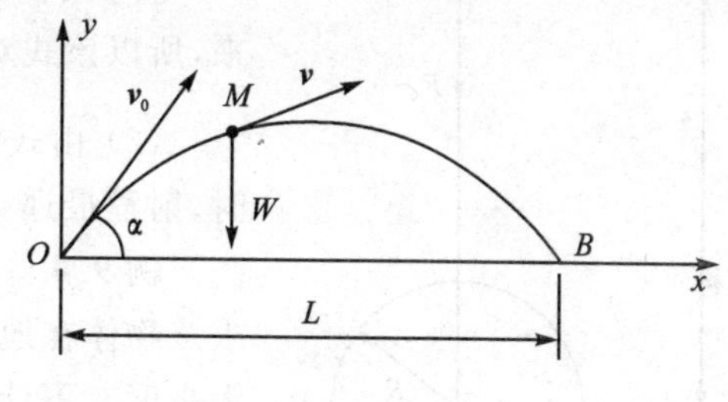

图 9.3

$$m\frac{\mathrm{d}^2x}{\mathrm{d}t^2} = 0$$
$$m\frac{\mathrm{d}^2y}{\mathrm{d}t^2} = -mg \qquad (9-7)$$

问题的初时条件为，当 $t=0$ 时，

$$x = 0, y = 0, v_x = v_0\cos\alpha \qquad v_y = v_0\sin\alpha \qquad (9-8)$$

该问题为在初始条件(9-8)下寻求方程组(9-7)的解。因此，原物理问题变为寻找微分方程组初值问题的解。注意到 $v_x = \dfrac{\mathrm{d}x}{\mathrm{d}t}, v_y = \dfrac{\mathrm{d}y}{\mathrm{d}t}$ 式(9-7)可变为：

$$dv_x/dt = 0 \qquad dv_y/dt = -g \tag{9-9}$$

积分一次得：

$$v_x = c_1 \qquad v_y = -gt + c_2 \tag{9-10}$$

利用初始条件可解得两个积分常数为

$$\begin{gathered} c_1 = v_0\cos\alpha \qquad c_2 = v_0\sin\alpha \\ v_x = v_0\cos\alpha \qquad v_y = v_0\sin\alpha - gt \end{gathered} \tag{9-11}$$

对式(9-11)进行第二次积分，得炮弹的运动方程

$$\begin{gathered} x\,|_0^x = v_0 t\cos\alpha\,|_0^t \\ y\,|_0^y = \left[-\frac{1}{2}gt^2 + v_0 t\sin\alpha\right]\Bigg|_0^t \end{gathered} \tag{9-12}$$

即：

$$\begin{cases} x = v_0 t\cos\alpha \\ y = -\dfrac{1}{2}gt^2 + v_0 t\sin\alpha \end{cases} \tag{9-13}$$

从式(9-13)中消去时间 t，得抛射体的轨迹方程：

$$y = x\tan\alpha - \frac{gx^2}{2v_0^2\cos^2\alpha} \tag{9-14}$$

可见轨迹是一抛物线。

当抛射体到达 L 时，$y=0$，称 L 为射程。利用轨迹方程，令 $y=0$，解出射程

$$L = \frac{v_0^2}{g}\sin 2\alpha \tag{9-15}$$

讨论：

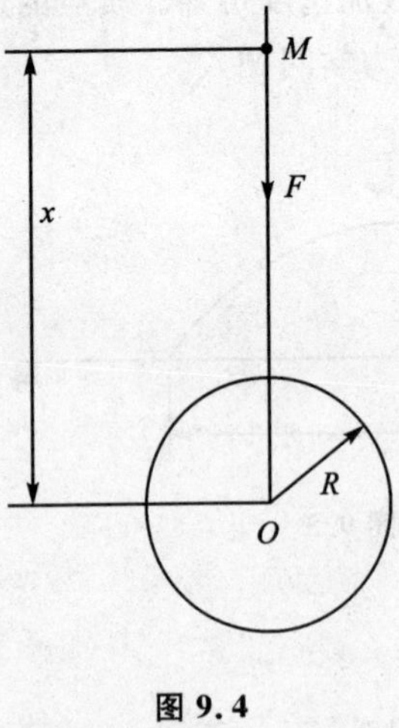

图 9.4

(1) 式(9-13)给出的运动规律并不对所有的时间 t 都适用。实际情况是，在运动方程中，当 $x=L$ 时，质点便停止下来，所以该式对 $t > \dfrac{2v_0\sin\alpha}{g}$ 的时间是没有意义的。

(2) 由式(9-15)可知，在不计空气阻力的情况下，$\alpha=45°$ 时，射程最远。

例 9.4　垂直于地面向上抛出一物体(如子弹、火箭等)，求该物体在地球引力作用下任一瞬时的运动速度及达到的最大高度。不计空气阻力，不考虑地球自转的影响。

解： 选地心 O 为坐标原点，x 轴铅垂向上(图 9.4)。取物体为研究对象并视为质点。根据牛顿万有引力定律，它在任意位置 x 处受到地球的引力 $\boldsymbol{F}$，方向指向地心 O，大小为

$$F = f\frac{m_1 m}{x^2}$$

式中　f——万有引力常数；

m——物体质量；

m_1——地球质量；

x——物体到地心的距离。

由于物体在地球表面是所受到的引力即为重力，故有

$$-mg = -f\frac{m_1 m}{R^2} \tag{9-16}$$

即
$$f = \frac{R^2 g}{m_1}$$

可得物体运动的微分方程为

$$m\frac{\mathrm{d}^2 x}{\mathrm{d}t^2} = -F = -f\frac{mm_1}{x^2} = \frac{mgR^2}{x^2}$$

即
$$\mathrm{d}v/\mathrm{d}t = -gR^2/x^2 \tag{9-17}$$

将式(9-17)改写为
$$v \cdot \mathrm{d}v/\mathrm{d}t = -gR^2/x^2$$

分离变量得：
$$v\mathrm{d}v = -gR^2 \cdot \mathrm{d}x/x^2$$

如设物体在地面发射时的速度为 v_0，在空中任意位置 x 处的速度为 v，初始条件为 $t=0, x=R, v=v_0$，对上式积分

$$\int_0^v v\mathrm{d}v = \int_R^x -gR^2\frac{\mathrm{d}x}{x^2}$$

即
$$\frac{1}{2}v^2 - \frac{1}{2}v_0^2 = gR^2\left(\frac{1}{x} - \frac{1}{R}\right) \tag{9-18}$$

由此得到任一位置的速度为

$$v = \sqrt{(v_0^2 - 2gR) + \frac{2gR^2}{x}} \tag{9-19}$$

由式(9-19)可见，物体的速度将随 x 的增加而递减。如果 $v_0^2 < 2gR$，则在某一位置 $x=R+H$ 时，速度将减少为零，此后物体将往回落下，H 为以初速 v 向上发射所能达到的最大高度。将 $x=R+H$ 及 $v=0$ 代入上式，可得

$$H = \frac{Rv_0^2}{2gR - v_0^2}$$

如果 $v_0^2 > 2gR$，则不论 x 有多大，甚至为无限大时，速度 v 都不会减少为零。因此，欲使物体向上发射而一去不复返时必须具有的最小初速度为

$$v_0 = \sqrt{2gR}$$

由上述例题可知，求解质点动力学第二类基本问题的前几个步骤与第一类基本问题大体相同。必须在正确地分析质点的受力情况和质点的运动情况的基础上，列出质点运动微分方程。求解过程一般进行积分，还要分析题意，合理应用运动初始条件确定积分常数，使问题得

到确定的解。如果力是位置或速度的函数，往往需要采用分离变量法进行积分；当力是常量或时间的函数时，相对比较简单。

习 题

9.1 如题 9.1 图所示，质量为 m 的球 A，用两根各长为 l 的杆支承。支承架以匀角速度 ω 绕铅直轴 BC 转动。已知 $BC=2a$，杆 AB 及 AC 的两端均铰接，杆重忽略不计。求杆 AB、AC 所受的力。

9.2 物块 A、B 质量分别为 $m_1=100$ kg，，$m_2=200$ kg，用弹簧连接如题 9.2 图所示。设物块 A 在弹簧上按 $x=20\sin 10t$ 做简谐运动（x 以 mm 计，t 以 s 计），求水平面所受压力的最大值与最小值。

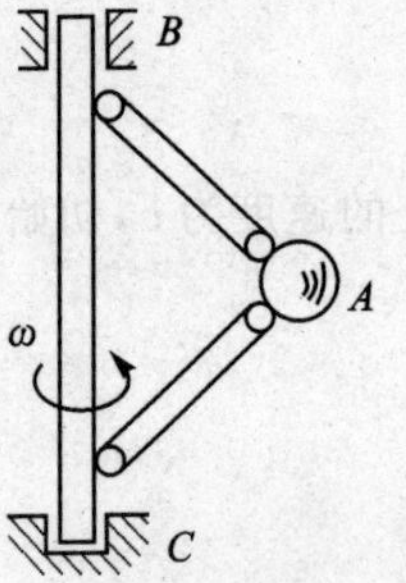

题 9.1 图

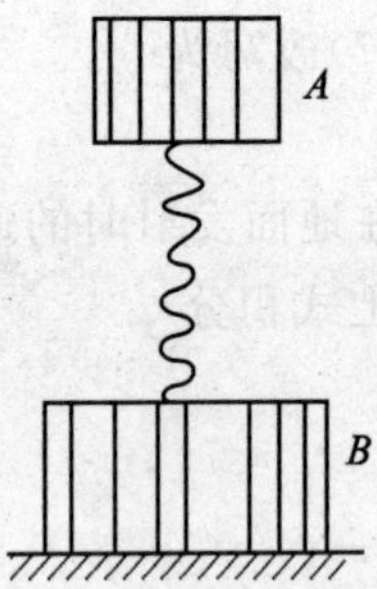

题 9.2 图

9.3 如题 9.3 图所示质量为 m 的物体 A 放在匀速转动的水平台上，它与转轴的距离为 R。若物体与转台表面的摩擦系数为 f，求物体不致因转台旋转而滑出转台的最大角速度 ω。

9.4 如题 9.4 图所示，小车以匀加速度 a 沿倾角 θ 的斜面向上运动，在小车的平顶上放一重 G 的物块，随车一同运动。问物块与小车间的摩擦因数 f_s 应为多少？

9.5 如题 9.5 图所示，质量为 5 kg 的小球在铅垂面内向右摆动，已知绳长 1.2 m，$\alpha=60°$时，绳中的张力为 30 N，求小球在该位置时的速度和加速度。

9.6 如题 9.6 图所示，质量为 m 的小球从斜面上 A 点开始运动，初速度 $v_0=5$ m/s，方向与 CD 平行，不计摩擦。已知 $l=1$ m，$\alpha=30°$。试求：(1) 球运动到 B 点所需的时间；(2) 距离 d。

9.7 质量为 10 kg 的物体，置于汽车底板上，汽车以 2 m/s^2 的匀加速度沿平直马路行驶。已知物体与车板间动摩擦因数为 0.2，求汽车行驶 5 s 后物体在车板上滑动的距离。

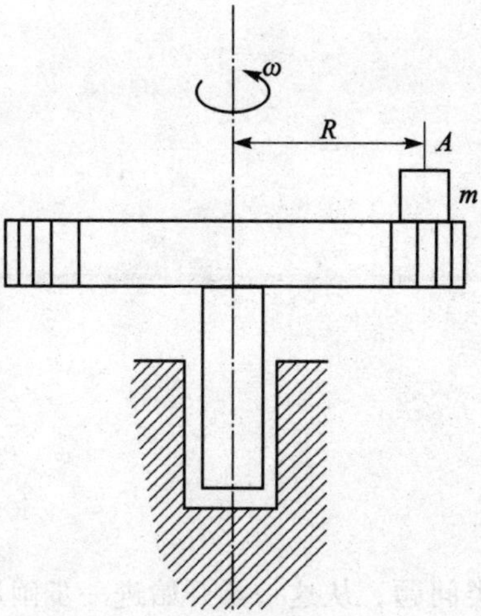

题 9.3 图

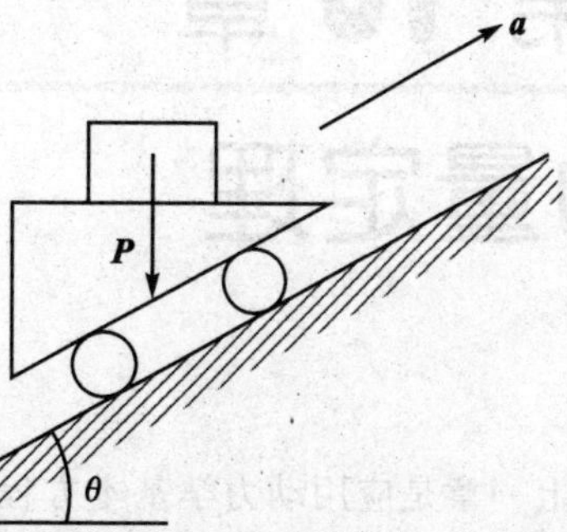

题 9.4 图

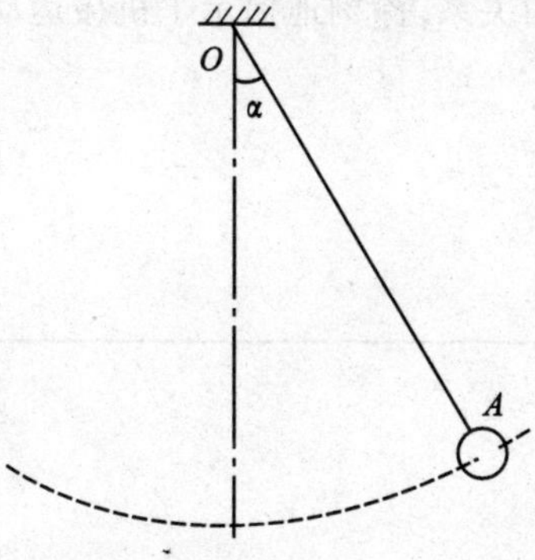

题 9.5 图

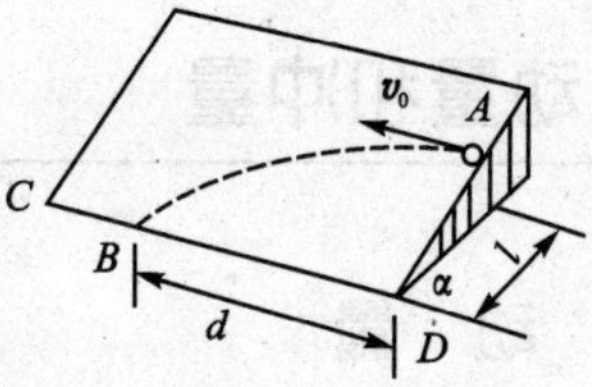

题 9.6 图

9.8　质点的质量 m，在力 $F=F_0-kt$ 的作用下，沿 x 轴作直线运动，式中 F_0、k 为常数，当运动开始时即 $t=0$，$x=x_0$，$v=v_0$，试求质点的运动规律。

第 10 章

动量定理

上一章是应用动力学基本方程求解质点动力学两类问题。从这一章开始进一步阐述动力学普遍定理,并应用它们求解质点和质点系的动力学问题。动力学普遍定理包括动量定理、动量矩定理和动能定理,这些定理建立起一些描述质点、质点系运动的特征量(动量、动量矩、动能)和一些衡量力的作用效果的量(冲量、力矩、功)之间的关系.深刻地揭示了机械运动的基本规律,并能有效地求解质点和质点系的动力学问题。

本章主要研究动量定理和由此导出的质心运动定理。

10.1 动量和冲量

10.1.1 动 量

1. 质点的动量

实践证明,物体运动的强弱程度,不仅与它的速度有关,而且还与它的质量有关。例如,速度虽小但质量很大的桩锤能使桩柱下沉;质量虽小但速度很大的子弹能穿透物体,因此,用质点的质量与速度的乘积来表征质点的一种运动量,称为质点的动量,记为 mv。这是物体机械运动强弱程度的一种度量。

质点的动量是矢量,动量的方向与质点速度的方向一致。它的单位是个导出单位,等于质量单位与速度单位的乘积。在国际单位制中,动量的单位是 kg·m/s 或 N·s。

2. 质点系的动量

质点系中各质点动量的矢量和称为质点系的动量,即

$$P = \sum_{i=1}^{n} m_i \boldsymbol{v}_i \tag{10-1}$$

式中　n——质点系中质点的个数；

m_i, v_i——分别为质点系中第 i 个质点的质量和速度。

10.1.2　冲　量

由常识可知，一个物体在力作用下引起的运动变化，不仅与力的大小和方向有关，还与力作用时间的长短有关。例如，推动车子时，用较大的力可以在较短的时间内达到一定的速度，若用较小的力，要达到同样的速度，就需要作用的时间长一些。因此，可以用力与力作用时间的乘积来度量力在这段时间内对物体运动所产生的累积效应。称作用于物体上的力与其作用时间的乘积为力的冲量，用 $\boldsymbol{I}$ 表示。力的冲量是矢量，它的方向与力的作用方向一致。冲量的单位为 N·s，与动量的单位一致。

当力 $\boldsymbol{F}$ 是常力，作用时间为 t 时，

$$\boldsymbol{I} = \boldsymbol{F}t \tag{10-2}$$

当力 $\boldsymbol{F}$ 是变力时，应用微分的思想，可把变力 F 在 t_1 至 t_2 时间内的冲量写为

$$\boldsymbol{I} = \int_{t_1}^{t_2} \mathrm{d}\boldsymbol{I} = \int_{t_1}^{t_2} \boldsymbol{F}\mathrm{d}t \tag{10-3}$$

其中，$\mathrm{d}\boldsymbol{I}=\boldsymbol{F}\mathrm{d}t$ 称为变力 $\boldsymbol{F}$ 在 $\mathrm{d}t$ 时间内的原冲量。

10.2　动量定理

10.2.1　质点系的动量定理

设由 n 个质点组成的质点系，第 i 个质点的质量为 m_i，速度为 $\boldsymbol{v}_i$，作用于该质点的力有：质点系外部的物体作用于该质点上的力，称为外力，其合力记为 $\boldsymbol{F}_i^{(e)}$，以及质点系内部各质点对此质点的作用力，称为内力，其合力记为 $\boldsymbol{F}_i^{(i)}$。由动力学基本方程可得

$$\frac{\mathrm{d}}{\mathrm{d}t}(m_i \boldsymbol{v}_i) = \boldsymbol{F}_i^{(e)} + \boldsymbol{F}_i^{(i)}$$

这样的方程共有 n 个，求和得：

$$\sum_{i=1}^{n} \frac{\mathrm{d}}{\mathrm{d}t}(m_i \boldsymbol{v}_i) = \sum_{i=1}^{n} \boldsymbol{F}_i^{(e)} + \sum_{i=1}^{n} \boldsymbol{F}_i^{(i)} \tag{10-4}$$

由于内力大小相等方向相反成对出现，其矢量之和必然为零，即 $\sum_{i=1}^{n} \boldsymbol{F}_i^{(i)}=0$，于是有

$$\sum_{i=1}^{n} \frac{\mathrm{d}}{\mathrm{d}t}(m_i \boldsymbol{v}_i) = \frac{\mathrm{d}}{\mathrm{d}t}\sum_{i=1}^{n}(m_i \boldsymbol{v}_i) = \frac{\mathrm{d}\boldsymbol{p}}{\mathrm{d}t}$$

$$\frac{\mathrm{d}\boldsymbol{p}}{\mathrm{d}t} = \sum_{i=1}^{n} \boldsymbol{F}_i^{(e)} \tag{10-5}$$

这就是质点系动量定理的微分形式。即质点系的动量对时间的导数,等于作用于质点系的全部外力的矢量和(或外力的主矢)。上式表明,质点系动量的改变只与外力有关,而与质点系的内力无关。换言之,内力不能改变质点系的动量,但可改变质点的动量。

设质点系在 $t=0$ 和时刻 t 的动量分别是 $\boldsymbol{p}_0$、$\boldsymbol{p}$,则可得

$$\boldsymbol{P} - \boldsymbol{P}_0 = \sum_{i=1}^{n}\int_0^t \boldsymbol{F}_i^{(e)}\,\mathrm{d}t = \sum_{i=1}^{n} \boldsymbol{I}_i \tag{10-6}$$

这就是质点系动量定理的积分形式,又称冲量定理。即在某一时间间隔内,质点系动量的改变量等于在这段时间内作用于质点系外力冲量的矢量和。

动量定理的微分形式、积分形式均是矢量形式,在应用时应取投影形式。式(10－5)和式(10－6)的投影形式分别为:

$$\left.\begin{aligned} \frac{\mathrm{d}P_x}{\mathrm{d}t} &= \sum_{i=1}^{n} F_{xi}^{(e)} \\ \frac{\mathrm{d}P_y}{\mathrm{d}t} &= \sum_{i=1}^{n} F_{yi}^{(e)} \\ \frac{\mathrm{d}P_z}{\mathrm{d}t} &= \sum_{i=1}^{n} F_{zi}^{(e)} \end{aligned}\right\} \tag{10-7}$$

$$\left.\begin{aligned} p_x - p_{0x} &= \sum I_x^{(e)} \\ p_y - p_{0y} &= \sum I_y^{(e)} \\ p_z - p_{0z} &= \sum I_z^{(e)} \end{aligned}\right\} \tag{10-8}$$

10.2.2　质点系动量守恒定理

(1) 当作用在质点系上外力的主矢量等于零时,即 $\sum\limits_{i=1}^{n} \boldsymbol{F}_i^{(e)} = 0$,由式(10－5)知,质点系动量 $\boldsymbol{P}$＝恒矢量,则质点系动量守恒。

(2) 当作用在质点系上外力的主矢量在某一轴上投影等于零时,例如 $\sum\limits_{i=1}^{n} F_{xi}^{(e)} = 0$,由式(10－7)知,质点系沿该轴 x 的动量 $\boldsymbol{P}_x$＝恒量,则质点系沿该轴的动量守恒。

以上结论称为质点系的动量守恒定理

例 10.1 重量 $P=300\ \text{N}$ 的锻锤，自 $h=1.5\ \text{m}$ 的高处自由落到工件上，使工件产生变形如图 10.1 所示，其变形经历的时间 $\tau=0.01\ \text{s}$，试求锻锤对工件的平均锻压力。

解：取锻锤为研究对象，锤自由落到工件上时所有的动量为

$$mv_0=\frac{P}{g}\sqrt{2gh}=\frac{300}{9.8}\times\sqrt{2\times9.8\times1.5}=166\ \text{N}\cdot\text{s}$$

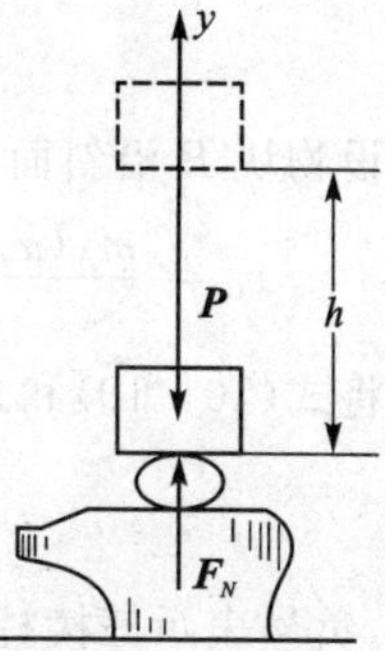

图 10.1

当锤与工件相碰后，锤的速度在 0.01 s 后即减为零，因而此时锤的动量 mv 也为零，由于本题属于已知动量的改变，需求外力（工件对锻锤作用的力，它与锤对工件的压力等值反向），故可用动量定理的积分形式。

在锤与工件相碰后到停止运动这段时间间隔 t 中，作用在锤上的力有重力 $\boldsymbol{P}$ 和工件的反力 $\boldsymbol{F}_{\text{N}}$。由于 $\boldsymbol{F}_{\text{N}}$ 力是在极短时间内迅速变化的，故可用平均值 $\boldsymbol{F}_{\text{N}}$ 来代替，因而力 $\boldsymbol{F}_{\text{N}}$ 在时间间隔 t 内冲量的大小可写成

$$\boldsymbol{I}=\int_0^t F_{\text{N}}dt=\boldsymbol{F}_{\text{N}}t$$

于是由动量定理的积分形式在铅垂方向的投影式可得

$$p-p_0=\int_0^t Pdt-\int_0^t F_{\text{N}}dt$$

$$-166=P\cdot t-F_{\text{N}}\cdot t=(300-F_{\text{N}})\times001$$

解得

$$F_{\text{N}}=16.9\ \text{kN}$$

例 10.2 质量为 m 的三棱柱 A 置于光滑水平面上，其两斜面与水平面的夹角分别为 θ 和 β，如图 10.2 所示。物块 B 和物块 D 的质量分别为 m_B 和 m，通过不可伸长的柔绳相连接，分别置于三棱柱的斜面上。不计柔绳质量。试求当物块 B 由静止开始沿斜面下滑一段距离 l 时，三棱柱移动的距离。

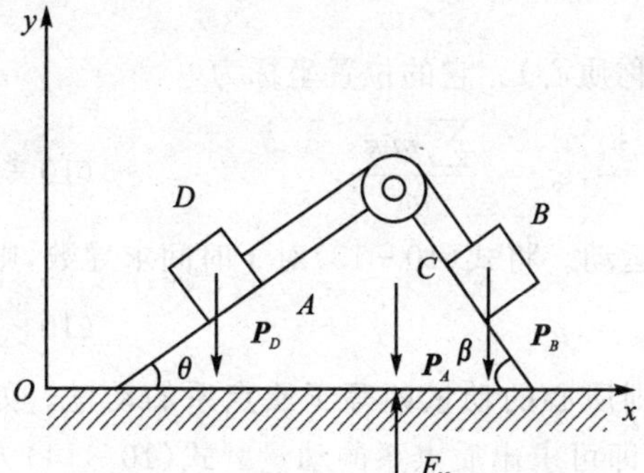

图 10.2

解：取三棱柱 A、物块 B 和物块 D 组成的系统为研究对象。

系统受到重力 $\boldsymbol{P}_A,\boldsymbol{P}_B,\boldsymbol{P}_D$ 和水平面法向反力 $\boldsymbol{F}_{\text{N}}$ 作用，它们在水平方向上的投影都等于零，所以，系统在水平方向上动量守恒。建立图示固结于水平面的坐标系 Oxy，则有 $v_{cx}=0$，又因为初始时刻系统处于静止状态，故有：

$$x_{C0}=x_C=\text{const} \tag{10-9}$$

式中　x_{C0}、x_C——分别表示系统质心 C 在系统静止和物块 B 下滑一段距离 l 的横坐标。

设初始时三棱柱及两物块质心的横坐标分别为 x_{AO}, x_{BO}, x_{DO}，根据质心坐标公式，有

$$x_{C0} = \frac{m_A x_{AO} + m_B x_{BO} + m_D x_{DO}}{m_A + m_B + m_D} \tag{10-10}$$

设物块 B 沿斜面下滑一段距离 l 时，三棱柱沿 x 轴正方向移动了距离 Δx，则有

$$x_C = \frac{m_A(x_{AO} + \Delta x) + m_B(x_{BO} + \Delta x + l\cos\beta) + 9m_D(x_{DO} + \Delta x + l\cos\theta)}{m_A + m_B + m_D} \tag{10-11}$$

将式(10－10)和式(10－11)代入式(10－9)，求得

$$\Delta x = \frac{l(m_B\cos\beta + m_D\cos\theta)}{m_A + m_B + m_D}$$

式中，负号表示三棱柱 A 实际上沿 x 轴负方向运动。

10.3　质心运动定理

10.3.1　质心运动定理

设有 n 个质点所组成的质点系，系中任一质点的质量为 m_i，其矢径为 $\boldsymbol{ri}$，各质点的质量之和 $\sum m_i = m$ 就是整个质点系的质量，则由矢径：

$$\boldsymbol{r}_C = \frac{\sum m_i \boldsymbol{r}_i}{\sum m_i} = \frac{\sum m_i \boldsymbol{r}_i}{m} \tag{10-12}$$

所确定的几何点 C 称为质点系的质量中心(简称质心)。它的位置坐标为

$$x_C = \frac{\sum m_i x_i}{m}, y_C = \frac{\sum m_i y_i}{m}, z_C = \frac{\sum m_i z_i}{m} \tag{10-13}$$

当质点系运动时，它的质心一般地说也在空间运动。将式(10－13)对于时间求导数，则得

$$m\boldsymbol{v}_C = \sum m_i \boldsymbol{v}_i = \boldsymbol{p} \tag{10-14}$$

这就表明：若质点系的全部质量都集中于质心 C，则质心的动量即等于质点系的动量。如已知质点系的质量 m 及质心的速度 $\boldsymbol{v}_C$，由式(10－14)即可求出质点系的动量。式(10－14)为计算质点系特别是刚体的动量提供了简便的方法。

将式(10－14)对于时间再求导数，并根据质点系的动量定理，可得

$$m\boldsymbol{a}_C = \sum \boldsymbol{F}_i^{(e)} \tag{10-15}$$

这就表明：质点系质量与质心加速度的乘积等于作用在质点系上外力的矢量和(或称外力的主矢量)。这就是质心运动定理。由式(10－15)可知，内力不能改变质点系质心的运动

状态。

式(10－15)的直角坐标投影为

$$\left.\begin{aligned} ma_{cx} &= \sum F_x^{(e)} \\ ma_{cy} &= \sum F_y^{(e)} \\ ma_{cz} &= \sum F_z^{(e)} \end{aligned}\right\} \tag{10-16}$$

式(10－15)的自然坐标投影为

$$\left.\begin{aligned} m\frac{v_c^2}{\rho} &= \sum F_n^{(e)} \\ m\frac{\mathrm{d}v_c}{\mathrm{d}t} &= \sum F_\tau^{(e)} \\ \sum F_b^{(e)} &= 0 \end{aligned}\right\} \tag{10-17}$$

10.3.2 质心运动守恒定理

(1) 如果作用于质点系的外力主矢恒等于零($\sum \boldsymbol{F}^{(e)}=0$，有 $\boldsymbol{v}_c$＝恒矢量)，则质心作匀速直线运动；若开始静止，(即 $\boldsymbol{v}_c=0$，有 $\boldsymbol{r}_c$＝恒矢量)则质心位置保持不变。

(2) 如果作用于质点系的所有外力在某轴上投影的代数和恒等于零($\sum F^{(e)}=0$，有 v_{cx}＝恒量)，则质心在该轴(x 轴)上的速度投影保持不变；若开始时质心速度在某轴上投影等于零($v_{cx}=0$，有 x_c＝恒量)，则质心沿该轴的坐标保持不变。

以上结论称为质心运动守恒定理。

例 10.3 曲柄连杆机构安装在平台上，平台放置在光滑的水平基础上，如图 10.3 所示。曲柄 OA 的质量为 m_1，以匀角速度 ω 绕 O 轴转动，连杆 AB 的质量为 m_2，且 OA、AB 为均质杆，$OA=AB=l$，平台质量为 m_3，滑块 B 的质量不计。设初始时，曲柄 OA 和连杆 AB 在同一水平线上，系统初始静止，试求平台的水平运动规律。

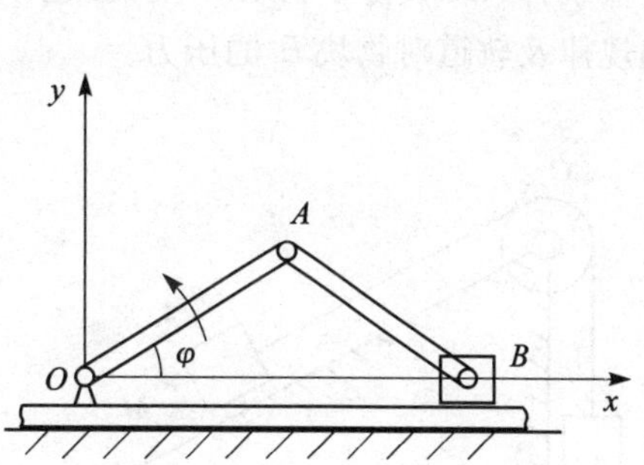

图 10.3

解：(1) 求平台的水平运动规律。选整体为研究对象，在曲柄 O 处建立定坐标系 oxy。由于平台放置在光滑的水平基础上，则系统水平方向不受力，系统质心运动守恒，又由于系统初始静止，则 x_C＝恒量。

初始时系统质心的水平坐标为

$$x_{C1}=\frac{m_1\dfrac{l}{2}+m_2\dfrac{3l}{2}+m_3x}{m_1+m_2+m_3}$$

式中 x——初始时平台质心的水平坐标。

当曲柄转过 $\varphi=\omega t$ 时，平台质心移动了 Δx，系统质心的水平坐标为

$$x_{C2}=\frac{m_1\left(\dfrac{l}{2}\cos\varphi+\Delta x\right)+m_2\left(\dfrac{3l}{2}\cos\varphi+\Delta x\right)+m_3(x+\Delta x)}{m_1+m_2+m_3}$$

由于 $x_{C1}=x_{C2}$，则平台的水平运动规律为

$$\frac{m_1\dfrac{l}{2}+m_2\dfrac{3l}{2}+m_3x}{m_1+m_2+m_3}=\frac{m_1\left(\dfrac{1}{2}\cos\varphi+\Delta x\right)+m_2\left(\dfrac{3l}{2}\cos\varphi+\Delta x\right)+m_3(x+\Delta x)}{m_1+m_2+m_3}$$

即

$$\Delta x=\frac{m_1+3m_2}{2(m_1+m_2+m_3)}l(1-\cos\omega t)$$

习　题

10.1　如题10.1图所示，均质滑轮 A 的质量为 m，重物 M_1，M_2 的质量分别为 m_1，m_2，斜面倾角为 θ。已知重物 M_2 的加速度为 $\boldsymbol{a}$，不计摩擦，求滑轮对转轴 O 的压力。

10.2　质量为 m_1 的物块 B，可沿水平光滑直线轨道滑动，质量为 m 的球 A，通过长为 l 的无重刚杆 AB 铰链于物块 B 上，如题10.2图所示。不计摩擦，已知 $\phi=\omega t$。试求物块 B 的运动规律及轨道对物块 B 的压力。

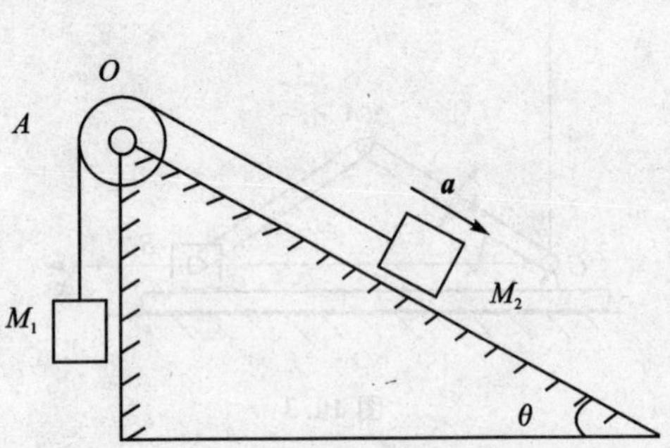

题10.1图

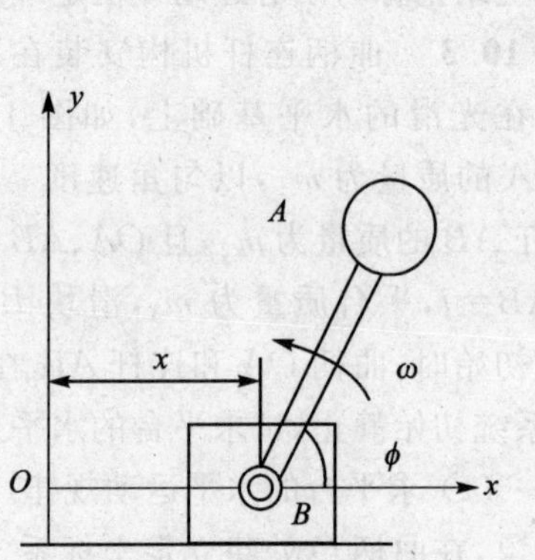

题10.2图

10.3　如题10.3图所示系统中，均质杆 OA、AB 与均质轮的质量均为 m，OA 杆的长度为 l_1，AB 杆的长度为 l_2，轮的半径为 R，轮沿水平面作纯滚动。在图示瞬时，OA 杆的角速度

为 ω，求整个系统的动量。

10.4　如题 10.4 图所示，均质杆 AB 长 $2l$，A 端放置在光滑水平面上。杆在如图位置自由倒下，求 B 点的轨迹方程。

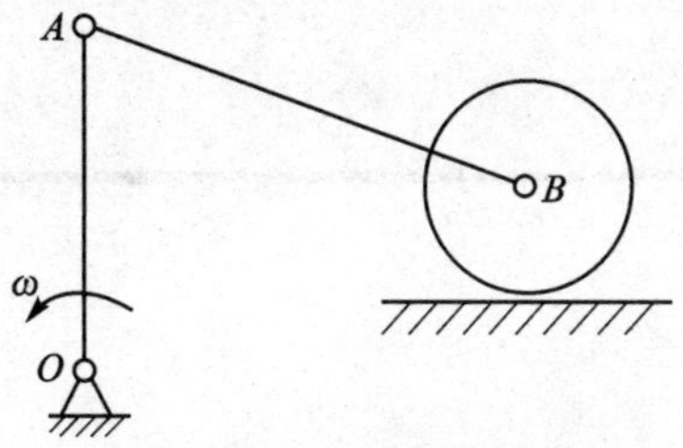

题 10.3 图

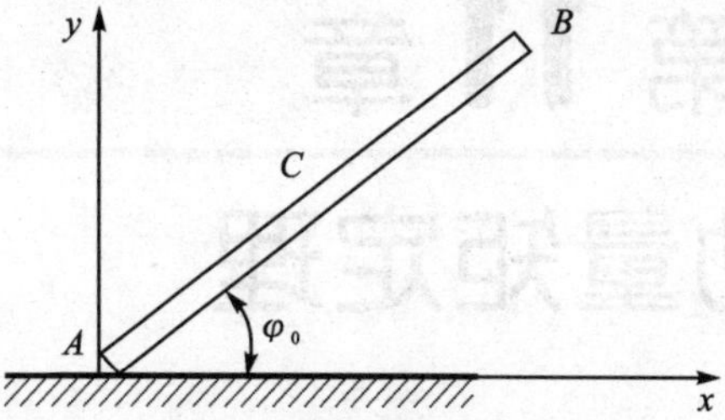

题 10.4 图

10.5　两个重物 M_1 和 M_2 的质量分别为 m_1 和 m_2，系在两个质量不计的绳子上，如题 10.5 图所示。两个绳子分别缠绕在半径为 r_1 和 r_2 上的鼓轮上，鼓轮的质量为 m_3，其质心为轮心 O 处。若轮以角加速度 α 绕轮心 O 逆时针转动，试求轮心 O 处的约束力。

10.6　抛出的手雷在最高点时水平速度为 10 m/s，这时突然炸成两块，其中大块质量 300 g 仍按原方向飞行，其速度测得为 50 m/s，另一小块质量为 200 g，求它的速度的大小和方向。

10.7　质量为 m_1 的均质曲柄 OA，长为 l，以等角速度 ω 绕 O 轴转动，并带动滑块 A 在竖直的滑道 AB 内滑动，滑块 A 的质量为 m_2；而滑杆 BD 在水平滑道内运动，滑杆的质量为 m_3，其质心在点 C 处，如题 10.7 图所示。开始时曲柄 OA 为水平向右，试求(1)系统质心运动规律；(2)作用在 O 轴处的最大水平约束力。

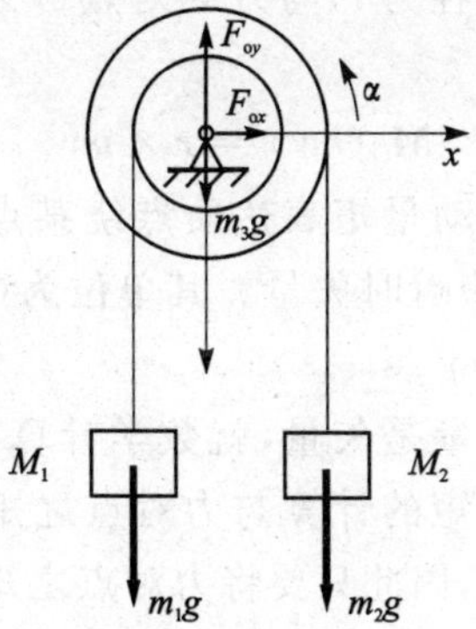

题 10.5 图

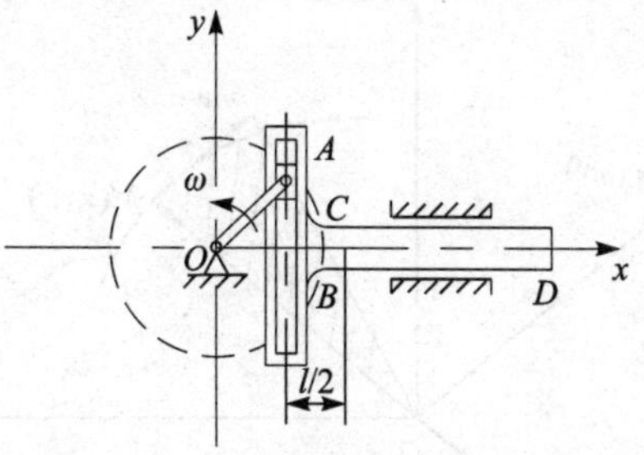

题 10.7 图

第 11 章 动量矩定理

上一章阐述的动量定理建立了作用力与动量变化之间的关系，揭示了质点系机械运动规律的一个侧面，而不是全貌。例如，圆轮绕质心转动时，无论怎么转动，圆轮的动量都是零，动量定理不能说明这种运动规律。动量矩定理则是从另一个侧面，揭示出质点系相对于某一定点或质心的运动规律。本章将推导动量矩定理并阐明其应用。

11.1 质点及质点系的动量矩

11.1.1 质点的动量矩

如图 11.1 所示，设质点 M 在图示瞬时的动量为 $m\boldsymbol{v}$，矢径为 $\boldsymbol{r}$，与力 $\boldsymbol{F}$ 对点 O 之矩的矢量表示类似，定义质点对固定点 O 的动量矩为

$$\boldsymbol{M}_O(m\boldsymbol{v}) = \boldsymbol{r} \times m\boldsymbol{v} \qquad (11-1)$$

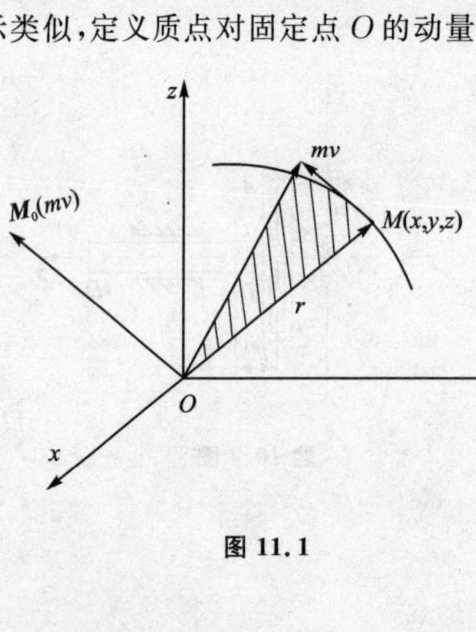

图 11.1

质点的动量矩表达质点绕某点转动的转动特征，是个瞬时矢量。其单位为(kg · m/s) · m＝kg · m^2/s。

因为动量是矢量，就数学计算方法而言，动量对点之矩的计算与力对点之矩的计算是完全一样的，因此只要将力对点之矩的计算公式中的力矢量 $\boldsymbol{F}$ 用动量 mv 代替，算出的就是动量矩。

如以 O 为原点建立坐标系 $Oxyz$，则用矢量积表达动量矩的计算式为

$$\boldsymbol{M}_O(m\boldsymbol{v}) = \begin{vmatrix} \boldsymbol{i} & \boldsymbol{j} & \boldsymbol{k} \\ x & y & z \\ mv_x & mv_y & mv_z \end{vmatrix} = (ymv_z - zmv_y)\boldsymbol{i} + (zmv_x - xmv_z)\boldsymbol{j} + (xmv_y - ymv_x)\boldsymbol{k}$$

即

$$\left.\begin{aligned} [m_O(mv)]_x &= m_x(mv) = m(yv_z - zv_y) \\ [m_O(mv)]_y &= m_y(mv) = m(zv_x - xv_z) \\ [m_O(mv)]_z &= m_z(mv) = m(xv_z - yv_x) \end{aligned}\right\} \tag{11-2}$$

式中　$[m_O(mv)]_x,[m_O(mv)]_y,[m_O(mv)]_z$——动量矩在 x,y,z 各轴上的投影；

$m_x(mv),m_y(mv),m_z(mv)$——动量对 x,y,z 各轴的矩；

x,y,z——质点 M 的直角坐标值；

v_x,v_y,v_z——质点该瞬时的速度在 x,y,z 各轴上的投影。

式(11－2)表明：质点动量对坐标轴之动量矩，等于质点动量对坐标原点的动量矩矢在该轴上的投影。

例 11.1　质量为 m 的点在平面 Oxy 内运动，其运动方程为：$x=a\cos\omega c$，$y=b\sin 2\omega s$，式中 a、b 和 ω 为常量。求质点对原点 O 的动量矩。

解：由运动方程对时间的一阶导数得点的速度

$$v_x = \frac{\mathrm{d}x}{\mathrm{d}t} = -a\omega\sin\omega t$$

$$v_y = \frac{\mathrm{d}y}{\mathrm{d}t} = 2b\omega\cos 2\omega t$$

质点对点 O 的动量矩为

$$\begin{aligned} L_O &= M_O(m\boldsymbol{v}_x) + M_O(m\boldsymbol{v}_y) = -mv_x\cdot y + mv_y\cdot x \\ &= -m\cdot(-a\omega\sin\omega t)\cdot b\sin 2\omega t + m\cdot 2b\omega\cos 2\omega t\cdot a\cos\omega t \\ &= 2mab\omega\cos^3\omega t \end{aligned}$$

11.1.2　质点系的动量矩

质点系内各质点的动量对某固定点 O 之矩的矢量和，称为质点系对该点的动量矩，以 $\boldsymbol{L}_O$ 表示，即

$$\boldsymbol{L}_0 = \sum_{i=1}^{n}\boldsymbol{M}_O(m_i\boldsymbol{v}_i) = \sum_{i=1}^{n}(\boldsymbol{r}_i\times m_i\boldsymbol{v}_i) \tag{11-3}$$

同样，质点系内各质点对某轴之动量矩的代数和称为质点系对该轴的动量矩。即

$$\boldsymbol{L}_z = \sum_{i=1}^{n}\boldsymbol{L}_{zi} = \sum_{i=1}^{n}\boldsymbol{M}_z(m_iv_i) \tag{11-4}$$

刚体平动时，可将全部质量集中于质心，做为一个质点计算其动量矩。

刚体绕定轴转动是工程中最常见的一种运动情况。设刚体绕固定轴 z 转动，某瞬时的角速度为 ω。在刚体内任取一质点 M_i，其质量为 m_i。到转轴的距离为 r_i，该质点对 z 轴的动量矩为：

$$M_z(m_i v_i) = (m_i r_i \omega) r_i = m_i r_i^2 \omega$$

于是，整个刚体对 z 轴的动量矩为

$$L_z = \sum_{i=1}^{n} M_z(m_i v_i) = \sum_{i=1}^{n} m_i r_i^2 \omega = \left(\sum_{i=1}^{n} m_i r_i^2\right)\omega \qquad (11-5)$$

式中　$\sum m_i r_i^2$ ——刚体内各质点的质量与该点到 z 轴的距离平方的乘积之和，称为刚体对轴的转动惯量，记为

$$J_z = \sum_{i=1}^{n} m_i r_i^2 \qquad (11-6)$$

可见，转动惯量 J_z 只与刚体本身的质量及其分布情况有关，与刚体的运动无关，是反映刚体转动惯性的一个特征量。

于是，定轴转动刚体对转动轴的动量矩为

$$\boldsymbol{L}_z = J_z \omega \qquad (11-7)$$

即绕定轴转动刚体对其转轴的动量矩等于刚体对转轴的转动惯量与转动角速度的乘积。

11.2　刚体对轴的转动惯量

11.2.1　转动惯量

转动惯量是刚体转动时惯性大小的度量，其定义为

$$J_z = \sum m_i r_i^2$$

如果刚体的质量是连续分布的，则转动惯量的表达式可写成积分的形式

$$J_z = \int_M r_i^2 dm \qquad (11-8)$$

转动惯量为一恒正标量，其值决定于轴的位置、刚体的质量及其分布，而与运动状态无关。因此，求刚体的转动惯量时，应明确是对哪一个轴而言的。

刚体转动惯量的计算方法，原则上都是根据式(11-6)导出的。对于简单规则形状的刚体可以用积分方法求得；对于组合形体可用类似求重心的组合法来求得，这时要应用转动惯量的平行轴定理；对于形状复杂的或非均质的刚体，通常采用实验法进行测定。

下面讨论几种简单形状的均质物体的转动惯量的计算。

(1) 均质等截面直杆。设均质等截面直杆长为 l，质量为 m。如图 11.2 所示。求此杆对

通过杆端 O 并与杆垂直的 z 轴的转动惯量 J_z。

在杆中 x 处取长为 $\mathrm{d}x$ 的一段，其质量 $\mathrm{d}m=\dfrac{m}{l}\mathrm{d}x$，于是

$$J_z = \int_0^L \frac{m}{l}x^2\mathrm{d}x = \frac{1}{3}ml^2$$

(2) 均质薄圆环。设圆环质量为 m，半径为 R，如图 11.3 所示，求对过中心且与圆环所在平面垂直的转轴 z 的转动惯量 J_z。

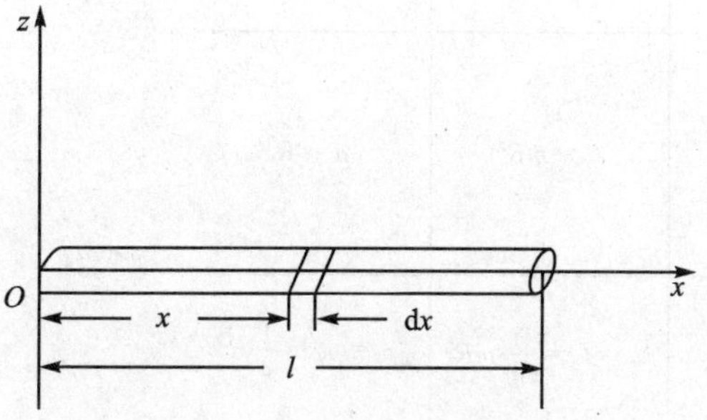

图 11.2

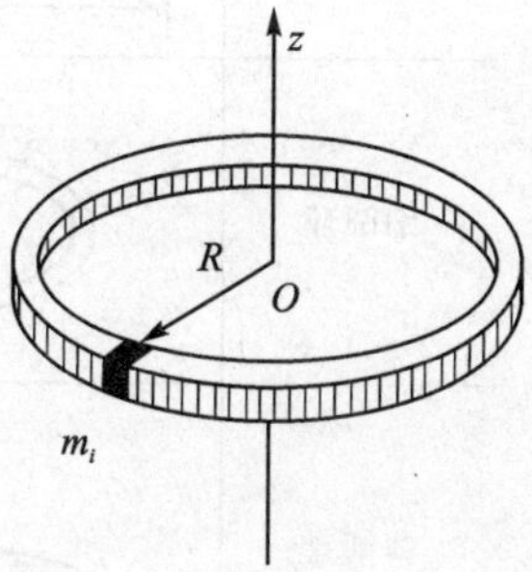

图 11.3

将圆环分成许多微段，其中每一微段的质量为 m_i，它对 z 轴的转动惯量为 m_iR^2，故整个圆环对 z 轴的转动惯量为

$$J_z = \sum m_iR^2 = \left(\sum m_i\right)R^2 = mR^2$$

11.2.2　回转半径

由上述计算可知各物体转动惯量的计算公式一般是不同的。工程上，为了使用方便，将刚体转动惯量的计算设想按一个质点的转动惯量来计算，从而得到一个统一的简单公式：

$$J_z = m\rho_z^2 \tag{11-9}$$

其中，当量长度 ρ_z 称为刚体对 z 轴的回转半径或惯性半径。

上式表明：刚体对某一轴的转动惯量，等于刚体总质量与刚体对该轴回转半径平方的乘积。

回转半径的单位与长度的单位相同。它的物理意义是：假想把刚体的全部质量集中到一点，使该点对原轴的转动惯量等于刚体对原轴的转动惯量，则该点到原轴的距离就是回转半径。

对几何形状相同的物体，$\dfrac{J_z}{m}$ 是一定的，即惯性半径是一定的。在机械工程手册中，列有简单几何形状或几何形状已标准化的零件的回转半径，可供工程技术人员查阅。表 11.1 列出了

几种常见均质物体转动惯量的计算公式。其他情况可查阅有关的工程手册。由于同一物体对不同轴的转动惯量，一般不相同，因此，查表时应注意表中指明的是哪一根轴线。

表 11.1　常见均质物体的转动惯量

物体的形状	简　图	转动惯量	惯性半径
细直杆	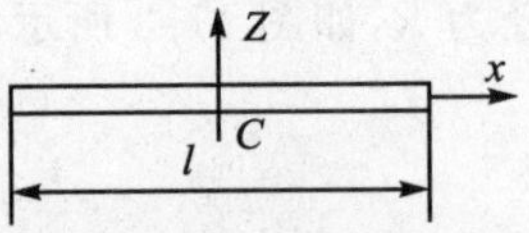	$J_z=\frac{1}{12}ml^2$	$\rho_z=\frac{1}{2\sqrt{3}}$
细圆环	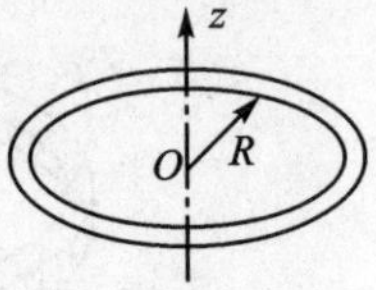	$J_z=mR^2$	$\rho_z=R$
薄圆盘	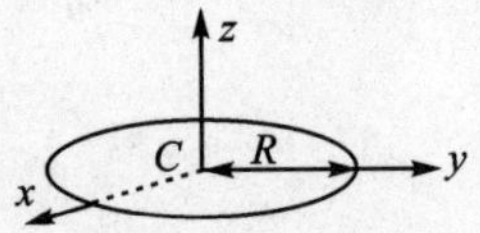	$J_x=J_y=\frac{1}{4}mR^2$ $J_z=\frac{1}{2}mR^2$	$\rho_x=\rho_y=\frac{1}{2}R$ $\rho_z=\frac{R}{\sqrt{2}}$
圆柱	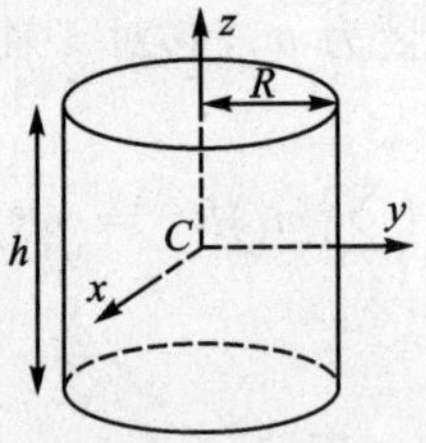	$J_x=J_y=$ $\frac{1}{12}m(3R^2+h^2)$ $J_z=\frac{1}{2}mR^2$	$\rho_x=\rho_y=$ $\sqrt{\frac{1}{12}(3R^2+h^2)}$ $\rho_z=\frac{\sqrt{2}}{2}R$
实心球	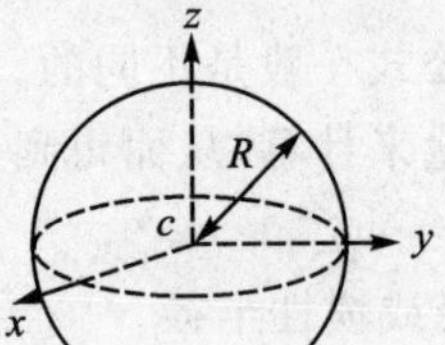	$J=\frac{2}{5}mR^2$	$\rho=\sqrt{\frac{2}{5}}R$
圆锥	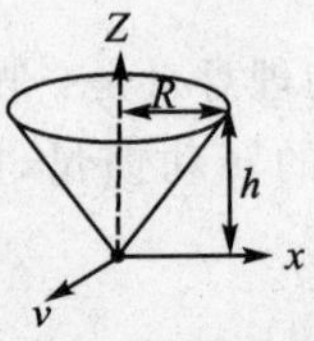	$J_x=J_y=$ $\frac{3}{5}m\left(\frac{R^2}{4}+h^2\right)$ $J_z=\frac{3}{10}mR^2$	$\rho_x=\rho_y=$ $\sqrt{\frac{3}{5}\left(\frac{R^2}{4}+h^2\right)}$ $\rho_z=\sqrt{\frac{3}{10}}R$

11.2.3　转动惯量的平行移轴定理

手册中给出的转动惯量一般都是对于某些通过质心的轴的，但有时还得知道对于不通过质心的轴的转动惯量，因此需要研究刚体对于两平行轴的转动惯量之间的关系。

设有一刚体其质量为 m，z 轴通过刚体的质心 C，取另一轴 z' 与 z 轴平行，两平行轴之间的距离为 d，已知刚体对于 z 轴的转动惯量为 J_z 求刚体对于 z' 轴的转动惯量。

如图 11.4 所示，取两组相互平行的坐标系 $Cxyz$ 与 $O'x'y'z'$，使 x' 轴与 x 轴平行，y' 轴与 y 轴重合。将刚体看作由许多质点组成，设任意质点 M_i 的质量为 m_i，它至 z 轴与 z' 轴的距离分别为 r_i 和 r'_i，则刚体对于 z 轴的转动惯量为

$$J_z = \sum m_i r_i^2 = \sum m_i (x_i^2 + y_i^2) \quad (11-10)$$

而刚体对于 z' 轴的转动惯量为

$$J_z = \sum m_i r'^2_i = \sum m_i (x'^2_i + y'^2_i) \quad (11-11)$$

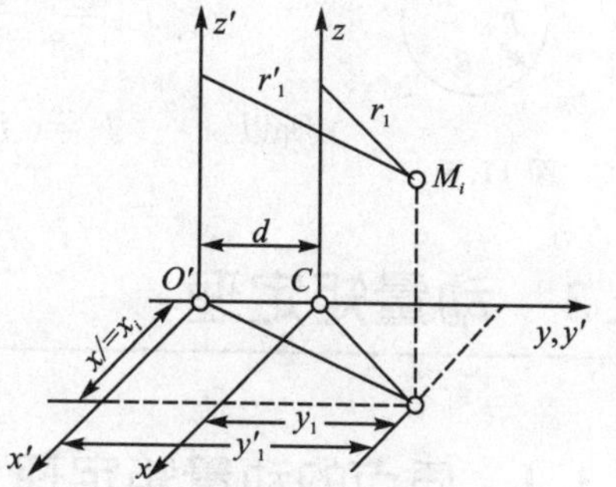

图 11.4

由于 $x'_i = x_i$，$y'_i = y_i + d$ 于是式(11-11)变为

$$\begin{aligned} J'_z &= \sum m_i[x_i^2 + (y_i + d)^2] = \sum m_i[x_i^2 + y_i^2 + 2dy_i + d^2] \\ &= \sum m_i(x_i^2 + y_i^2) + 2d\sum m_i y_i + d^2 \sum m_i \end{aligned} \quad (11-12)$$

上式右端第一项就是 J_z，第三项为 md^2，而第二项由于 $y_C = 0$ 根据质心坐标公式(10-13)知 $\sum m_i y_i = m y_C = 0$，因此式(11-12)变成

$$J'_z = J_z + md^2 \quad (11-13)$$

式(11-13)表明：刚体对任一轴的转动惯量，等于刚体对通过质心并与该轴平行的轴的转动惯量，加上刚体的质量与两轴间距离平方的乘积。这个关系就是转动惯量的平行轴定理。

11.2.4　组合体的转动惯量

由转动惯量的定义可知：组合体对于某一轴的转动惯量，等于其中各简单形状物体对同一轴的转动惯量之总和。如果物体有空心部分，可把这部分质量视为负值处理。

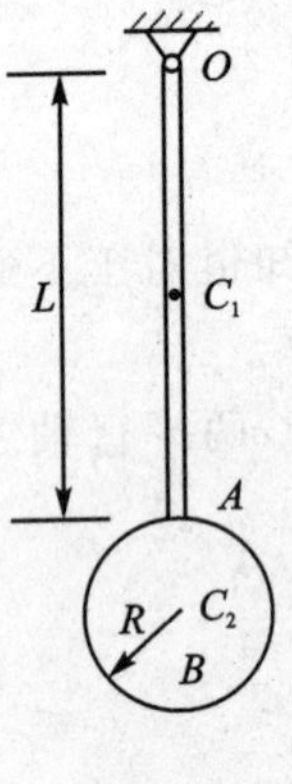

图 11.5

例 11.2　冲击摆可近似看成由均质杆 OA 和均质圆盘 B 组成，如图 11.5 所示。已知杆的质量为 M_1，杆长为 L，圆盘的质量为 M_2，半径为 R，试求摆对通过杆端并与盘面垂直的轴 z 的转动惯量 J_z。

解： 摆对 z 轴的转动惯量 J_z，等于杆对 z 轴的转动惯量 J_{z1} 与盘对 z 轴的转动惯量 J_{z2} 的和。

$$J_{z1} = \frac{m_1 L^2}{3}$$

$$J_{z2} = \frac{m_2 R^2}{2} + m_2(L+R)^2 = \frac{1}{2}m_2(3R^2 + 4RL + 2R^2)$$

所以
$$J_z = J_{z1} + J_{z2} = \frac{m_1 L^2}{3} + \frac{1}{2}m_2(3R^2 + 4RL + 2R^2)$$

11.3　动量矩定理

11.3.1　质点的动量矩定理

设质点的质量为 m，某瞬时相对于定点 O 的矢径为 $\boldsymbol{r}$，受合力为 $\boldsymbol{F}$，速度为 v，将质点的动量矩 $\boldsymbol{M}_O(m\boldsymbol{v})$ 对时间求一阶导数，得

$$\frac{\mathrm{d}}{\mathrm{d}t}[\boldsymbol{M}_O(m\boldsymbol{v})] = \frac{\mathrm{d}}{\mathrm{d}t}(\boldsymbol{r}\times m\boldsymbol{v}) = \frac{\mathrm{d}\boldsymbol{r}}{\mathrm{d}t}\times m\boldsymbol{v} + \boldsymbol{r}\times\frac{\mathrm{d}}{\mathrm{d}t}(m\boldsymbol{v})$$

由于 $\mathrm{d}\boldsymbol{r}/\mathrm{d}t=\boldsymbol{v}$，则上式右端的第一项为 $\mathrm{d}\boldsymbol{r}/\mathrm{d}t\times m\boldsymbol{v}=\boldsymbol{v}\times m\boldsymbol{v}$。显然 $\boldsymbol{v}$ 与 $m\boldsymbol{v}$ 同方向，二者的夹角为零。根据矢量积定义：$\boldsymbol{v}\times m\boldsymbol{v}=0$，故得

$$\frac{\mathrm{d}}{\mathrm{d}t}\boldsymbol{M}_O(m\boldsymbol{v}) = \boldsymbol{r}\times\frac{\mathrm{d}(m\boldsymbol{v})}{\mathrm{d}t} \tag{11-14}$$

由质点的动量定理知

$$\mathrm{d}(m\boldsymbol{v})/\mathrm{d}t = \boldsymbol{F}$$

对上式两边左叉乘 r 并注意到式(11-7)，得：

$$\frac{\mathrm{d}}{\mathrm{d}t}\boldsymbol{M}_O(m\boldsymbol{v}) = \boldsymbol{r}\times\boldsymbol{F}$$

即

$$\frac{\mathrm{d}}{\mathrm{d}t}\boldsymbol{M}_O(m\boldsymbol{v}) = M_O(\boldsymbol{F}) \tag{11-15}$$

式(11-15)表明：质点对某一固定点的动量矩对时间的一阶导数，等于同瞬时作用在该质点上的力对同一点的矩。这就是质点的动量矩定理。

工程实际中，经常用到质点对固定轴的动量矩定理。将上式的两端分别向过 O 点的三个

坐标轴投影，得

$$\begin{cases}\dfrac{\mathrm{d}}{\mathrm{d}t}[M_x(mv)] = M_x(F)\\ \dfrac{\mathrm{d}}{\mathrm{d}t}[M_y(mv)] = M_y(F)\\ \dfrac{\mathrm{d}}{\mathrm{d}t}[M_z(mv)] = M_z(F)\end{cases} \tag{11-16}$$

式(11－16)表明：质点对定轴的动量矩对时间的一阶导数，等于作用于质点上的力对同一轴的矩。这就是质点对固定轴的动量矩定理。

从质点的动量矩定理可以得到下列两个推论：

(1) 如果作用在质点上的力始终通过某一固定点 O，则该力对此固定点的矩恒等于零，式(11－15)成为：

$$\frac{\mathrm{d}}{\mathrm{d}t}\boldsymbol{M}_O(m\boldsymbol{v}) = 0$$

即

$$\boldsymbol{M}_O(m\boldsymbol{v}) = \text{恒矢量} \tag{11-17}$$

式(11－17)表明：如果作用于质点上的力对某一固定点的矩恒等于零，则质点对该点的动量矩保持不变。

(2) 如果作用在质点上的力对 z 轴的矩等于零，则式(11－16)的第三式为

$$\frac{\mathrm{d}}{\mathrm{d}t}M_z(mv) = 0$$

即

$$M_z(mv) = \text{恒量} \tag{11-18}$$

式(11－18)表明：如果作用在质点上的力对某一固定轴的矩恒等于零，则质点对该轴的动量矩保持不变。

11.3.2 质点系的动量矩定理

设质点系有 n 个质点，第 i 个质点的质量为 m_i，速度为 $\boldsymbol{v}_i$，作用在其上的内力和外力分别是 $\boldsymbol{F}_i^{(i)}$ 和 $\boldsymbol{F}_i^{(e)}$。该质点对固定点 O 之动量矩为

$$\boldsymbol{L}_{Oi} = \boldsymbol{r}_i \times m_i\boldsymbol{v}_i$$

对时间 t 求导，则得

$$\frac{\mathrm{d}\boldsymbol{L}_{Oi}}{\mathrm{d}t} = \frac{\mathrm{d}\boldsymbol{r}_i}{\mathrm{d}t} \times m_i\boldsymbol{v}_i + \boldsymbol{r}_i \times m_i\frac{\mathrm{d}\boldsymbol{v}_i}{\mathrm{d}t} = \boldsymbol{v}_i \times m_i\boldsymbol{v}_i + \boldsymbol{r}_i \times m_i\frac{\mathrm{d}\boldsymbol{v}_i}{\mathrm{d}t}$$

其中 $\boldsymbol{v}_i \times m_i\boldsymbol{v}_i = 0$，又由牛顿第二定律有

$$m_i \frac{d\boldsymbol{v}_i}{dt} = \boldsymbol{F}_i^{(i)} + \boldsymbol{F}_i^{(e)}$$

因此有

$$\frac{d\boldsymbol{L}_{Oi}}{dt} = \boldsymbol{r}_i \times \boldsymbol{F}_i^{(i)} + \boldsymbol{r}_i \times \boldsymbol{F}_i^{(e)}$$

对上式求和：

$$\sum \frac{d\boldsymbol{L}_{Oi}}{dt} = \sum \boldsymbol{r}_i \times \boldsymbol{F}_i^{(i)} + \sum \boldsymbol{r}_i \times \boldsymbol{F}_i^{(e)}$$

即

$$\frac{d\boldsymbol{L}_O}{dt} = \sum \boldsymbol{M}_O(\boldsymbol{F}_i^{(i)}) + \sum \boldsymbol{M}_O(\boldsymbol{F}_i^{(e)})$$

根据内力的性质，易知上式右端第一项为零，故上式变为

$$\frac{d\boldsymbol{L}_O}{dt} = \sum \boldsymbol{M}_O(\boldsymbol{F}_i^{(e)}) \tag{11-19}$$

这就是矢量形式的质点系动量矩定理。它表明：质点系对于某一固定点的动量矩对时间的导数等于作用在该质点系上的所有外力对于同一点之矩的矢量和。

应用时，取投影式，即

$$\left.\begin{aligned} dL_x/dt &= \sum M_x(F_i^{(e)}) \\ dL_y/dt &= \sum M_y(F_i^{(e)}) \\ dL_z/dt &= \sum M_z(F_i^{(e)}) \end{aligned}\right\} \tag{11-20}$$

即质点系对某一固定轴的动量矩对时间的导数，等于作用在质点系上的外力对同一轴之矩的代数和。

由质点系动量矩定理可知，质点系的内力不能改变质点系的动量矩，只有外力才能使质点系的动量矩发生变化。

由质点系动量矩定理可知

(1) 若 $\sum \boldsymbol{M}_O(\boldsymbol{F}^{(e)}) = 0$，则 $\boldsymbol{L}_O$＝恒矢量；

(2) 若 $\sum M_z(F^{(e)}) = 0$，则 L_z＝恒量。

即若作用于质点系的所有外力对于某定点（或定轴）之矩的矢量和（力矩的代数和）等于零，则质点系对于该点（或该轴）的动量矩保持不变。这一结论称为质点系动量矩守恒定律。

必须指出上述动量矩定理的表达形式只适用于对固定点或固定轴。对于一般的动点或动轴，其动量矩定理具有更复杂的表达式，本书不讨论这类问题。

例 11.3 在矿井提升设备中，两个鼓轮固联在一起，总质量为 m，对转轴 O 的转动惯量为 J_o，在半径为 r_1 的鼓轮上悬挂一质量为 m_1 的重物 A，而在半径为 r_2 的鼓轮上用绳牵引小

车 B 沿倾角 θ 的斜面向上运动，小车的质量为 m_2。在鼓轮上作用有一不变的力偶矩 M，如图 11.6 所示。不计绳索的质量和各处的摩擦，绳索与斜面平行，试求小车上升的加速度。

解：选整体为质点系，作用在质点系上的力为三个物体的重力 $m\boldsymbol{g}$、$m_1\boldsymbol{g}$、$m_2\boldsymbol{g}$，在鼓轮上不变的力偶矩 M，以及作用在轴 O 处和截面的约束力为 $\boldsymbol{F}_{Ox}$、$\boldsymbol{F}_{Oy}$、$\boldsymbol{F}_N$。质点系对转轴 O 的动量矩为

$$L_O = J_O\omega + m_1 v_1 r_1 + m_2 v_2 r_2$$

其中，$v_1 = r_1\omega$，$v_2 = r_2\omega$，

则

$$L_O = J_O\omega + m_1 r_1^2\omega + m_2 r_2^2\omega$$

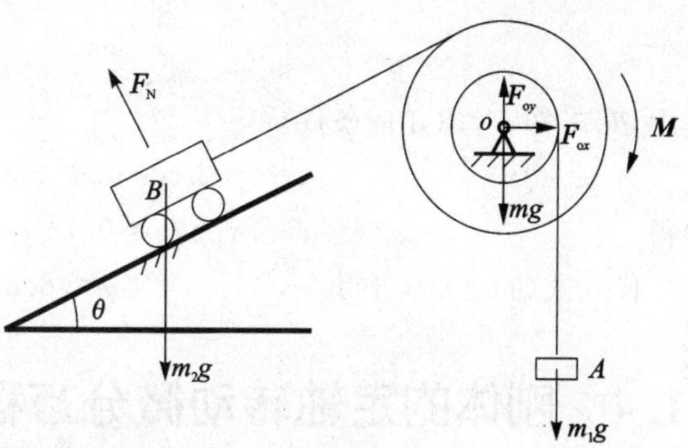

图 11.6

作用在质点系上的力对转轴 O 的矩为

$$M_O = M + m_1 g r_1 - m_2 g r_2 \sin\theta$$

由质点系的动量矩定理

$$\frac{\mathrm{d}}{\mathrm{d}t}\boldsymbol{L}_O = \sum_{i=1}^{n}\boldsymbol{M}_O(\boldsymbol{F}_i^e)$$

得

$$J_O\dot{\omega} + m_1 r_1^2\dot{\omega} + m_2 r_2^2\dot{\omega} = M + m_1 g r_1 - m_2 g r_2 \sin\theta$$

解得鼓轮的角加速度为

$$a = \frac{M + m_1 g r_1 - m_2 g r_2 \sin\theta}{J_O + m_1 r_1^2 + m_2 r_2^2}$$

小车上升的加速度为

$$a = \frac{M + (m_1 r_1 - m_2 r_2 \sin\theta) g}{J_O + m_1 r_1^2 + m_2 r_2^2} r_2$$

例 11.4　质量为 $m = 1$ kg 的小球，用两根长 $l = 0.6$ m 的不可伸长的绳连接在铅垂轴上，此时 $\theta_0 = 30°$，轴转动的角速度为 $\omega_0 = 15$ rad/s，如图 11.7 所示。若滑块 A 向上移动 0.15 m，问此时轴转动的角速度变为多少？

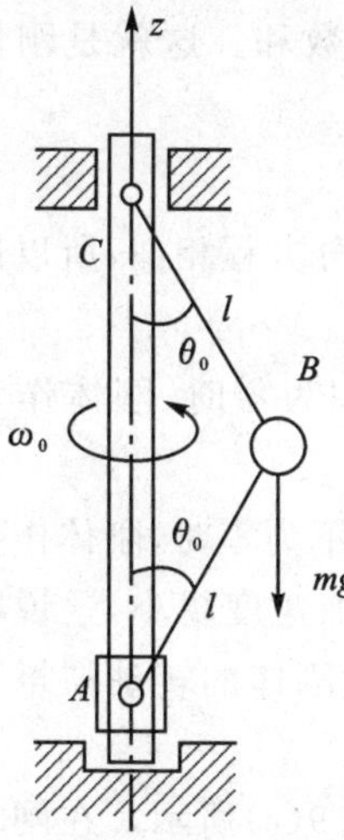

图 11.7

解：取系统为研究对象。系统受到的外力有小球 A 的重力和轴承的约束反力，这些力对于 z 轴的矩都等于零，所以系统对转轴的动量矩保持不变。

当 $\theta = 30°$ 时，小球对 z 轴的动量矩为

$$L_{z1} = ml\sin\theta_0 \cdot \omega_0 \cdot l\sin\theta_0 = ml^2\omega_0\sin^2\theta_0$$

设 ω_1 和 θ_1 分别为滑块 A 向上移动 0.15 m 时杆的转动角速度和绳与杆轴线的夹角。此时小球对 z 轴的动量矩为

$$L_{z2} = ml^2\omega_1 \cdot \sin^2\theta_1$$

根据动量矩守恒定理 $L_{z1}=L_{z2}$,解得

$$\omega_1 = \frac{\sin^2\theta_1}{\sin^2\theta_2}\omega_0 \tag{11-21}$$

其中,θ_1 未知,考虑几何条件:

$$2l\cos\theta_0 - 2l\cos\theta_1 = 0.15$$

解得 $\cos\theta_1 \approx 0.74 \qquad \sin^2\theta_1 \approx 0.45$

代入式(11-20)可得 $\omega_1 \approx 8.31\ \text{rad/s}$

11.4 刚体的定轴转动微分方程

设一刚体绕固定轴 z 转动,在某瞬时 t 的角速度为 ω。如图 11.8 所示,则刚体对转动轴 z 的动量矩为

$$L_z = J_z\omega \tag{11-22}$$

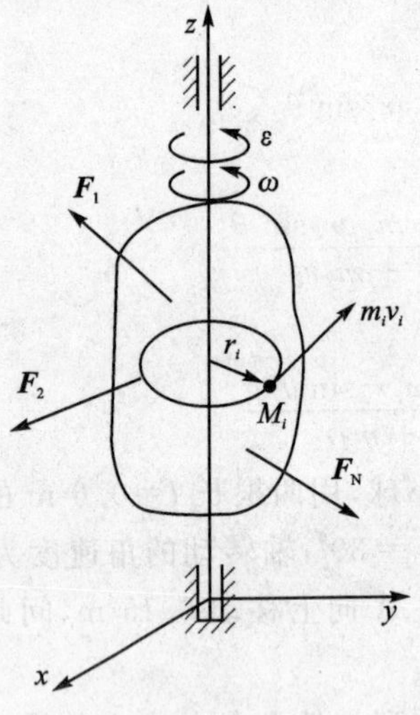

图 11.8

从上式可以看出,由于 J_z 恒大于零。所以 L_z 和 ω 同向。

将上式带入式(11-20)可得:

$$J_z\varepsilon = \sum M_z(\boldsymbol{F}_i^{(e)}) \tag{11-23}$$

上式表明:定轴转动刚体对转轴的转动惯量与角加速度的乘积,等于所有外力对转轴之矩的代数和。这就是刚体的定轴转动微分方程。

由式(11-23)可以看出:

(1) 式(11-23)与质点的运动微分方程相似,所以用它可以求解转动刚体动力学的两类问题。

(2) 当外力对转轴之矩的代数和为零时,刚体作匀速转动。

(3) 当外力对转轴之矩的代数和不为零时,刚体作变速转动。而且转动惯量越大,获得的角加速度越小,这说明刚体的转动状态变化得越慢,即刚体的转动惯性越大,反之则越小。因此,刚体的转动惯量是刚体转动时惯性的度量。

例 11.5 闸轮重为 $\boldsymbol{P}$,半径为 r,以角速度 ω_0 绕 O 轴转动,如图 11.9(a)所示。在闸块的制动下,经过时间 t 后停止转动。设闸块作用于闸轮的正压力 $\boldsymbol{N}$ 为一常力。若闸轮对 O 轴的转动惯量为 J_O,闸块与闸轮之间的动滑动摩擦因数为 f,轴承中的摩擦忽略不计。试求正压

力 **N** 的大小。

解：取闸轮为研究对象。作用在闸轮上的外力有重力 **P**，正压力 **N**，滑动摩擦力 **F**，轴承反力 $\boldsymbol{N}_{Ox}$ 和 $\boldsymbol{N}_{oy}$。受力分析如图 11.9(b)所示。其中，只有 **F** 对 O 轴有矩，其他各力的作用线都通过 O 轴，对 O 轴的矩都为零。

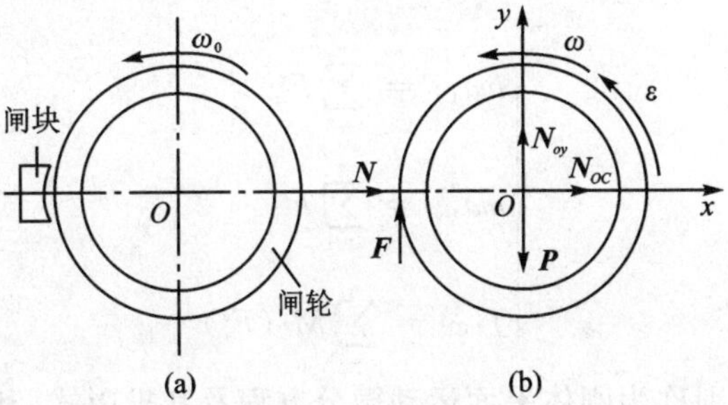

图 11.9

闸轮作定轴转动，设制动过程中的任一瞬时，闸轮的角速度为 ω，角加速度为 α。转向如图 11.9(b)所示。则闸轮的转动微分方程和初始条件为：

$$J_o \frac{\mathrm{d}\omega}{\mathrm{d}t} = -Fr \qquad \boldsymbol{F} = \boldsymbol{N}f = \text{恒量} \tag{a}$$

$$\begin{cases} \omega(0) = \omega_0 \\ \omega(t) = 0 \end{cases} \tag{b}$$

解(a)、(b)得

$$N = \frac{J_0 \omega_0}{frt}$$

11.5　刚体的平面运动微分方程

由运动学知，刚体的平面运动可以分解为随基点的平动和相对于基点转动的两部分。在动力学中，一般取质心为基点，因此刚体的平面运动可以分解为随质心的平动和相对于质心转动的两部分。这两部分的运动分别由质心运动定理和相对于质心的动量矩定理来确定。

如图 11.10 所示，作用在刚体上的力简化为质心所在平面内一平面力系 $\boldsymbol{F}_i^e (i=1,\cdots n)$，在质心 C 处建立平移坐标系 $Cx'y'$，如图 11.10 所示。由质心运动定理和相对于质心的动量矩定理得

$$\begin{cases} m\boldsymbol{a}_C = \sum_{i=1}^{n} \boldsymbol{F}_i^e \\ \dfrac{\mathrm{d}}{\mathrm{d}t}(J_C\omega) = \sum_{i=1}^{n} M_C(\boldsymbol{F}_i^e) \end{cases} \tag{11-24}$$

式(11－24)的投影形式：

$$\begin{cases} ma_{Cx} = \sum_{i=1}^{n} F_{ix}^e \\ ma_{Cy} = \sum_{i=1}^{n} F_{iy}^e \\ J_C\ddot{\varphi} = \sum_{i=1}^{n} M_C(F_i^e) \end{cases} \tag{11-25}$$

式(11－24)、(11－25)分别称为刚体平面运动微分方程及其投影式，利用此方程可求解刚体平面运动的两类动力学问题。

例 11.6　均质的鼓轮，半径为 R，质量为 m，在半径为 r 处沿水平方向作用有力 $\boldsymbol{F}_1$ 和 $\boldsymbol{F}_2$，使鼓轮沿平直的轨道向右作无滑动滚动，如图 11.11 所示，试求轮心点 O 的加速度，及使鼓轮作无滑动滚动时的摩擦力。

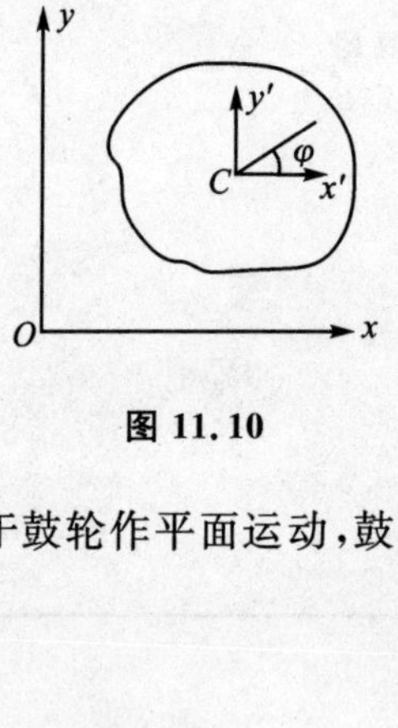

图 11.10

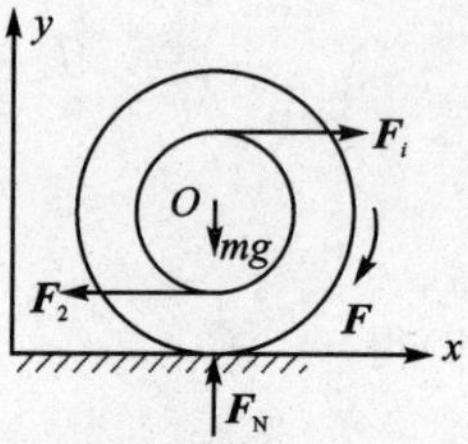

图 11.11

解：由于鼓轮作平面运动，鼓轮的受力如图 11－11 所示，建立鼓轮平面运动微分方程为

$$ma_{Ox} = F_1 - F_2 + F \tag{11-26}$$

$$ma_{Oy} = F_N - mg \tag{11-27}$$

$$J_O a = F_1 r + F_2 r - FR \tag{11-28}$$

因鼓轮沿平直的轨道作无滑动的滚动，则 $a_{Oy}=0$，$F_N=mg$，$\omega=\dfrac{v_O}{R}$，$a=\dfrac{\dot{v}_O}{R}=\dfrac{a_{Ox}}{R}$，代入式(11－28)得

$$J_O\frac{a_{Ox}}{R} = F_1 r + F_2 r - FR \tag{11-29}$$

式(11－26)和式(11－29)联立得轮心点 O 的加速度为

$$a = a_{Ox} = \frac{(F_1 + F_2)r + (F_1 - F_2)R}{J_O + mR^2}R$$

其中转动惯量 $J_O = \frac{1}{2}mR^2$，则有

$$a = a_{Ox} = \frac{2[(F_1 + F_2)r + (F_1 - F_2)R]}{3mR}$$

使鼓轮作无滑动滚动时的摩擦力为

$$F = \frac{2(F_1 + F_2)r - (F_1 - F_2)R}{3R}$$

习　题

11.1　如题 11.1 图所示，质量为 m 的偏心轮在水平面上作平面运动。轮子轴心为 A，质心为 C，$AC=e$；轮子半径为 R，对轴心 A 的转动惯量为 J_A；C、A、B 三点在同一铅直线上。当轮子只滚不滑时，若 v_A 已知，求轮子的动量和对地面上 B 点的动量矩。

11.2　如题 11.2 图所示，绞车鼓轮的直径为 R，其质量为 m_1 且假定质量均匀分布在圆周上（即将鼓轮看做圆环），所起吊的重物质量为 m，绳子的质量不计。由电机传过来的主动转矩为 M，求重物上升时的加速度和绳子的拉力、绞车支座的反力。

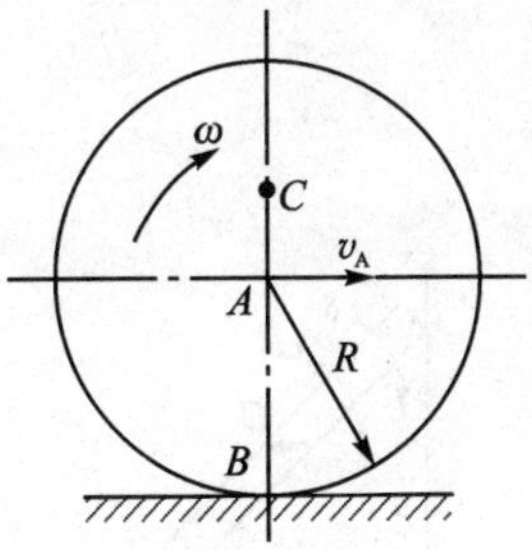

题 11.1 图

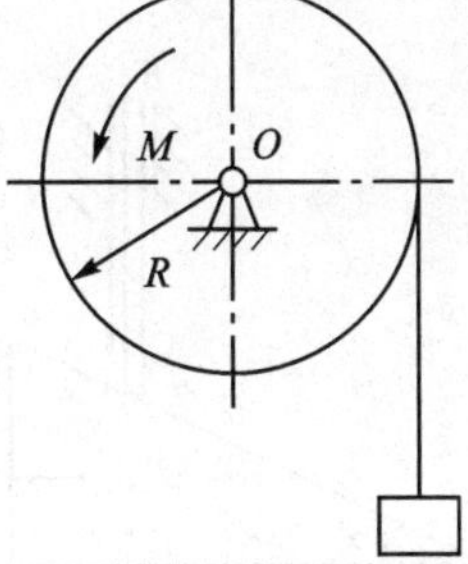

题 11.2 图

11.3　重物 A 质量为 m_1，系在绳子上，绳子跨过不计质量的固定滑轮 D，并绕在鼓轮 B 上，如题 11.3 图所示。由于重物下降，带动了轮 C，使它沿水平轨道滚动而不滑动。设鼓轮半径为 r，轮 C 的半径为 R，两者固连在一起，总质量为 m_2，对于其水平轴 O 的回转半径为 ρ。求重物 A 的加速度。

11.4　如题 11.4 图所示的装置，质量为 m 的杆 AB 可在质量为 M 的管 CD 内任意的滑动，$AB=CD=l$，CD 管绕铅直轴 z 转动，当运动初始时，杆 AB 与管 CD 重合，角速度为 ω_O，各

处摩擦不计。试求杆 AB 伸出一半时此装置的角速度。

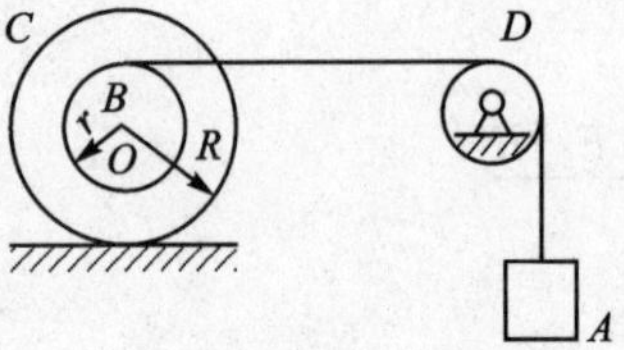

题 11.3 图

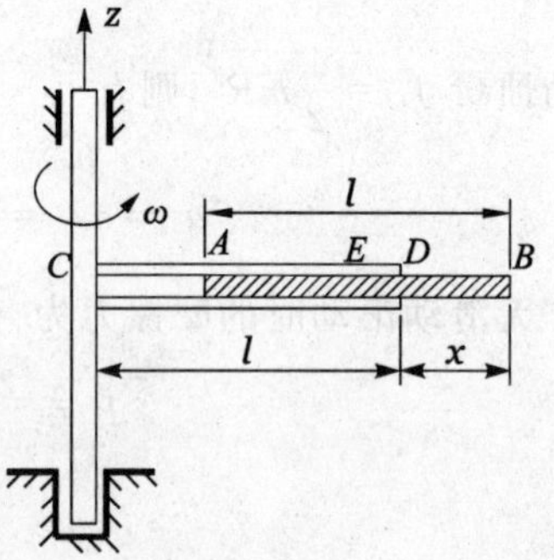

题 11.4 图

11.5　已知飞轮的转动惯量为 $J=18\times10^3\ \text{kg}\cdot\text{m}^2$，在恒力矩 M 作用下由静止开始转动，经过 20 s，飞轮的转速达到 120 r/min。若不计摩擦的影响，求起动力矩 M。

11.6　如题 11.6 图所示，质量为 m 的直杆可以自由地在固定铅垂套管中移动，杆的下端搁在质量为 M，倾角为 α 的光滑的楔块上，而楔块放在光滑的水平面上，由于杆的压力，楔块向水平方向运动，因而杆下降，求两物体的加速度。

11.7　如题 11.7 图所示均质杆 AB 质量为 m，长为 l，放在铅直平面内，杆的一端 A 靠在光滑的铅直墙壁上，杆的另一端 B 靠在光滑水平面上，初始时，杆 AB 与水平线的夹角 φ_O，设杆无初速地沿铅直墙面倒下，试求杆质心 C 的加速度和杆 AB 两端 A、B 处的约束力。

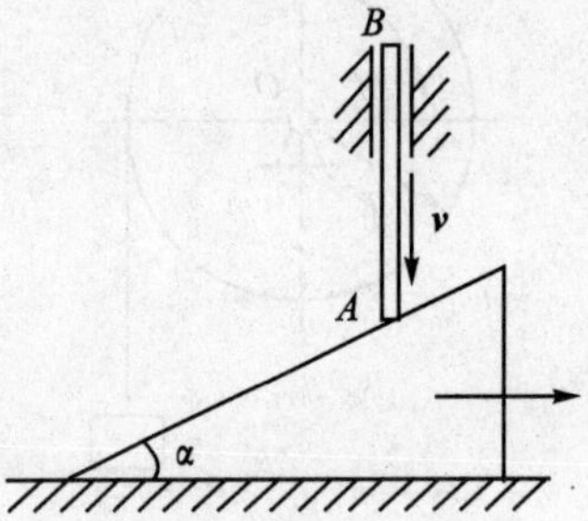

题 11.6 图

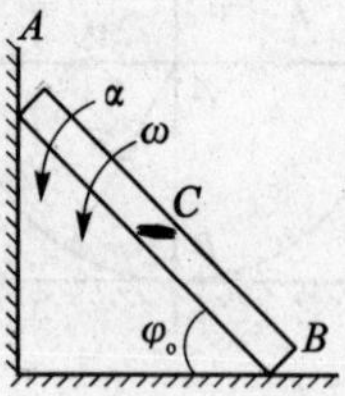

题 11.7 图

第 12 章 动能定理

动量和动量矩是描述物体作机械运动时与周围物体进行机械运动交换的物理量，动能是描述物体作机械运动时所具有的能量。物体由于运动而具有的能量称为物体的动能。这一章我们要学习物体动能的变化与作用在物体上力的功之间的关系——动能定理。

12.1 力的功

12.1.1 常力在直线位移中的功

从物理学上知道，功是力对物体在一段路程中作用效果的积累。设一质点 M 在力 $\boldsymbol{F}$ 作用下沿直线运动，如图 12.1 所示，则此常力 $\boldsymbol{F}$ 在位移方向上投影与其路程 s 的乘积，称为力 $\boldsymbol{F}$ 在路程 s 上所做的功，以 W 表示，即：

$$W = \boldsymbol{F}s\cos\alpha \tag{12-1}$$

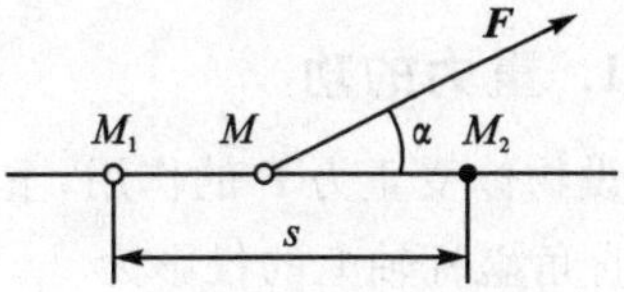

图 12.1

12.1.2 变力在有限曲线位移上做的功

设质点 M 在变力 $\boldsymbol{F}$ 的作用下作曲线运动，如图 12.2 所示，质点从位置 M_1 运动到位置 M_2。为了计算变力 $\boldsymbol{F}$ 在曲线上的功，将曲线 M_1M_2 分成若干小段，其弧长为 ds，ds 可视为直线，此段上力 $\boldsymbol{F}$ 视为常力，此时力 $\boldsymbol{F}$ 的功称为元功，由式(12-1)有

$$\delta W = F\cos\theta ds \tag{12-2}$$

当 ds 足够小时位移与路程相等，即 $ds=|d\boldsymbol{r}|$，$d\boldsymbol{r}$ 为微小弧段 ds 上所对应的位移，式(12-2)写成

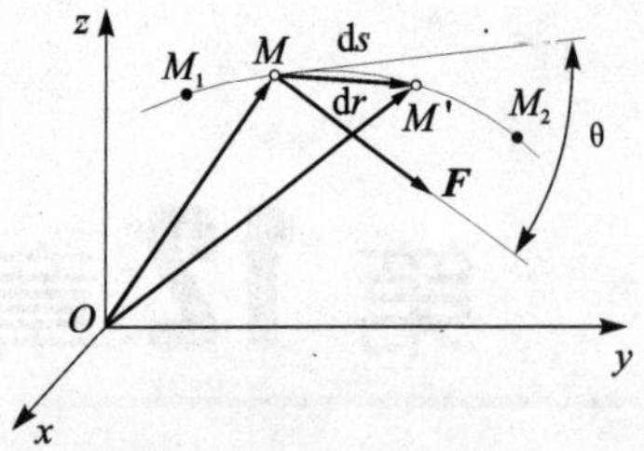

图 12.2

$$\delta W = \boldsymbol{F} \cdot \mathrm{d}\boldsymbol{r} \tag{12-3}$$

力 $\boldsymbol{F}$ 和位移 $\mathrm{d}\boldsymbol{r}$ 的解析式为

$$\boldsymbol{F} = F_x\boldsymbol{i} + F_y\boldsymbol{j} + F_z\boldsymbol{k}, \mathrm{d}\boldsymbol{r} = x\boldsymbol{i} + y\boldsymbol{j} + z\boldsymbol{k}$$

则元功的解析式为

$$\delta W = F_x\mathrm{d}x + F_y\mathrm{d}y + F_z\mathrm{d}z \tag{12-4}$$

力 $\boldsymbol{F}$ 在曲线 M_1M_2 上的功

$$W_{12} = \int_{M_1}^{M_2} \delta W = \int_{M_1}^{M_2} \boldsymbol{F} \cdot \mathrm{d}\boldsymbol{r} = \int_{M_1}^{M_2} F_x\mathrm{d}x + F_y\mathrm{d}y + F_z\mathrm{d}z \tag{12-5}$$

12.1.3　汇交力系合力之功

设质点 M 上作有 n 个力 $\boldsymbol{F}_1$、…、$\boldsymbol{F}_n$，则力系的合力功为

$$W_{12} = \sum_{i=1}^{n} W_{12i} = \sum_{i=1}^{n} \int_{M_1}^{M_2} \boldsymbol{F}_i \cdot \mathrm{d}\boldsymbol{r} \tag{12-6}$$

即，汇交力系的合力在有限路径上的功等于力系中各力在此路径上的功的代数和。

12.1.4　几种常见的力的功的计算

1. 重力的功

设物体受重力 $\boldsymbol{P}$ 的作用，重心沿曲线从位置 M_1 运动到位置 M_2，如图 12.3 所示，则重力 $\boldsymbol{P}$ 在直角坐标轴上的投影为

$$F_x = F_y = 0 \qquad F_z = -P$$

代入式(12 - 4)得重力的元功为

$$\delta \boldsymbol{W} = -\boldsymbol{P}\mathrm{d}z = \mathrm{d}(-\boldsymbol{P}z)$$

重力 $\boldsymbol{P}$ 沿曲线 M_1M_2 的功

$$W_{12} = \int_{z_1}^{z_2} \mathrm{d}(-\boldsymbol{P}z) = \boldsymbol{P}(z_1 - z_2) \tag{12-7}$$

由重力功式(12 - 7)可见，重力功只与始末位置的高度差有关，与物体的运动路径无关。重心下降，重力所做的功为正；反之，则为负功。

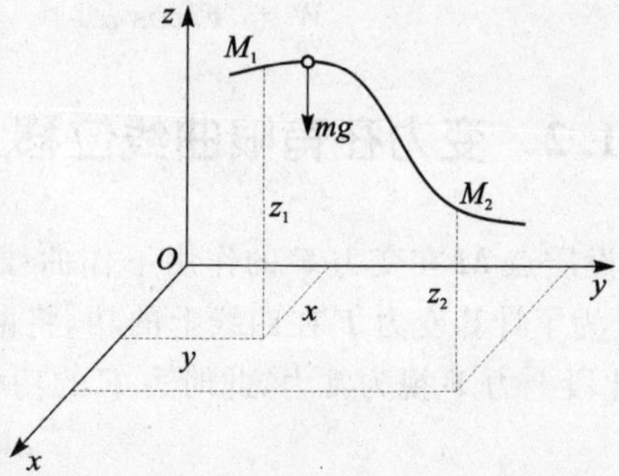

图 12.3

2. 弹性力的功

如图 12.4 所示，一端固定，另一端连接质点 M 的弹簧，质点受弹力 $\boldsymbol{F}$ 的作用，从位置 M_1 运动到位置 M_2。设弹簧的原长为 l_0，刚性系数为 k（单位：N/m），在弹性范围内，弹力 $\boldsymbol{F}$ 表示为

$$\boldsymbol{F} = -k(r - l_0)\boldsymbol{r}_0$$

式中 $\boldsymbol{r}_0 = \dfrac{\boldsymbol{r}}{r}$ 为矢径 $\boldsymbol{r}$ 方向的单位矢量。当弹簧伸长时 $r > l_0$，$\boldsymbol{F}$ 与 $\boldsymbol{r}$ 方向相反；当弹簧受压时 $r < l_0$，$\boldsymbol{F}$ 与 $\boldsymbol{r}$ 方向相同。

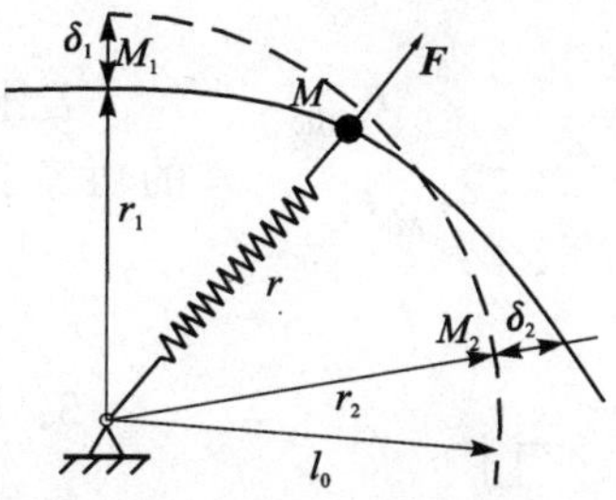

图 12.4

由式(12-4)得弹力的元功

$$\delta W = \boldsymbol{F} \cdot \mathrm{d}\boldsymbol{r} = -k(r - l_0)\boldsymbol{r}_0 \cdot \mathrm{d}\boldsymbol{r} = -k(r - l_0)\frac{\boldsymbol{r}}{r} \cdot \mathrm{d}\boldsymbol{r}$$

其中，$\boldsymbol{r} \cdot \mathrm{d}\boldsymbol{r} = \dfrac{1}{2}\mathrm{d}(\boldsymbol{r} \cdot \boldsymbol{r}) = \dfrac{1}{2}\mathrm{d}(r^2) = r\mathrm{d}r$ 代入上式，则有

$$\delta W = -k(r - l_0)\mathrm{d}r = \mathrm{d}\left[-\frac{k}{2}(r - l_0)^2\right]$$

质点沿 M_1M_2 运动时弹力功

$$W_{12} = \int_{M_1}^{M_2} \boldsymbol{F} \cdot \mathrm{d}\boldsymbol{r} = \frac{k}{2}[(r_1 - l_0)^2 - (r_2 - l_0)^2]$$

即

$$W_{12} = \frac{k}{2}(\delta_1^2 - \delta_2^2) \tag{12-8}$$

式中 $\delta_1 = r_1 - l_0$、$\delta_2 = r_2 - l_0$ 分别为质点在初始位置 M_1 和末了位置 M_2 时弹簧的变形量。由此可见，弹力功只与质点始末位置有关，与质点的运动路径无关。

3. 摩擦力所做的功

物体受到摩擦时，由于动摩擦力 $\boldsymbol{F} = \mu\boldsymbol{F}_{\mathrm{N}}$，且方向与运动方向相反，故动摩擦力的功为

$$W = -\int_l \mu\boldsymbol{F}_{\mathrm{N}}\mathrm{d}l$$

如果 $\boldsymbol{F}_{\mathrm{N}}$ 恒量，则

$$W = \mu\boldsymbol{F}_{\mathrm{N}}l \tag{12-9}$$

其中，l 为物体的运动轨迹。值得注意的是，只有动摩擦力才做功，静摩擦力由于没有相对位移，并不做功。

4. 力矩的功

如图 12.5 所示，刚体绕转轴 z 作定轴转动，作用在刚体上的力 $\boldsymbol{F}$ 的元功为

$$\delta W = \boldsymbol{F} \cdot \mathrm{d}\boldsymbol{r} = F_\tau \mathrm{d}s = F_\tau r \mathrm{d}\varphi = M_z \mathrm{d}\varphi$$

则刚体从位置 M_1 转到位置 M_2 时，力 $\boldsymbol{F}$ 所作的功为

$$W_{12} = \int_{M_1}^{M_2} \boldsymbol{F} \cdot \mathrm{d}\boldsymbol{r} = \int_{M_1}^{M_2} M_z \mathrm{d}\varphi \tag{12-10}$$

图 12.5

若刚体在力偶作用下，且力偶矩 M＝恒量，由式(12－10)力偶矩的功等于力偶矩与刚体沿力偶矩转过的转角的乘积，即

$$W_{12} = \int_{M_2}^{M_1} M_z d\varphi = M\varphi \tag{12-11}$$

5. 约束力的功

物体所受的约束，例如：① 光滑接触面约束、轴承约束、滚动铰支座，其约束力与微小位移 $\mathrm{d}\boldsymbol{r}$ 总是相互垂直，约束力的元功等于零；② 铰链约束，其单一的约束力的元功不等于零，但相互间的约束力的元功之和等于零；③ 不可伸长的绳索、二力杆约束，由于绳索、二力杆不可伸长其约束力的元功等于零；④ 物体沿固定平面作纯滚动，其法线约束力和摩擦力均不作功。

我们把约束力不作功或约束力作功之和等于零的约束称为理想约束。即

$$\delta W = \sum_{i=1}^{s} F_{\mathrm{N}i} \cdot \mathrm{d}\boldsymbol{r}_i = 0 \tag{12-12}$$

6. 内力的功

在质点系中设 A、B 两点间的相互作用力为 $\boldsymbol{F}_A$、$\boldsymbol{F}_B$，且有 $\boldsymbol{F}_A = -\boldsymbol{F}_B$。如图 12.6 所示，内力的元功之和为

$$\delta W = \boldsymbol{F}_A \cdot \mathrm{d}\boldsymbol{r}_A + \boldsymbol{F}_B \cdot \mathrm{d}\boldsymbol{r}_\mathrm{B} = \boldsymbol{F}_A \cdot (\mathrm{d}\boldsymbol{r}_A - \mathrm{d}\boldsymbol{r}_\mathrm{B}) = \boldsymbol{F}_A \cdot \mathrm{d}\boldsymbol{r}_{AB}$$

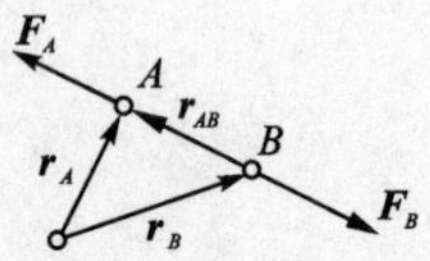

图 12.6

式中 $\mathrm{d}\boldsymbol{r}_{AB}$ 为 A、B 两点间的相对位移，一般情况下 $\mathrm{d}\boldsymbol{r}_{AB} \neq 0$，则其元功 $\delta W \neq 0$；但当物体为刚体时，$\mathrm{d}\boldsymbol{r}_{AB} = 0$，则其元功 $\delta W = 0$。

12.2 动 能

12.2.1 质点的动能

在物理学中知道，质点的动能等于质点的质量与其速度的平方的乘积的一半，它是机械运动强弱的度量，即质点运动的强弱程度不仅取决于质量的大小，还取决于速度的大小，用 T 表示动能，则

$$T = \frac{1}{2} m v^2 \tag{12-13}$$

动能是一个大于等于零的标量，恒为正值。国际单位制中，动能的单位为焦耳(J)。

12.2.2　质点系的动能

对于质点系而言，其动能等于各个质点的动能的总和。即

$$T = \sum_{i=1}^{n} \frac{1}{2} m_i v_i^2 \tag{12-14}$$

12.2.3　刚体的动能

1. 平动刚体的动能

平动刚体上各点的速度在同一瞬时相同，均等于刚体质心的速度 v_c，因而由式(12-14)可得：

$$T = \sum_{i=1}^{n} \frac{1}{2} m_i v_i^2 = \frac{1}{2} v_C^2 \sum_{i=1}^{n} m_i \tag{12-15}$$

对于总质量为 m 均匀分布的刚体

$$T = \frac{1}{2} m v_C^2 \tag{12-16}$$

即：平动刚体的动能等于其总质量与质心速度平方乘积的一半。

2. 定轴转动刚体的动能

设刚体某瞬时以角速度 ω 绕固定轴 z 转动，如图 12.7 所示，刚体内第 i 个质点的质量为 m_i，到转轴 z 的距离为 r_i，质点的速度为 $v_i = r_i\omega$，则刚体作定轴转动时的动能为

$$T = \sum_{i=1}^{n} \frac{1}{2} m_i v_i^2 = \sum_{i=1}^{n} \frac{1}{2} m_i (r_i\omega)^2 = \frac{1}{2} \left(\sum_{i=1}^{n} m_i r_i^2 \right) \omega^2 = \frac{1}{2} J\omega^2$$

即

$$T = \frac{1}{2} J\omega^2 \tag{12-17}$$

其中，$J = \sum_{i=1}^{n} m_i r_i^2$，为刚体对转轴 z 的转动惯量。

也就是说，刚体定轴转动的动能等于刚体对转动轴的转动惯量与角速度平方的乘积的一半。

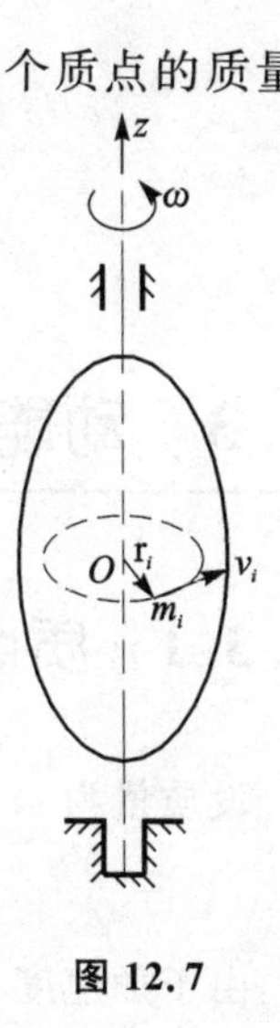

图 12.7

3. 平面运动刚体的动能

刚体作平面运动时，平面图形取刚体质心所在的平面，如图 12.8 所示，设某瞬时平面图形的角速度为 ω，速度瞬心点为 p，平面运动可以看成相对于绕速度瞬心点 p 的纯转动，则刚体平面运动的动能为

$$T=\frac{1}{2}J_p\omega^2$$

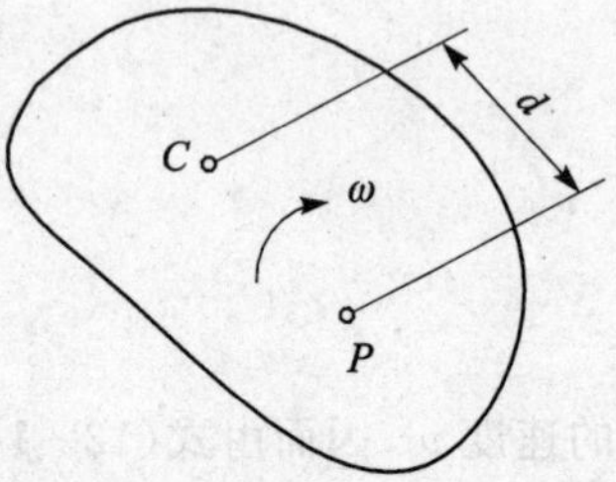

图 12.8

由转动惯量的平行轴定理有

$$J_p=J_C+md^2$$

代入上式得

$$T=\frac{1}{2}J_p\omega^2=\frac{1}{2}(J_C+md^2)\omega^2=\frac{1}{2}J_C\omega^2+\frac{1}{2}md^2\omega^2$$

其中，质心点的速度为 $v_C=\omega d$，于是有

$$T=\frac{1}{2}J_C\omega^2+\frac{1}{2}mv_C^2 \qquad (12-18)$$

即：刚体平面运动的动能等于刚体随质心的平动动能和绕质心的转动动能之和。

例 12.1　均质的圆轮，半径为 R，质量为 m，轮心 C 以速度 $\boldsymbol{v}_C$ 沿平直的轨道向右作无滑动滚动，如图 12.9 所示，试求圆轮的动能。

解：由刚体平面运动动能的计算式(12－18)得

$$\begin{aligned}T&=\frac{1}{2}J_C\omega^2+\frac{1}{2}mv_C^2\\&=\frac{1}{2}\left(\frac{1}{2}mR^2\right)\left(\frac{v_C}{R}\right)^2+\frac{1}{2}mv_C^2\\&=\frac{3}{4}mv_C^2\end{aligned}$$

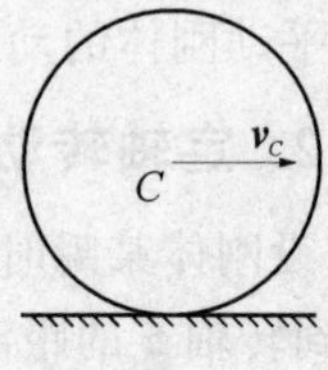

图 12.9

12.3　动能定理

12.3.1　质点的动能定理

设质量为 m 的质点在力 $\boldsymbol{F}$(指合力)的作用下运动，根据质点动力学基本方程有

$$m\boldsymbol{a}=\boldsymbol{F}$$

由于加速度 $\boldsymbol{a}=\dfrac{\mathrm{d}\boldsymbol{v}}{\mathrm{d}t}$，同时在上面的方程左右两端点乘 $\mathrm{d}\boldsymbol{r}$，于是有

$$m\frac{\mathrm{d}\boldsymbol{v}}{\mathrm{d}t}\cdot\mathrm{d}\boldsymbol{r}=\boldsymbol{F}\cdot\mathrm{d}\boldsymbol{r}$$

因 $\boldsymbol{v}=\frac{\mathrm{d}\boldsymbol{r}}{\mathrm{d}t}$，$\delta W=\boldsymbol{F}\cdot\mathrm{d}\boldsymbol{r}$ 代入上式得

$$m\mathrm{d}\boldsymbol{v}\cdot\boldsymbol{v}=\delta W$$

其中，$\mathrm{d}\boldsymbol{v}\cdot\boldsymbol{v}=\mathrm{d}\left(\frac{1}{2}\boldsymbol{v}\cdot\boldsymbol{v}\right)=\mathrm{d}\left(\frac{1}{2}v^2\right)$，则有

$$\mathrm{d}\left(\frac{1}{2}mv^2\right)=\delta W \tag{12-19}$$

于是得质点动能定理的微分形式：质点动能的增量等于作用在质点上力的元功。

若质点从位置 M_1 转到位置 M_2 时，速度由 v_1 变为 v_2，对式(12-19)积分得

$$\frac{1}{2}mv_2^2-\frac{1}{2}mv_1^2=W_{12} \tag{12-20}$$

于是得质点动能定理的积分形式：即在任一段路程中，质点动能的改变，等于作用于质点上的力在这一段路程上所做的功。

由此可知，动能并不等于功，只是动能的变化在数量上等于功。动能是描述质点某瞬时运动的量，而功则是表征力在某一段路程上作用效果的度量，力做功的结果使质点的动能发生改变。力做正功，质点的动能增加；力做负功，质点的动能减小。

12.3.2　质点系的动能定理

设质点系由 n 个质点组成，将作用在该质点系上的力分为外力和内力。由式(12-19)，对第 i 个质点建立动能定理的微分形式：

$$\mathrm{d}\left(\frac{1}{2}m_iv_i^2\right)=\delta W_i^{(e)}+\delta W_i^{(i)}$$

式中　$\delta W_i^{(e)}$ 和 $\delta W_i^{(i)}$——分别表示作用于质点 M_i 上的外力合力和内力合力的元功。

对质点系中的每个质点都可写出这样的一个方程，将这 n 个方程相加得

$$\mathrm{d}\sum\frac{1}{2}m_iv_i^2=\sum\delta W_i^{(e)}+\sum\delta W_i^{(i)}$$

或

$$\mathrm{d}T=\sum\delta W_i^{(e)}+\sum\delta W_i^{(i)} \tag{12-21}$$

式(12-21)表明：质点系动能的增量等于作用在质点系上的全部力所做元功之和。这就是质点系动能定理的微分形式。

若质点系从位置 M_1 运动到位置 M_2 时，所对应的动能为 T_1 和 T_2，对式(12-21)积分得

$$T_2-T_1=\sum_{i=1}^{n}W_{12} \tag{12-22}$$

式中 $T=\sum_{i=1}^{n}\left(\frac{1}{2}m_i v_i^2\right)$——质点系的动能。

式(12-21)表明：质点系在某一段路程上运动时，末了动能与初始动能的差等于作用在质点系上的全部力在同一段路程上所做功的之和。这就是质点系动能定理的积分形式。

应当注意：

(1) 当研究刚体动力学问题时，作用在刚体上全部力的功应为主动力的功，因为刚体受理想约束；同时若考虑滑动摩擦力时应按主动力处理。

(2) 动能和功都是标量，动能定理所对应的方程是标量方程，没有投影形式。

(3) 利用动能定理计算时，只需研究始末状态即可。

例 12.2 桥式起重机上的吊车吊着重物 A 沿横向作匀速运动，重物的质量为 m，速度为 v_0。由于突然原因紧急制动，重物因惯性必将绕悬挂点向前摆动，如图 12.10 所示。绳长为 L，求最大摆角 φ_m 为多大？

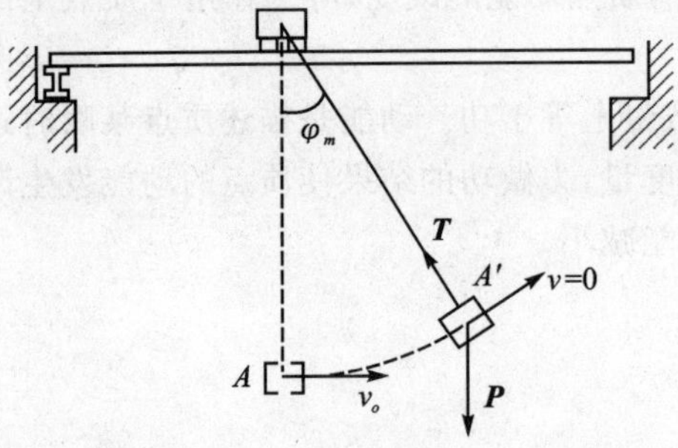

图 12.10

解： 紧急制动时，重物 A 的动能为 $T=\frac{1}{2}mv_0^2$，当摆到最大摆角 φ_m 时，速度为零，此时对应的动能也为零。在重物的速度由 v_0 变为零的过程中，其摆的角位移刚好是 φ_m，所以可取重物 A 为研究对象，取速度从 v_0 到零的变化过程为研究过程，用积分形式的动能定理求解。解题的步骤大致如下：

(1) 选取研究对象和研究过程。这里以重物 A 为研究对象，摆角从零到 φ_m 为研究过程。

(2) 分析重物 A 的受力，计算力的功。重物受重力 $\boldsymbol{P}$ 和绳的张 $\boldsymbol{T}$ 如图 12.10 所示，这里绳子不可伸长，是理想约束，所以 $\boldsymbol{T}$ 不做功，$\boldsymbol{P}$ 的功为

$$W_{1,2}=-PL(1-\cos\varphi_m)$$

(3) 分析运动并计算动能。运动分析如图示，动能为

$$T_1=\frac{1}{2}mv_0^2 \qquad T_2=0$$

(4) 应用定理列方程。根据积分形式的动能定理 $W_{1,2}=T_2-T_1$ 有

$$0-\frac{1}{2}mv_0^2=-mgL(1-\cos\varphi_m)$$

解得

$$\cos\varphi_m=1-\frac{v_0^2}{2gL}$$

12.4　动力学普遍定理的综合应用

动量定理(质心运动定理)、动量矩定理和动能定理构成动力学普遍定理,它们从不同侧面反映机械运动量与作用在物体上的力、力矩和功之间的关系。动量定理和动量矩定理是矢量式,有投影式;动能定理是标量式,没有投影式。内力是不能改变质点系动量、质心运动和动量矩的,但内力可以改变质点系内单个质点的动量和动量矩;动能定理是从能量角度研究质点系动能的变化与作用在质点系上力的功的关系,质点系动能的变化不仅与外力有关,而且还与内力有关。但当质点系是刚体时,动能的变化只与外力功有关,此时若刚体受理想约束,约束力不作功,外力功(包括滑动摩擦力的功)为主动力的功。

在动力学计算方面,应根据问题适当选择普遍定理中的某一个定理,有时是这些定理的联合应用。一般情形,动量定理和质心运动定理主要是研究平动的质点系问题;动量矩定理主要是研究定轴转动质点系问题;质心运动定理和动量矩定理联合应用是研究刚体平面运动问题;动能定理是研究一般机械运动问题。当要求质点系的运动量(例如速度、加速度、角速度和角加速度)时,常先采用动能定理较好,因为它是标量方程易于求解;当要求作用在质点系上的力时,应根据问题选择动量定理、质心运动定理或动量矩定理。

例 12.3　均质圆轮重为 P,半径为 r,由静止沿倾角为 θ 的斜面作无滑动的滚动,如图 12.11 所示,滚动摩阻不计。试求轮心的加速度,以及斜面的法向约束力和斜面的滑动摩擦力。

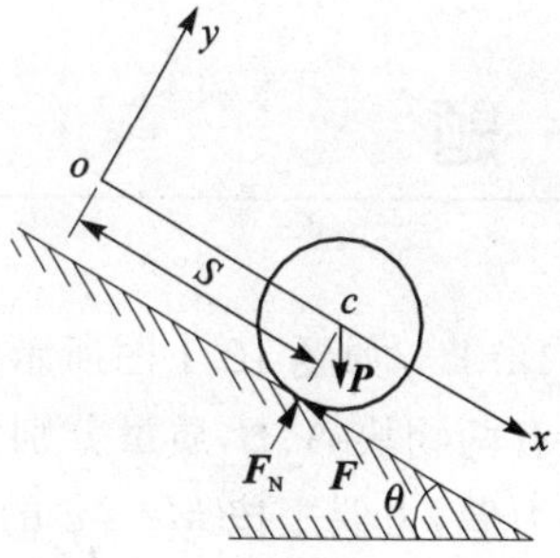

图 12.11

解: 根据题意,圆轮作平面运动,受重力 $\boldsymbol{P}$、法向约束力 $\boldsymbol{F}_N$、滑动摩擦力 $\boldsymbol{F}$ 的作用,如图 12.11 所示。

(1) 求轮心的加速度。圆轮的初动能为

$$T_1 = 0$$

圆轮运动到任一瞬时的动能为

$$T_2 = \frac{1}{2}J_C\omega^2 + \frac{1}{2}mv_C^2 = \frac{1}{2}\left(\frac{1}{2}\frac{P}{g}r^2\right)\left(\frac{v_C}{r}\right)^2 + \frac{1}{2}\frac{P}{g}v_C^2 = \frac{3P}{4g}v_C^2$$

当圆轮轮心运动的距离为 s 时,主动力所作的功为

$$W_{12} = mgs\sin\theta$$

由质点系动能定理

$$T_2 - T_1 = \sum_{i=1}^{n} W_{12}$$

得

$$\frac{3P}{4g}v_C^2 = mgs\sin\theta \tag{12-23}$$

式(12－23)两边对时间求导,并注意 $\dot{s}=v_C$,得轮心的加速度为

$$a_C = \frac{2}{3}g\sin\theta \tag{12-24}$$

(2) 求斜面的法向约束力和斜面的滑动摩擦力

建立图示坐标系,由质心运动定理得

$$\begin{cases} \dfrac{P}{g}a_{Cx} = P\sin\theta - F \\ \dfrac{P}{g}a_{Cy} = F_N - mg\cos\theta \end{cases}$$

由于 $a_{Cx}=a_C=\frac{2}{3}g$,$a_{Cy}=0$,则

法向约束力为

$$F_N = mg\cos\theta$$

斜面的滑动摩擦力为

$$F = \frac{1}{3}P\sin\theta$$

习 题

12.1 如题12.1图所示,圆盘的半径 $r=0.5$ m,可绕水平轴 O 转动。在绕过圆盘的绳上吊有两物块 A、B,质量分别为 $m_A=3$ kg,$m_B=2$ kg。绳与盘之间无相对滑动。在圆盘上作用一力偶,力偶矩按 $M=4\varphi$ 的规律变化(M 以 N·m 计,φ 以 rad 计)。试求由 $\varphi=0$ 到 $\varphi=2\pi$ 时,力偶 M 与物块 A、B 的重力所做的功之总和。

12.2 如题12.2图所示机构中,$AB=BC=20$ cm,已知一大小和方向均不变的水平力 $F=100$ N,并作用于 BC 的中点。求 AB 与水平的夹角 φ 由 60°,转至 30°时,力 F 所做的功。

12.3 计算题12.3图所示各匀质物体的动能。设各物体的质量均为 m,各物体的尺寸及有关的角速度 ω 和速度 v 为已知。

12.4 质量为 2 kg 的物块 A 在弹簧上处于静止,如题12.4图所示。弹簧的刚性系数 $k=400$ N/m。现将质量为 4 kg 的物块 B 放置在物块 A 上,刚接触就释放它。求:(1) 弹簧对两物块的最大作用力;(2) 两物块得到的最大速度。

12.5 链条长 l,放在光滑的桌面上,如题12.5图所示。开始时链条静止,并有长度为 a 的一段下垂。求链条离开桌面时的速度。

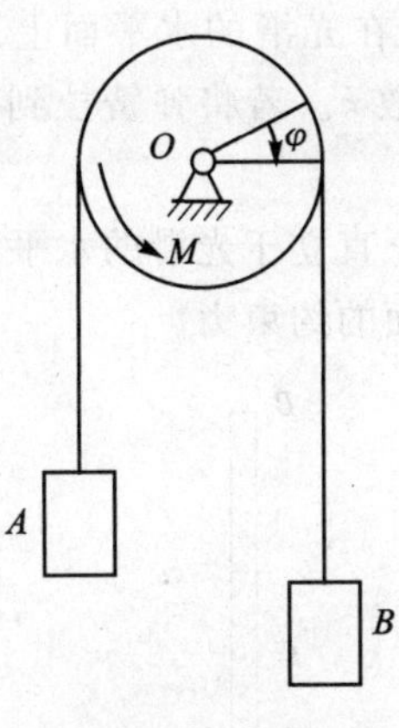

题 12.1 图

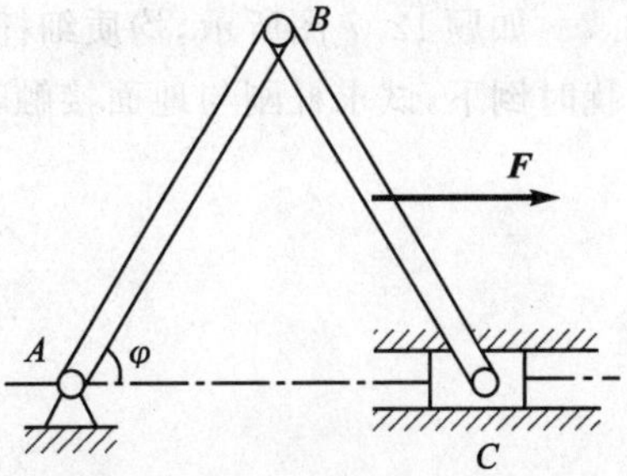

题 12.2 图

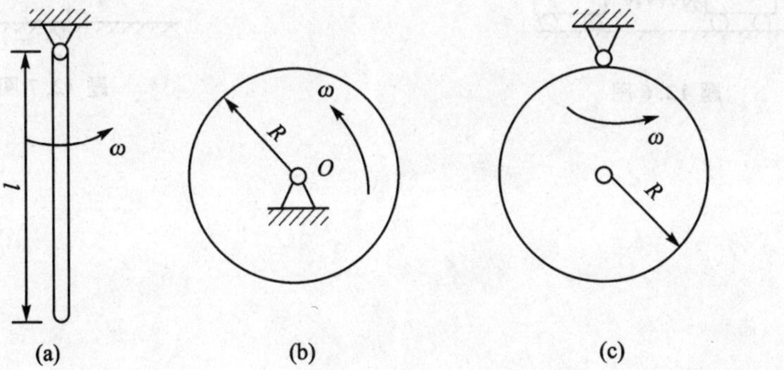

题 12.3 图

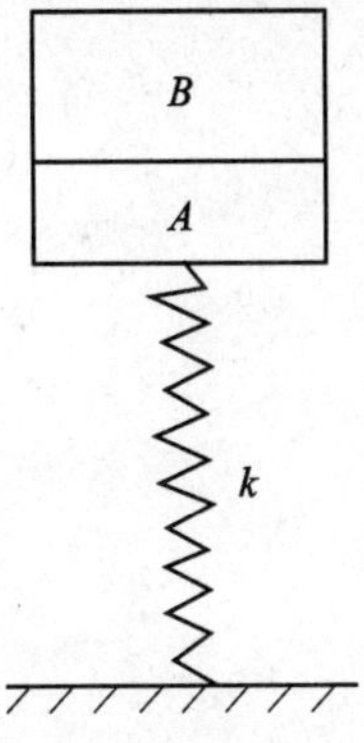

题 12.4 图

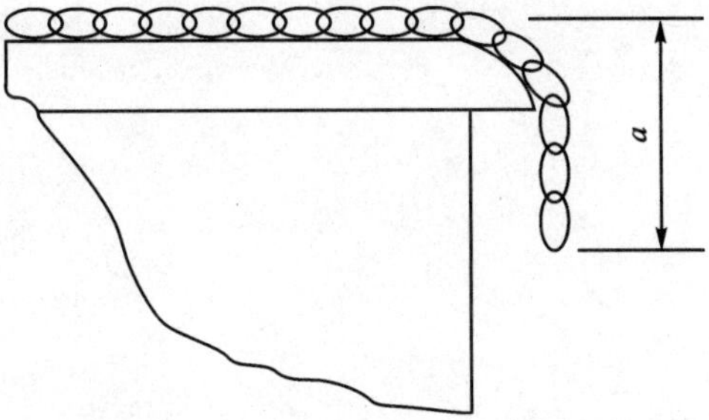

题 12.5 图

12.6　如题 12.6 图所示，弹簧两端各系重物 A 和 B，放在光滑的水平面上。其中，重物 A 的质量为 m_1，重物 B 的质量为 m_2，弹簧原长为 l_0，刚性系数 k。若将弹簧拉到 l 后，无初速地释放。试求弹簧回到原长时重物 A 和 B 的速度。

12.7　如题 12.7 图所示，均质细杆长为 l，质量为 m，静止直立于光滑的水平面上，当有微小的干扰时倒下，试求杆刚与地面接触时质心的加速度和地面的约束力。

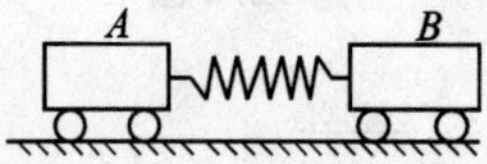

题 12.6 图

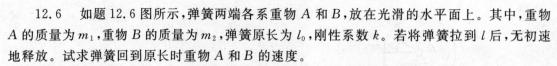

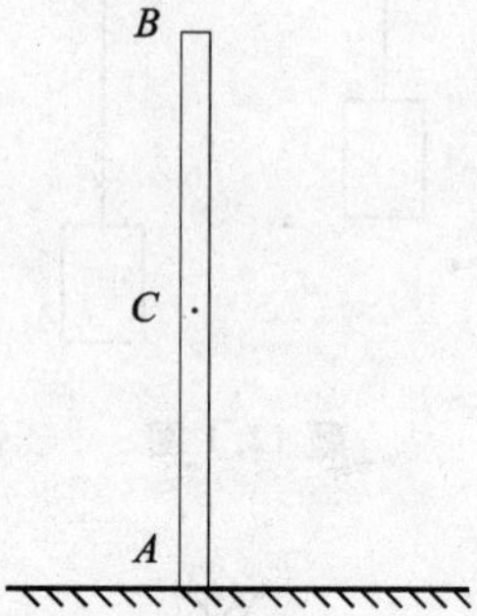

题 12.7 图

第 13 章

达郎贝尔原理

达朗贝尔原理为研究质点或质点系的动力学问题提供了一个新的普遍的方法。利用该原理研究非自由质点系的动反力问题时，更加显示了它的方便性。因此，这一原理在工程实际中广泛应用。

达朗贝尔原理是在引入了惯性力的基础上，用研究力系平衡问题的方法来研究动力学问题的，所以运用这一原理来解决动力学问题的方法又被称为动静法。

13.1 惯性力及其力系的简化

13.1.1 惯性力

当物体受到另一个物体的作用而引起运动状态发生改变时，由于该物体具有惯性，力图保持其原有的运动状态，因此对施力物体有一个反作用力，这种反作用力称为惯性力。

例如，当人用手推小车使其运动状态发生改变时，若不计摩擦力，则小车在水平方向上只有手作用于小车上的力，如果小车的质量为 m，加速度为 $\boldsymbol{a}$，则由牛顿第二定律可得手的推力 $\boldsymbol{F}=m\boldsymbol{a}$，同时，车对人手有反作用力 $\boldsymbol{F}'=-\boldsymbol{F}$，这个力即为小车的惯性力。

又如，绳子的一端系着一个质量为 m 的小球，令小球在水平面上作匀速运动，设小球法向加速度为 $\boldsymbol{a}$，则小球受到的拉力为 $\boldsymbol{T}=m\boldsymbol{a}$，由作用力与反作用力定律知：小球作用于绳的反作用力为：$\boldsymbol{T}'=-\boldsymbol{T}=-m\boldsymbol{a}$。

综上所述，质点的惯性力定义如下：质点惯性力的大小等于质点的质量与其加速度的乘积；方向与加速度方向相反，它不作用于运动质点本身，而作用于使质点运动状态发生改变的施力物体上。

13.1.2　惯性力系及其简化

考虑由 n 个质点组成的质点系，如果其中第 i 个质点的质量为 m_i，加速度为 a_i，惯性力 $\boldsymbol{F}_{gi}=m_i\boldsymbol{a}_i$，一共有 n 个这样的惯性力组成惯性力系。如果 n 个惯性力的作用线在同一个平面内，则称为平面惯性力系，否则为空间惯性力系。

由力系简化定理知：惯性力系可以应用力的平移定理，向已知点 O 简化，简化的结果为作用于简化中心 O 的力和一个力偶，它们由惯性力系的主矢 $\boldsymbol{F}_{gR}$ 和主矩 M_g 决定。现在就常见的刚体平动、刚体的定轴转动和刚体的平面运动讨论如下。

惯性力的主矢为

$$\boldsymbol{F}_{gR}=\sum\boldsymbol{F}_{gi}=\sum-m_i\boldsymbol{a}_i=-\sum m_i\boldsymbol{a}_i \tag{13-1}$$

将质心坐标公式 $r_C=\dfrac{\sum m_ir_i}{m}$ 对时间取二阶导数得

$$ma_C=\sum m_ia_i \tag{13-2}$$

将式(13-2)代入式(13-1)得惯性力系的主矢为

$$\boldsymbol{F}_{gR}=-m\boldsymbol{a}_C \tag{13-3}$$

由于主矢 $\boldsymbol{F}_{gR}$ 与简化中心位置无关，因此，无论刚体做何种运动，惯性力系的主矢都等于刚体的总质量与质心加速度的乘积，方向与质心加速度的方向相反。

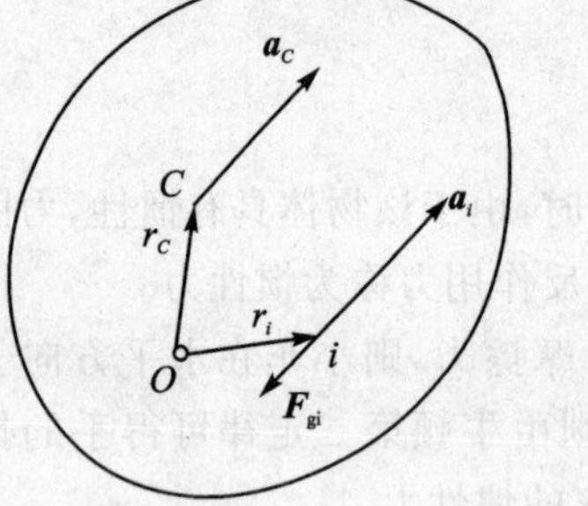

图 13.1

惯性力系的主矩，一般说来，由于刚体运动的不同而不同。

下面就刚体的平动、绕定轴转动和平面运动这二种情形下惯性力系的简化结果说明如下：

1. 刚体平动

当刚体作平动时，由于同一瞬时刚体上各点的加速度相等，则各点的加速度都用质心 C 的加速度表示，即 $\boldsymbol{a}_C=\boldsymbol{a}_i$，如图 13.1 所示。将惯性力加在每个质点上，组成平行的惯性力系，且均与质心 C 的加速度方向相反，惯性力系向任一点 O 简化，得惯性力系主矢量

$$\boldsymbol{F}_{gR}=\sum_{i=1}^{n}\boldsymbol{F}_{gi}=\sum_{i=1}^{n}-m_i\boldsymbol{a}_i=\sum_{i=1}^{n}(-m_i\boldsymbol{a}_C)=(\sum_{i=1}^{n}-m_i)a_C=-\boldsymbol{m}a_C \tag{13-4}$$

惯性力系的主矩

$$M_g=\sum_{i=1}^{n}\boldsymbol{r}_i\times\boldsymbol{F}_{gi}=\sum_{i=1}^{n}\boldsymbol{r}_i\times(-m_i\boldsymbol{a}_i)=-(\sum_{i=1}^{n}m_i\boldsymbol{r}_i)\times\boldsymbol{a}_C=-m\boldsymbol{r}_C\times\boldsymbol{a}_C \tag{13-5}$$

式中 $\boldsymbol{r}_C$ 为质心 C 到简化中心 O 点的矢径。若取质心 C 为简化中心 $\boldsymbol{r}_C=0$,则惯性力系的主矩为

$$M_g = 0 \tag{13-6}$$

当简化中心不在质心 C 处,其主矩 $M_g \neq 0$。

结论:刚体作平动时,惯性力系简化为通过质心的一个合力,其大小等于刚体的质量和质心加速度的乘积,方向与质心加速度方向相反。

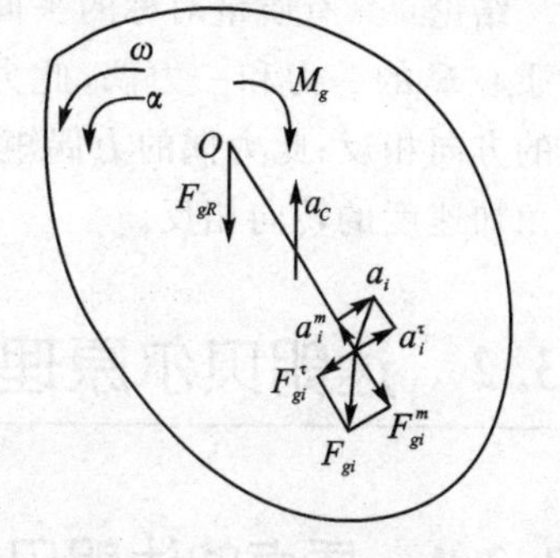

图 13.2

2. 具有质量对称平面的刚体绕垂直于该平面的轴转动

当刚体作定轴转动时,先将刚体上的惯性力简化在质量对称平面上,构成平面力系,再将平面力系向转轴与对称平面的交点 O 简化。轴心 O 为简化中心,如图 13.2 所示,惯性力系的主矢量为

$$\boldsymbol{F}_{gR} = \sum_{i=1}^{n}\boldsymbol{F}_{gi} = \sum_{i=1}^{n} - m_i\boldsymbol{a}_i = -\frac{\mathrm{d}}{\mathrm{d}t}\left(\sum_{i=1}^{n} m_i v_i\right) = -\frac{\mathrm{d}}{\mathrm{d}t}(m\boldsymbol{v}_C) = -m\boldsymbol{a}_C \tag{13-7}$$

惯性力系的主矩为

$$M_g = \sum_{i=1}^{n} M_o(\boldsymbol{F}_{gi}^{\tau}) = -\left(\sum_{i=1}^{n} m_i\alpha\boldsymbol{r}\cdot\boldsymbol{r}_i\right) = -\alpha\sum_{i=1}^{n} m_i\boldsymbol{r}_i^2 = -J_O\alpha \tag{13-8}$$

式中 J_O——刚体对垂直于质量对称平面转轴的转动惯量。

具有质量对称平面的刚体绕垂直于该平面的轴转动时,惯性力系简化为通过轴 O 的一力和一力偶,此力的矢量等于刚体的总质量与质心加速度的乘积,方向与质心加速度的方向相反;此力偶的力偶矩等于刚体对轴的转动惯量与角加速度的乘积,转向与角加速度的方向相反。

结论如下:

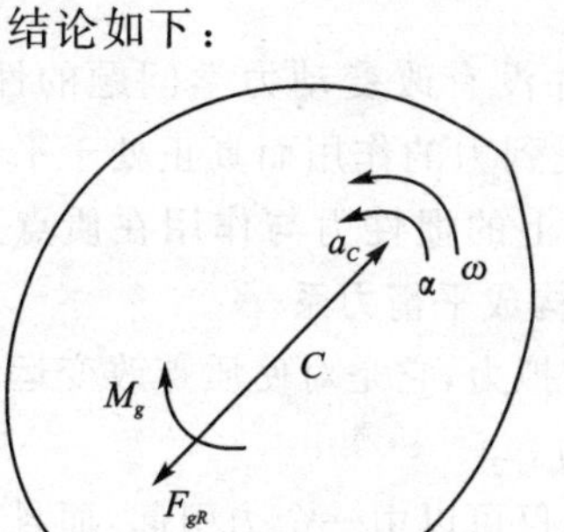

图 13.3

(1) 若转轴 O 通过质心 C,则主矢为零,此时惯性力系简化为一力偶;

(2) 若刚体匀速转动,则主矩为零,此时惯性力系简化为通过转轴 O 的一个力;

(3) 若转轴 O 与质心 C 重合,且刚体匀速运动,则惯性力系的主矢和主矩均为零,此时惯性力系为一平衡力系。

3. 具有质量对称平面的刚体的平面运动

此时,仍可将刚体的空间惯性力系简化为对称平面内的平面惯性力系。由于平面运动可以分解为随同质心 C

的平动和绕质心 C 的转动，故惯性力系向质心 C 简化，得到惯性力系的主矢和主矩为

$$\begin{cases} \boldsymbol{F}_{gR} = -m\boldsymbol{a}_C \\ M_g = -J_C\varepsilon \end{cases} \tag{13-9}$$

结论：具有质量对称的平面的刚体在平行于此平面内作平面运动时，惯性力系简化为通过质心 C 的一力和一力偶，此力的矢量等于刚体总质量与质心 C 加速度的乘积，方向与加速度的方向相反；此力偶的力偶矩等于刚体对质心 C 的转动惯量与刚体角角速度的乘积，转向与角加速度的转向相反。

13.2　达朗贝尔原理

13.2.1　质点的达朗贝尔原理

设非自由质点的质量为 m，加速度为 $\boldsymbol{a}$，作用在质点上的主动力为 $\boldsymbol{F}$，约束力为 $\boldsymbol{F}_N$。根据牛顿第二定律，有

$$m\boldsymbol{a} = \boldsymbol{F} + \boldsymbol{F}_N \tag{13-10}$$

引入惯性力概念，式(13 - 10)改写为

$$\boldsymbol{F} + \boldsymbol{F}_N + \boldsymbol{F}_g = 0 \tag{13-11}$$

式(13 - 11)表示：非自由质点在运动的每一瞬时，作用在质点上的主动力、约束反力和惯性力组成一平衡力系。这就是质点的达朗贝尔原理，式(13 - 11)是其数学表达式。

表面上看，式(13 - 11)与式(13 - 10)只是在形式上不同，但实质上，式(13 - 11)所表达的达朗贝尔原理为我们处理质点动力学问题提供了一种新的方法，这就是用静力平衡的方法处理动力学问题。

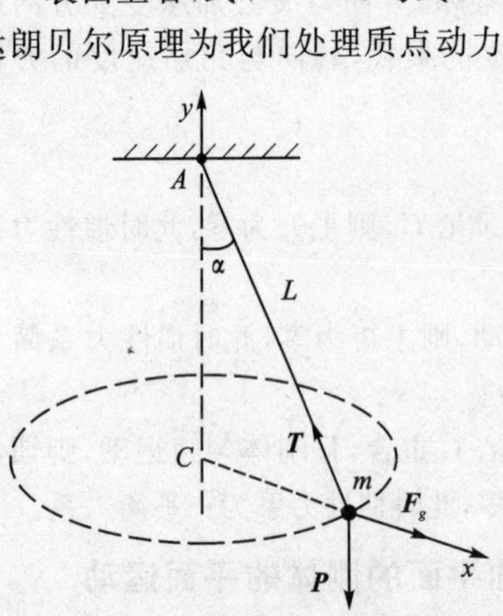

图 13.4

应当指出：

(1) 达朗贝尔原理并没有改变动力学问题的性质。因为质点实际上并不是受到力的作用而真正处于平衡状态，而是假想地加在质点上的惯性力与作用在质点上的主动力、约束力在形式上构成平衡力系。

(2) 惯性力是一种虚拟力，它是对使质点改变运动状态的施力物体的反作用力。

(3) 质点的加速度不仅可以由一个力引起，而且还可以由同时作用在质点上的几个力共同引起的。因此惯性力可以是对多个施力物体的反作用力。

例 13.1　如图 13.4 所示，重为 $\boldsymbol{P}$ 的小球系于长为 L

的绳一端，绳的另一端固定于 A 点，使小球在水平面内作等速圆周运动，绳与垂线的夹角为 α。求绳的张力 $\boldsymbol{T}$ 及角速度 ω。

解：选小球为研究对象，置小球于运动的一般位置，分析步骤如下：

(1) 分析受力。小球受自身的重力 $\boldsymbol{P}$ 及绳的张力 $\boldsymbol{T}$。

(2) 分析运动，加惯性力。由于小球作匀速圆周运动，仅有法向加速度，根据惯性力的定义加惯性力 $\boldsymbol{F}_g$ 如图所示；

(3) 列平衡方程(在 ACm 平面内)：

$$\sum F_x = 0 \qquad F_g - T\sin a = \frac{P}{g}L\omega^2 \sin a - T\sin \alpha = 0$$

$$\sum F_y = 0 \qquad -P + T\cos \alpha = 0$$

解得

$$T = \frac{P}{\cos \alpha} \qquad \omega = \sqrt{\frac{g}{L\cos \alpha}}$$

13.2.2　质点系的达朗伯原理

设有由 n 个质点组成的质点系，若其中的任一质点 M_i 的质量为 m_i。作用于其上主动力的合力为 $\boldsymbol{F}_i$，约束反力的合力为 $\boldsymbol{F}_{Ni}$，质点的加速度为 $\boldsymbol{a}_i$，则惯性力 $\boldsymbol{F}_{gi} = -m_i\boldsymbol{a}_i$。由质点的达朗伯原理有

$$\boldsymbol{F}_i + \boldsymbol{N}_i + \boldsymbol{F}_{gi} = 0 \qquad i = 0、1、2、\cdots、n$$

如果对质点系中的每个质点都假想地加上它的惯性力，则所有惯性力组成一惯性力系，它与质点系上作用的其他力在形式上组成平衡力系。即：在质点系运动的任一瞬时，作用于质点系上所有的主动力、约束反力和假想加于各质点上的惯性力，在形式上组成一平衡力系。这就是质点系的达朗贝尔原理。

对于质点系，作用于其上的力系一般并不是汇交力系，而是一空间任意力系。由静力学力系简化的理论知，空间任意力系的平衡条件是力系的主矢等于零和主矩等于零，若将作用于质点系上的力分为外力(包括约束反力)和惯性力，则应有

$$\begin{cases} \sum \boldsymbol{F}_i + \sum \boldsymbol{F}_{gi} = 0 \\ \sum M_O(\boldsymbol{F}_i) + \sum M_O(\boldsymbol{F}_{gi}) = 0 \end{cases} \tag{13-12}$$

这就是质点系达朗伯原理的数学表达式。

例 13.2　物体系统如图 13.5 所示，设滑轮质量为 m，物体 A 的质量为 $4m$，物体 B 的质量为 m，滑轮视为半径为 r 的均质圆环，不计轮轴 O 处的摩擦，求物体 A 运动的加速度及 O 处的约束反力。

解：这是一个典型的质点系动力学问题，用达朗贝尔原理求解本题的关键是如何把物体

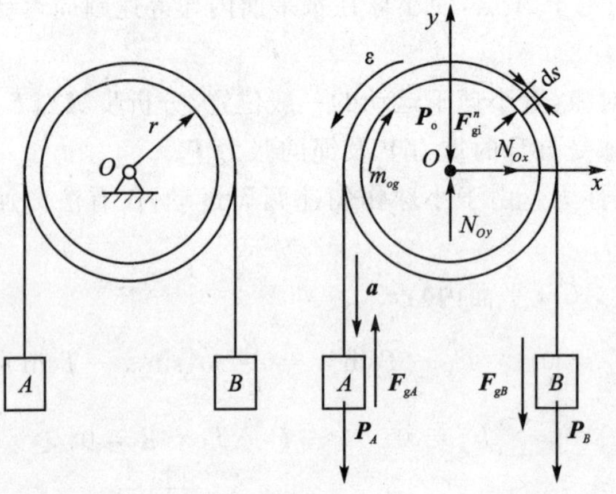

图 13.5

A、B 及滑轮的惯性力加上去。

选系统整体为研究对象，受力分析如图所示，其中 P_A，P_B，P_O 是各物体的重力，N_{Ox}，N_{Oy} 是 O 处的约束反力。由运动分析知，$\boldsymbol{a}$ 的方向向下，因而物体 A 的惯性力 $F_{gA}=-4ma$，方向向上；物体 B 的惯性力 $F_{gB}=-ma$，方向向下；滑轮的惯性力需要借助微元分析的方法求出，取微元 $\mathrm{d}s$，其质量为 $\mathrm{d}m=\dfrac{m}{2\pi r}\mathrm{d}s=\dfrac{m}{2\pi}\mathrm{d}\varphi$，由于对称且 F^n_g 过 O 点，所以微元的惯性力 F^n_{gi} 和 F^τ_{gi} 的主矢及 F^n_{gi} 的主矩都为零，而 F^τ_{gi} 的主矩为：

$$M_{gO}(\boldsymbol{F}^\tau_{gi})=-\int a\mathrm{d}m\cdot r=-\int_0^2 r^2\varepsilon\frac{m}{2\pi}\mathrm{d}\varphi=-mr^2\varepsilon=-J_O\varepsilon$$

这也是滑轮惯性力系简化的结果，负号表示 M_{gO} 转向与 ε 的转向相反。

应用达朗贝尔原理列方程：

$$\begin{cases}\sum M_O(\boldsymbol{F})=0 & -J_O\varepsilon+(4mg-4ma)r-(mg+ma)r=0\\ \sum F_x=0 & N_{Ox}=0\\ \sum F_y=0 & N_{Oy}-P_A-P_B-P_O-\dfrac{P_B}{g}a+\dfrac{P_A}{g}a=0\end{cases}$$

注意到 $P_A=4mg$，$P_B=mg$，$P_O=mg$，解得

$$a=\frac{1}{2}g\qquad N_{Ox}=0\qquad N_{Oy}=\frac{9}{2}mg$$

此题若是用动力学普遍方程求解，则必须联合应用动能定理或动量矩定理和动量定理。

应注意的是：在所画的受力图中，必须去掉约束。

习 题

13.1 均质圆柱体 A 的质量为 m，在外缘上绕有一细绳，绳的一端 B 固定不动，如题 13.1 图所示，圆柱体无初速度地自由下降，试求圆柱体质心的加速度和绳的拉力。

13.2 如题 13.2 图所示，均质圆盘的质量为 m_1，由水平绳拉着沿水平面作纯滚动，绳的另一端跨过定滑轮 B 并系一重物 A，重物的质量为 m_2。绳和定滑轮 B 的质量不计，试求重物下降的加速度，圆盘质心的加速度以及作用在圆盘上绳的拉力。

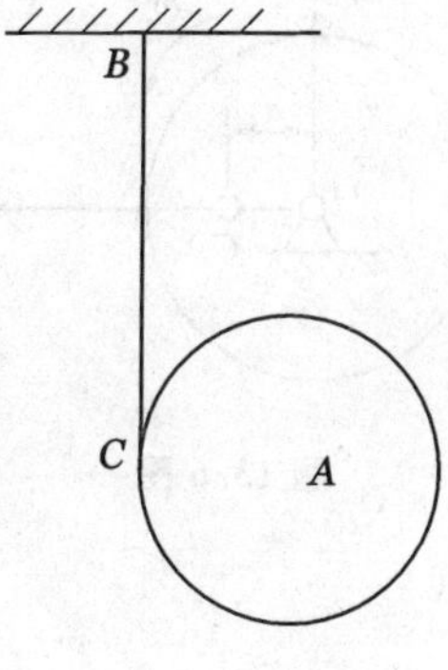

题 13.1 图

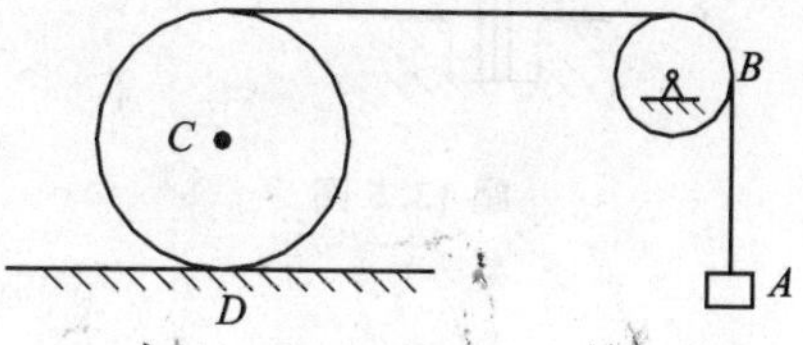

题 13.2 图

13.3 匀质长方形薄板重 $G=1000$ N，以两根等长的柔绳悬挂于题 13.3 图所示铅垂平面内。求当薄板在重力的作用下，由图示位置无初速地释放的瞬时，板所具有的加速度和两绳的拉力。

13.4 如题 13.4 图所示汽车总质量为 m，以加速度 $\boldsymbol{a}$ 作水平直线运动。汽车质心 G 离地面的高度为 h，汽车的前后轴到通过质心垂线的距离分别等于 c 和 b。求其前后轮的正压力。若要使汽车前后轮压力相等，其加速度应为多少？

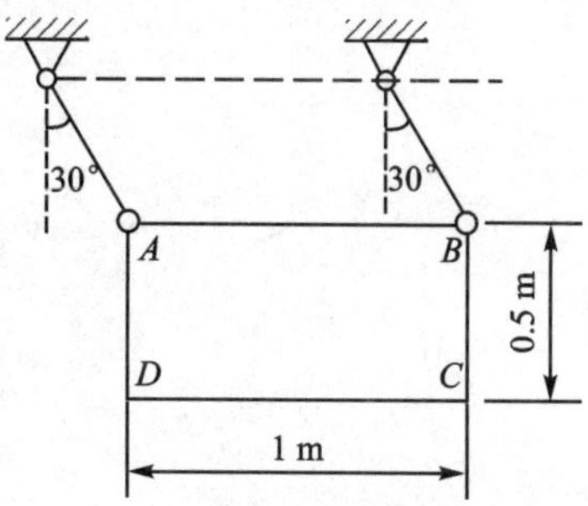

题 13.3 图

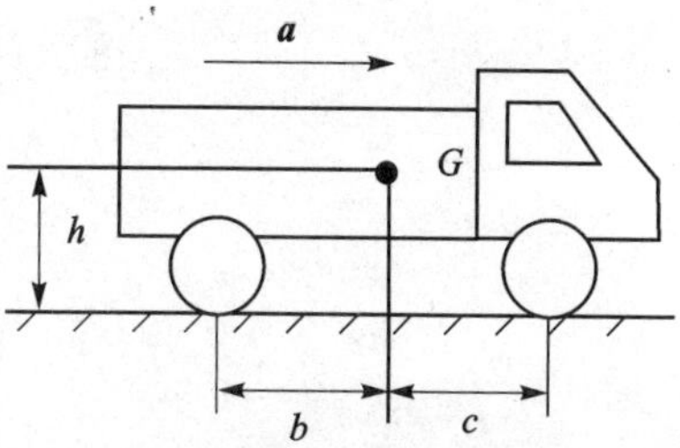

题 13.4 图

13.5　如题 13.5 图所示均质杆 AB 长为 l，质量为 m，以角速度 ω 绕铅直轴 z 转动，试求杆与铅垂轴的夹角 β 及铰链 A 的约束力。

13.6　如题 13.6 图所示偏心飞轮位于铅垂面内。已知轮质量 $m=23$ kg，对质心 C 的回转半径 $\rho_C=0.2$ m，偏心距 $e=0.15$ m。图示位置时，角速度为 $\omega=8$ rad/s。试求飞轮在图示瞬时的角加速度和轴承反力。

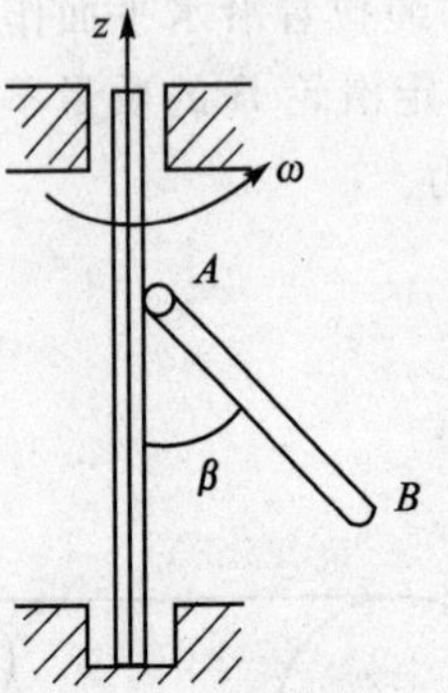

题 13.5 图

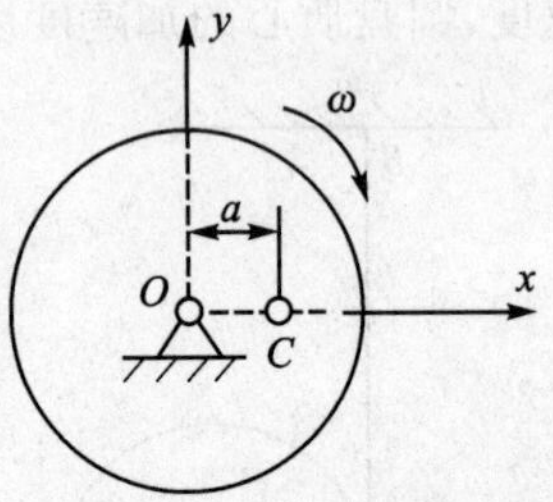

题 13.6 图

第 14 章 虚位移原理

虚位移原理是分析力学的基本原理之一，它建立了任意质点系的平衡条件，由于这一原理是以任意质点系为其对象，所以它比起静力学中以刚体为对象所得的平衡条件来更具有普遍意义。不仅如此，该原理避开了约束反力的出现，直接绘出了质点系平衡时，主动力之间应满足的关系，从而使得很多非自由质点系的平衡问题的求解变得非常简单，因此在机构和结构的静力分析中，该原理得到了广泛的应用。

当然，虚位移原理的重要意义还在于它和达朗伯原理结合起来导出了非自由质点系的动力学普遍方程和著名的拉格朗日方程，从而得出了求解质点系动力学问题的重要方法，并在此基础上形成了整个分析力学体系。

14.1 约束 自由度 广义坐标

14.1.1 约束和约束方程

1. 约束的概念

任何非自由质点系的运动总要受到某些条件的限制，这种限制质点系运动的条件称为约束。如图 14.1 所示，单摆的小球被限制在由摆长所决定的圆周上运动；粗糙平面限制圆柱在其上作纯滚动等，都是工程实际中的约束实例。

2. 约束的分类

按限制条件的不同，约束可分为几何约束和运动约束两类。限制质点或质点系几何位置的约束，称为几何约束。限制质点系中各质点运动速度的约束，称为运动约束。如果约束与时间无关，则称为定常约束，否则称为非定常约束。如图 14.1(a)中杆对小球的约束为几何约

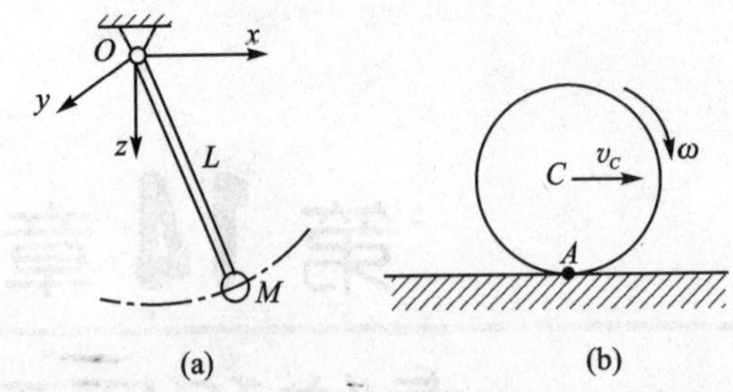

图 14.1

束，而图 14.1(b)所示地面对轮子的约束是运动约束。约束方程中不显含时间的约束称为定常约束。约束方程中显含时间的约束称为非定常约束。

3. 约束方程

在力学分析中，常用数学方程表示质点或质点系的约束条件，这类方程称为约束方程。如图 14.1(a)表示小球 M 由长为 L 的刚性杆与固定球铰支座 O 相连。因此小球的空间位置被限制在以 O 为圆心，L 为半径的球面上，其相应的约束方程就是这个球面方程，即

$$x^2 + y^2 + z^2 - L^2 = 0$$

球面方程表达了描述小球 M 位置的三个坐标在运动过程中应满足的数学关系式。因式中各量都与时间无关，所以这是个定常的几何约束方程。图 14.1(b)表示轮子沿水平面作纯滚动。由运动学分析知，轮子运动过程中，轮缘上与地面的瞬时接触点 A 是速度瞬心，其速度必为零。设轮心的速度为 v_C，角速度为 ω，轮子半径为 R，则轮子的这种运动学关系可用如下方程表示：

$$v_A = v_C - R\omega = \frac{\mathrm{d}R_C}{\mathrm{d}t} - R\omega = 0$$

方程给出了轮心速度与角速度之间的关系，是限制车轮运动的条件，所以是运动约束方程。

一般地，几何约束方程是代数方程，运动约束方程是微分方程。如果几何约束方程是等式的代数方程，称为双面约束；如果几何约束方程是不等式的代数方程，称为单面约束；如果运动约束方程中坐标对时间的导数能够通过积分消失，这样的约束称为完整约束；运动约束方程中坐标对时间的导数不能通过积分消失的约束称为非完整约束。本章涉及的约束只是定常双面约束。

14.1.2 自由度和广义坐标

我们知道，确定一个质点在空间的位置需要三个参数，通常可用三个直角坐标值表示。如果这个质点的运动受到一个约束方程的限制，如限制质点只在某平面上运动，则三个坐标中只有两个是独立的。如果这个质点的运动受到两个约束方程的限制，如限制质点只能沿某平面上的某直线运动，则三个坐标中只剩一个是独立的了。

自由度是描述质点或质点系能自由运动程度的物理量。比如上述质点，当描述该质点位置的坐标仅有两个是独立的时，称该质点有两个自由度；如果描述该质点的位置坐标仅有一个

是独立的，则称该质点有一个自由度。一般可表述为：确定质点系在几何约束条件下的位置所需要的独立参变量数，称为该质点系的自由度。

对由 n 个质点组成的质点系，可以选取 $3n$ 个直角坐标 $x_i, y_i, z_i (i=1,2,\cdots,n)$ 来表示其中各质点的位置。如果该质点系没有任何外部约束，质点之间也没有任何约束，则这 $3n$ 个坐标是彼此独立的，此质点系的自由度为 $3n$，如果该质点系有 S 个约束，即存在 S 个约束方程，则 $3n$ 个坐标中必有 S 个变量不是独立的。因为，当其中 $K=3n-S$ 个坐标确定后，其余的 S 个坐标就可以由 S 个约束方程解出。因此，由 n 个质点组成的质点系，如果有 S 个几何约束，则其自由度为 $K=3n-S$。

例 14.1 双质点摆如图 14.2 所示，已知 $OM_1=L_1, M_1M_2=L_2$，求该系统的自由度 K。

解：此为用两根杆连接两个质点 M_1, M_2 的系统，质点的直角坐标分别为 (x_1, y_1, z_1) 和 (x_2, y_2, z_2)，共六个。因质点是限制在 Oxy 平面上运动，所以恒有

$$z_1 = 0; \qquad z_2 = 0 \tag{14-1}$$

这是两个约束方程，剩下的四个坐标还满足另外两个约束方程，即

$$\begin{cases} x_1^2 + y_1^2 = L_1^2 \\ (x_1 - x_2)^2 + (y_1 - y_2)^2 - L_2^2 = 0 \end{cases} \tag{14-2}$$

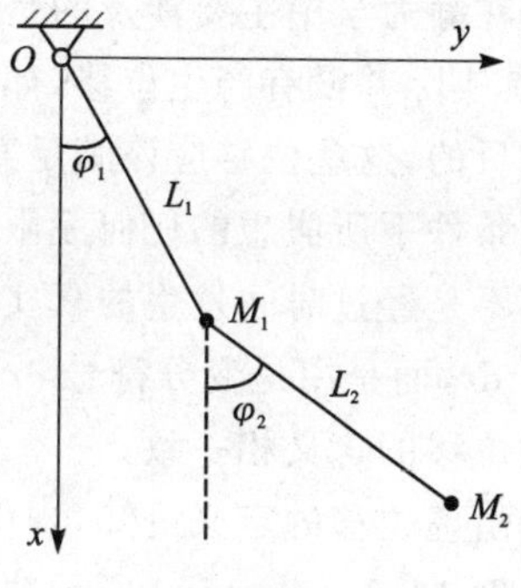

图 14.2

系统由两个质点组成，约束方程的个数是 4，所以，该系统的自由度为

$$K = 3 \times 2 - 4 = 2$$

也就是说，这个系统只有两个独立坐标。如取 x_1, x_2 为独立坐标，利用式(14-2)可解得

$$\begin{cases} y_1 = \sqrt{L_1^2 - x_1^2} \\ y_2 = y_1 - \sqrt{L_1^2 - (x_1 - x_2)^2} \end{cases}$$

所以，该系统的自由度为 2。

在上例中，强调系统的自由度数是 2 并取 x_1, x_2 为描述系统的独立参数。事实上，描述系统的独立参数也可以是 y_1, y_2，还可以自己定义。例如用 φ_1, φ_2 为描述系统的独立参数，此例中质点的直角坐标可表示为

$$x_1 = L_1 \sin \varphi_1 \qquad y_1 = L_1 \cos \varphi_1$$

$$x_2 = L_1 \sin \varphi_1 + L_2 \sin \varphi_2 \qquad y_1 = L_1 \cos \varphi_1 + L_2 \cos \varphi_2$$

由此可知，确定一个系统的位置除采用独立的直角坐标外，也可用其他的独立参数。把确定系统位置的独立参量称为广义坐标。对具有完整约束的系统，其广义坐标的数目等于系统的自由度数。

确定系统的自由度数对应用虚位移原理解决实际问题很重要。确定系统的自由度数，除

上述解析法外，还可以用几何分析的办法。即每次限定系统的一个广义坐标，直到把系统限制为一个死机构为止，限制的次数就是系统的自由度数。如上例中，第一次限制 φ_1 后，系统还可以绕 M_1 转动，若再限制 φ_2 后，则系统就不能运动了，所以系统的自由度数为 2。

14.2 虚位移及虚位移原理

14.2.1 虚位移

在静力学中主要涉及的是静止平衡的问题，现在要用动力学方法求解。系统处于静止状态，其实际并没有产生位移，如何让其动起来，需要假想地给静止的系统以位移。为了达到预期的目的，这些位移应该满足某些条件，由此产生了虚位移的概念：在某瞬时质点系在约束允许的条件下所假想的任何无限小位移称为虚位移。虚位移可以是线位移也可以是角位移，虚位移不是经过时间发生的真实小位移，而是假想的约束允许的某种无限小位移，因而不用微分符号 $\mathrm{d}r$，而是用是变分符号 δr 表示。δ 是变分法里的通用符号，它包含有无限小变动的意思，与虚位移的含义相一致。

由虚位移的定义可知，虚位移必须满足 2 个条件：① 为约束条件所允许；② 无限小。

例 14.2 图 14.3 所示曲柄连杆机构，曲柄 $OA=AB=r$，求该系统的自由度及 A,B 处的虚位移。

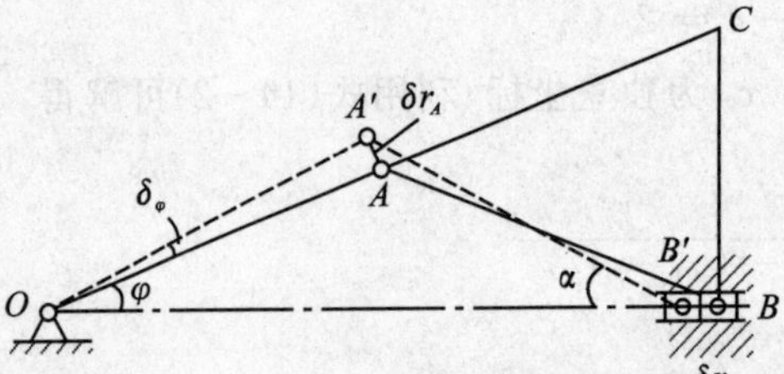

图 14.3

解：利用几何分析法求系统的自由度。若限制 B 点的位移，系统便成为死机构。B 点因约束所限，只能沿水平方向有位移，所以该系统的自由度数为 1。

另外，该系统在约束允许的条件下，OA 杆只能绕 O 点转动，B 点只能沿水平方向移动，故 A 点的虚位移 δr_A 只能是在以 O 为圆心，以 OA 为半径的圆在 A 点处的切线上，至于 δr_A 的具体指向，由虚位移方向的任意性可以先假设，B 点的虚位移 δr_B 沿水平线，具体指向也可以任设，如图 14.3 所示。

设 OA 杆转动的虚位移为 $\delta\varphi$，则 A,B 点的虚位移可按以下关系计算：

$$\delta r_A = r\delta\varphi$$

注意到 A 与 B 是刚体 AB 上的两个点，类似速度投影定理，此两点的虚位移在 AB 连线上的投影也应相等，即有

$$|\delta r_B|\cos\alpha = |\delta r_A|\cos(90^\circ - 2\varphi)$$

因为
$$\alpha=\varphi$$
故
$$|\delta r_B|=|\delta r_A|\cdot 2\sin\varphi$$

讨论如下：

(1) 本题给出的虚位移中，仅有一个是独立的。一般而言，系统独立的虚位移个数与系统的自由度数相等。

(2) 由本题可看出，实际结构中，受独立虚位移所限，各点虚位移的方向并不能完全任意，比如取 $\delta\varphi$ 为独立虚位移参数，则 δr_A 和 δr_B 的具体指向都要依 $\delta\varphi$ 的转向而定。

14.2.2 虚位移的计算

虚位移的计算有两种方法：一是几何法，即根据运动学中求刚体内各点速度的方法，建立各点虚位移之间的关系；二是解析法，即对坐标进行变分运算。

1. 解析法

应用广义坐标的概念，选取适当的坐标系，列出各主动力作用点的直角坐标与广义坐标的关系，然后进行坐标变分运算，即可求得各点的虚位移，这就是解析法。坐标的变分运算类似坐标的微分运算。这里仍以上例为例介绍求虚位移的解析法。选 φ 角为广义坐标，则 A、B 两点的直角坐标与广义坐标 φ 之间的关系为

$$\left.\begin{array}{ll} x_A=r\cos\varphi & y_A=r\sin\varphi \\ x_B=-2r\cos\varphi & y_B=0 \end{array}\right\} \tag{14-3}$$

对式(14-3)进行变分得变量变分之间的关系为

$$\left.\begin{array}{ll} \delta x_A=-r\sin\varphi\delta\varphi & \delta y_A=r\cos\varphi\delta\varphi \\ \delta x_B=-2R\sin\varphi\delta\varphi & \end{array}\right\} \tag{14-4}$$

式(14-4)就是 A、B 两点虚位移沿直角坐标的投影与广义虚位移 $\delta\varphi$ 之间的关系。对式(14-4)作进一步的计算，得

$$\begin{array}{l} |\delta r_A|=\sqrt{(\delta x_A)^2+(\delta y_A)^2}=r\delta\varphi \\ |\delta r_B|=|\delta x_B|=|\delta r_A|\cdot 2\sin\varphi \end{array} \tag{14-5}$$

2. 几何法

从虚位移的概念可知，虚位移之间的关系完全是几何关系，所以可用几何方法计算。对上例中 δr_A 和 δr_B 的计算就是几何法。由于速度的比例关系与位移的比例关系相似，所以也可以用运动学中的速度关系计算虚位移。即求 A、B 点的虚位移可借助运动学的方法找到 AB 杆的速度瞬心 C，设 $\beta=\angle ACB$，则 $\beta=\dfrac{\pi}{2}-\varphi$。另外，$CA=r$，$CB=2r\sin\varphi$，$\delta r_A=CA\delta\beta$，$\delta r_B=$

$CB\delta B = 2r\sin\varphi\delta\beta$，所以 $\delta r_B = \delta r_A 2\sin\varphi$。

可见，两种方法的计算结果是相同的。

14.2.3 约束力和理想约束

质点系如果不存在约束，那么它在一段时间内运动状态的改变完全取决于质点系所受的主动力。但是如果系统存在约束，那么它在一段时间内运动状态的改变，不但取决于主动力，而且还必须满足约束条件。由牛顿定律知道，质点运动状态的改变是质点受有力的作用的结果。而约束对质点的运动状态的影响，也是由于约束所产生的某些附加的力来实现的。这些和主动力一起决定质点系运动规律的附加力称为约束力。静力学中约束力和主动力一起使质点系保持平衡。动力学中约束力和主动力一起使质点系满足约束条件下按一定的规律而运动。在前几章处理刚体的动力学问题时，我们曾把刚体内的任两点之间的作用力视为内力，但是如果用现在的观点来看，这种内力实质上就是一种约束力。正是这种约束力使得刚体内任两点之间的距离始终保持不变。同样，如像连接两物体之间的无重刚杆、绳索等，它们之间的作用力均可视为约束力，可以不去分析它们是外力还是内力。

虚位移原理是研究质点系所受力在其任一虚位移上所作的功的性质考查质点系是否能平衡的。力在虚位移上所做的功称为力的虚功，并记为

$$\delta W = \boldsymbol{F}\cdot\delta\boldsymbol{r} \tag{14-6}$$

由于 δr 是一个微量，所以虚功 δW 也是一个微量。根据矢量的数量积运算，上式也可以写成

$$\delta W = F_x\cdot\delta x + F_y\cdot\delta y + F_z\cdot\delta z \tag{14-7}$$

式中 F_x, F_y, F_z——力 $\boldsymbol{F}$ 在直角坐标轴上的投影。

前面章节中经讨论过一些约束力在质点系的实位移中的元功为零的情形，在这里我们不难用同样的方法得出结论：它们在质点系的任何虚位移上所做的虚功也必为零。约束力在任何虚位移上所做虚功为零，则称此约束为理想约束。如果系统的所有约束反力在系统的任何虚位移上所作的虚功的代数和为零，则系统为理想系统。理想系统的条件可表示为

$$\sum_{i=1}^{n}\boldsymbol{F}_{\mathrm{N}i}\cdot\delta\boldsymbol{r}_i = 0 \tag{14-8}$$

式中 $\boldsymbol{F}_{\mathrm{N}i}$——系统的一个约束力。

14.2.4 虚位移原理

具有定常、理想约束的质点系，在某一位置保持静止平衡的充分必要条件为：所有作用于质点系的主动力在该位置的任何虚位移上所做的虚功之和等于零。即

$$\sum_{i=1}^{n}\delta W_i = \sum_{i=1}^{n}F_i \cdot \delta r_i = 0 \tag{14-9}$$

证明：(1) 必要性。当质点系平衡时，系中任一质点也必须平衡，即满足：

$$\boldsymbol{F}_i + \boldsymbol{F}_{Ni} = 0$$

于是，$\boldsymbol{F}_i$ 与 $\boldsymbol{F}_{Ni}$ 在任何虚位移 δr_i 中的元功之和亦必为零，即

$$\sum_{i}^{n}\boldsymbol{F}_i \cdot \delta\boldsymbol{r}_i + \sum_{i}^{n}\boldsymbol{F}_{Ni} \cdot \delta\boldsymbol{r}_i = 0$$

根据理想约束条件： $\sum_{i=1}^{n}\boldsymbol{F}_{Ni} \cdot \delta\boldsymbol{r}_i \equiv 0$

得到：

$$\sum_{i=1}^{n}\boldsymbol{F}_i \cdot \delta\boldsymbol{r}_i = 0$$

必要性得证。

(2) 充分性。采用反证法。假设质点系主动力的虚功之和等于零，但质点系中至少有一质点不平衡，由静止开始运动，这意味着质点系的动能将产生一个大于零的增量 $\mathrm{d}T$，根据质点系的动能定理有

$$\mathrm{d}T = \sum(\boldsymbol{F}_i + \boldsymbol{F}_{Ni}) \cdot \delta\boldsymbol{r} > 0$$

由于质点系是理想约束系统，即有 $\sum_{i=1}^{n}\boldsymbol{F}_{Ni} \cdot \delta\boldsymbol{r}_i \equiv 0$，于是有

$$\sum_{i=1}^{n}F_i \cdot \delta r_i > 0$$

显然，这一结论与原来假设主动力的虚功之和等于零相矛盾。因此，若主动力的虚功之和等于零，则质点系必保持静止平衡。

证明完毕。

实际应用中，虚位移原理常用解析式表示为如下形式：

$$0 = \sum(F_{ix} \cdot \delta x_i + F_{iy} \cdot \delta y_i + F_{iz} \cdot \delta z_i) \tag{14-10}$$

式中 F_{ix}, F_{iy}, F_{iz} 和 $\delta x_i, \delta y_i, \delta z_i$——分别表示主动力 $\boldsymbol{F}$ 和虚位移 δr_i 在各个坐标轴上的投影。

应用式(14－9)、式(14－10)时需注意两点：第一，虚位移原理假设系统的约束都是理想约束，这个假设虽然反映了绝大多数约束的性质。但在工程实际中，也常遇到摩擦这类约束，相应的摩擦力在系统虚位移中的元功可能等于零，也可能不等于零。因此，具体应用虚位移原理时，应将元功不等于零的摩擦力视为主动力，列入虚位移原理的方程之中。第二，按建立的方程中只包含系统所受的主动力。这里的主动力应包含系统所受的外力和内力。因为只有刚体的内力是理想约束，变形体的内力不是，即变形体内力的虚功之和不等于零。所以用虚位移

原理求解变形体问题时，应将变形体的内力作为主动力看待列入虚位移原理的公式中。

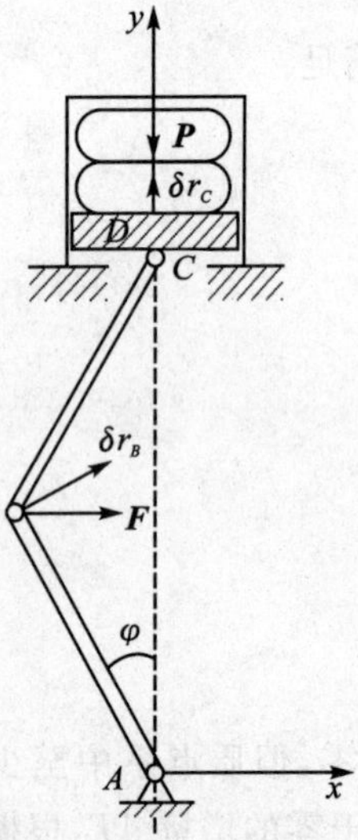

图 14.4

例 14.3　曲柄式压榨机如图 14.4 所示，其中间铰上作用有水平力 $\boldsymbol{F}$，若 $AB=BC=1$，$\angle BAC=\varphi$。求机构在图示位置平衡时，作用于 C 处的压榨力 $\boldsymbol{P}$ 的大小。

解：取杆 AB、BC 及压板 D 为研究对象，设被压物体作用于压板 D 上的力为 $\boldsymbol{P}$，则作用在系统上的所有主动力为 $\boldsymbol{P}$ 和 $\boldsymbol{F}$。

若限制点 C 沿竖直方向的移动，机构变为死系统，由此可判断系统只有一个自由度。设 φ 为广义坐标。给 AB 杆沿顺时针方向转动的虚位移 $\delta\varphi$，则在主动力作用点 B、C 处有虚位移 δr_B，δr_C，列虚功方程如下：

$$F\cdot\delta r_B+P\cdot\delta r_C=0$$

即

$$F\cdot|\delta r_B|\cos\varphi-P|\delta r_C|=0 \qquad (14-11)$$

由于这是一个多自由度的系统，所以必须找出各虚位移与独立广义坐标之间的关系：

$$|\delta r_B|=L\delta\varphi \qquad |\delta r_C|=2L\sin\varphi\delta\varphi \qquad (14-12)$$

将式(14－12)代入式(14－11)得

$$(F\cos\varphi-P\cdot 2\sin\varphi)L\delta\varphi=0 \qquad (14-13)$$

$\delta\varphi$ 是任意的，式(14－13)要成立，必须满足

$$F\cos\varphi-P\cdot 2\sin\varphi=0$$

得到 $\qquad P=\dfrac{1}{2}F\cot\varphi$

例 14.4　图 14.5 所示连杆机构中，当曲柄 OC 绕 O 轴摆动时，滑块 A 沿曲柄自由滑动，并带动 AB 杆在铅垂导槽 K 内移动。已知：$OC=a$，$OK=L$，在点 C 处垂直于曲柄作用一力 $\boldsymbol{Q}$，在点 B 处沿 BA 作用一力 $\boldsymbol{P}$。求机构平衡时，$\boldsymbol{P}$ 与 $\boldsymbol{Q}$ 的关系。

解：系统只有一个自由度，在点 B 和 C 处任给虚位移 δr_B，δr_C 如图 14.5 所示。根据虚位移原理有

$$\sum\delta W_F=0,\qquad Q\delta r_C-P\delta r_B=0 \qquad (14-14)$$

因为仅有一个虚位移是独立的，所以需

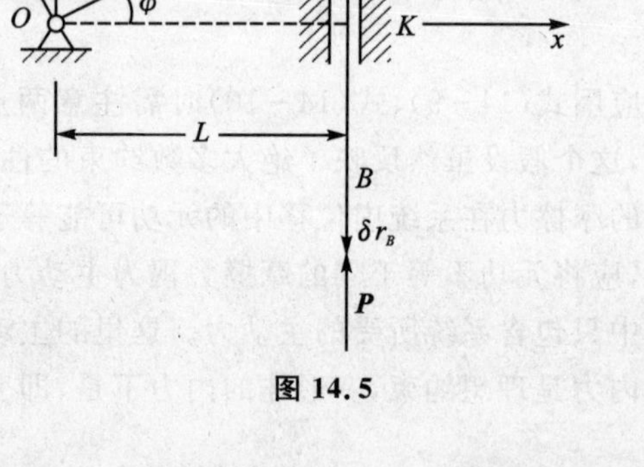

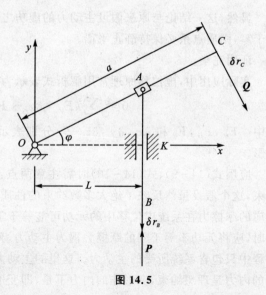

图 14.5

建立二个虚位移之间的关系，根据几何条件有

$$\frac{\delta r_B \cos\varphi}{\dfrac{L}{\cos\varphi}} = \frac{\delta r_C}{a}$$

得
$$\delta r_C = \frac{a\cos^2\varphi}{L}\delta r_B$$

将式(14－15)代入式(14－14)得：

$$\left(Q\frac{a\cos^2\varphi}{L} - P\right)\delta r_B = 0$$

由于 $\delta r_B \neq 0$，因此

$$Q\frac{a\cos^2\varphi}{L} - P = 0$$

得
$$P = Q\frac{a\cos^2\varphi}{L}$$

例 14.5　一多跨静定梁受力如图 14.6(a)所示，试求支座 B 的约束力。

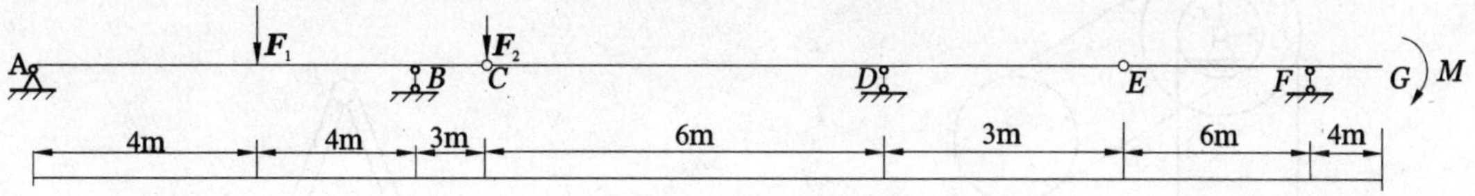

(a)

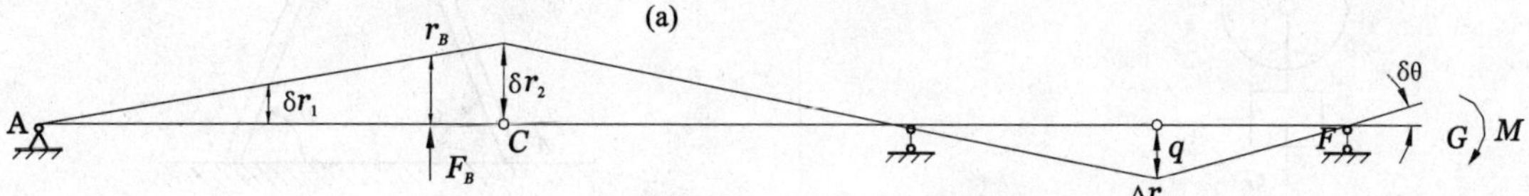

(b)

图 14.6

解：将支座 B 处的约束解除，用力 F_B 代替。此梁为 1 个自由度体系。由虚位移原理得

$$-F_1\delta r_1 + F_B\delta r_B - F_2\delta r_2 - M\delta\theta = 0$$

则

$$F_B = F_1\frac{\delta r_1}{\delta r_B} + F_2\frac{\delta r_2}{\delta r_B} + M\frac{\delta\theta}{\delta r_B}$$

其中，各处的虚位移关系为

$$\frac{\delta r_1}{\delta r_B} = \frac{1}{2}$$

$$\frac{\delta r_2}{\delta r_B} = \frac{11}{8}$$

$$\frac{\delta\theta}{\delta r_B}=\frac{1}{\delta r_B}\cdot\frac{\delta r_G}{4}=\frac{1}{\delta r_B}\cdot\frac{\delta r_E}{6}=\frac{1}{6\delta r_B}\cdot\frac{3\delta r_2}{6}=\frac{3}{36}\cdot\frac{\delta r_2}{\delta r_B}=\frac{1}{12}\cdot\frac{11}{8}=\frac{11}{96}$$

从而得支座 B 的约束力为

$$F_B=\frac{1}{2}F_1+\frac{11}{8}F_2+\frac{11}{96}M$$

习　题

14.1　如题 14.1 图所示，已知差动滑轮的半径为 r_1、r_2，求平衡时主动力 $\boldsymbol{F}$ 和 $\boldsymbol{G}$ 之间的关系。

14.2　如题 14.2 图所示，两等长均质杆 AC 和 BC 在 B 处用铰链连接，放置于粗糙水平地面上。设梯子与地面间的摩擦因数为 f_s，试求平衡时梯子与水平面所成的最小角度 φ。

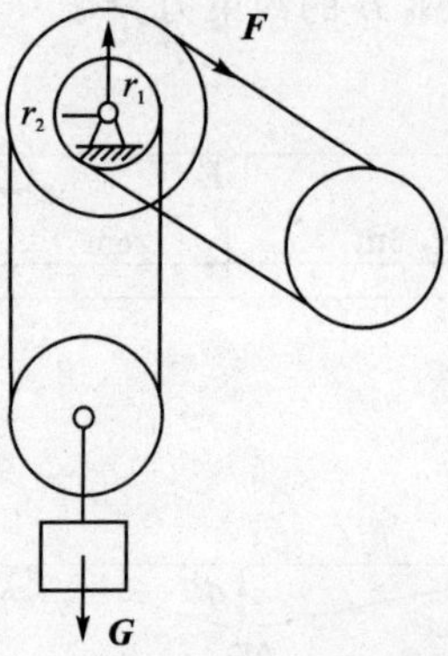

题 14.1 图

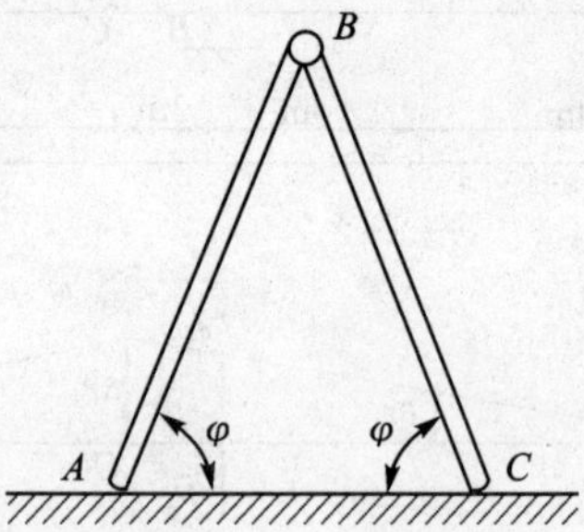

题 14.2 图

14.3　如题 14.3 图所示，已知重物 A 和 B 的重量相等，重物 A 系于一绳的两端，可沿水

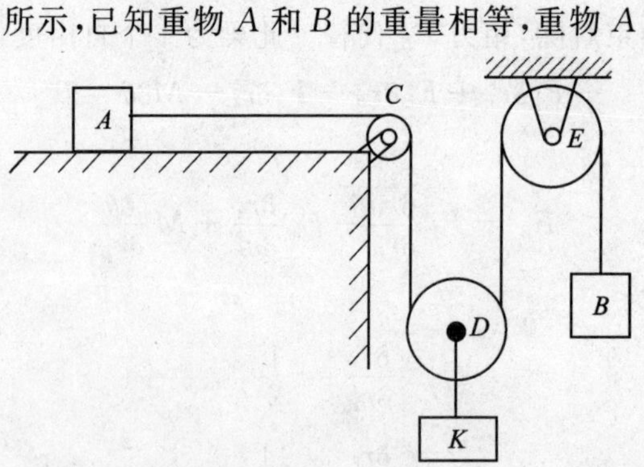

题 14.3 图

平方向移动，绳绕过定滑轮 C 和动滑轮 D 后，再绕过定滑轮 E 在绳的另一端挂上重物 B。动滑轮 D 的轴上挂有重为 $\boldsymbol{Q}$ 的重物 K。求平衡时重物 A、B 的重量 $\boldsymbol{P}$，以及重物 A 与水平面之间的滑动摩擦因数 f。

14.4　用虚位移原理求题 14.4 图所示桁架中杆 3 的内力。

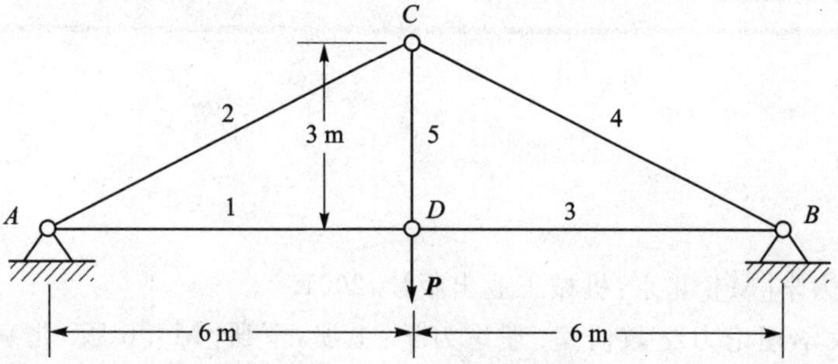

题 14.4 图

14.5　一组合梁如题 14.5 图所示，梁上作用三个铅垂力，分别为 30 kN，60 kN 和 20 kN。求支座 A，B，D 三处的约束反力。

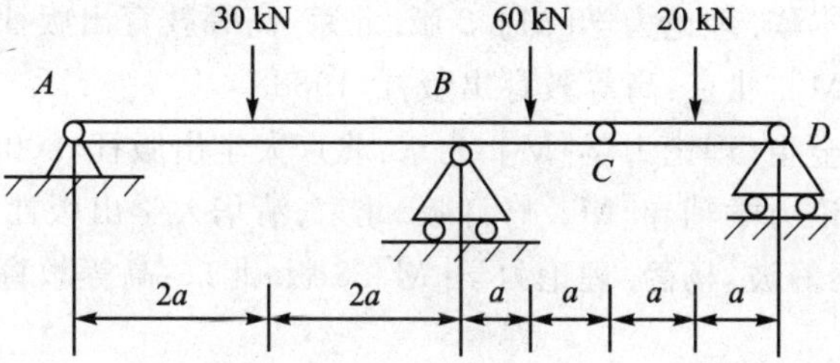

题 14.5 图

参考文献

[1] 朱炳琪.理论力学[M].北京:机械工业出版社,2001.
[2] 哈尔滨工业大学理论力学教研室.理论力学:上册,下册[M].6版.北京:高等教育出版社,2002.
[3] 何钦珊.理论力学[M].北京:高等教育出版社,2001.
[4] 刘延柱.理论力学[M].北京:高等教育出版社,2001.
[5] 贾书惠,李万琼.理论力学[M].北京:高等教育出版社,2002.
[6] 刘延柱,杨海兴,朱本华.理论力学[M].2版.北京:高等教育出版社,2001.
[7] 王崇斌.理论力学[M].北京:高等教育出版社,1988.
[8] 朱照宣,周起钊,殷金生.理论力学[M].北京:北京大学出版社,2002.
[9] 贾书惠,张怀瑾.理论力学辅导[M].修订版.北京:清华大学出版社,2003.
[10] 郝桐生,殷祥超,巫静波,杨静.理论力学[M].3版.北京:高等教育出版社,2003.